中国建筑电气与智能化节能发展报告 2014

中国勘察设计协会建筑电气工程设计分会
中国建筑节能协会建筑电气与智能化节能专业委员会 主编

中国建筑工业出版社

图书在版编目(CIP)数据

中国建筑电气与智能化节能发展报告 2014/中国勘察
设计协会建筑电气工程设计分会等主编.—北京：中国
建筑工业出版社，2015.9
ISBN 978-7-112-17952-7

Ⅰ.①中… Ⅱ.①中… Ⅲ.①房屋建筑设备-电气设
备-智能控制-研究报告-中国 Ⅳ.①TU8

中国版本图书馆 CIP 数据核字(2015)第 057543 号

本书内容共 7 章，包括建筑电气与智能化节能现状和发展趋势；建筑电气与智能化节能
标准现状和编制规划；建筑电气与智能化节能咨询及设计要点；建筑电气与智能化节能常见
问题；建筑电气与智能化节能技术；LED 照明技术发展和技术特点；影响中国建筑电气行业
品牌评选。

本书具有较强的实用性和参考性。适用于一线技术人员、相关产业从业人员以及各大高
校、设计院研究人员进行智能建筑电气节能设计参考。

* * *

责任编辑：刘 江 张 磊
责任设计：王国羽
责任校对：李美娜 陈晶晶

中国建筑电气与智能化节能发展报告 2014
中国勘察设计协会建筑电气工程设计分会
中国建筑节能协会建筑电气与智能化节能专业委员会 主编

*

中国建筑工业出版社出版、发行(北京西郊百万庄)
各地新华书店、建筑书店经销
北京红光制版公司制版
廊坊市海涛印刷有限公司印刷

*

开本：787×1092 毫米 1/16 印张：14 字数：338 千字
2015 年 5 月第一版 2015 年 5 月第一次印刷
定价：45.00 元
ISBN 978-7-112-17952-7
(27197)

本 书 编 委 会

主　编：

欧阳东　中国勘察设计协会建筑电气工程设计分会　常务副理事长
　　　　中国建筑节能协会建筑电气与智能化节能专业委员会　常务副主任
　　　　中国建筑设计研究院（集团）　院长助理　教授级高工　国务院特殊津贴专家

副主编：

吕　丽　中国勘察设计协会建筑电气工程设计分会　秘书长
　　　　中国建筑节能协会建筑电气与智能化节能专业委员会　秘书长
　　　　亚太建设科技信息研究院有限公司建筑电气信息研究所顾问总工　研究员　主编

编　委（排名不分先后）：

郭晓岩　教授级高工　中国建筑东北设计研究院有限公司　常务副总工　辽宁省设计大师
杜毅威　教授级高工　中国建筑西南设计研究院有限公司　副总工
李　蔚　教授级高工　中信建筑设计研究总院有限公司　总工
熊　江　教授级高工　中南建筑设计院股份有限公司技术发展部　总工
周名嘉　教授级高工　广州市设计院　副总工
徐　华　教授级高工　清华大学建筑设计研究院有限公司　总工
周爱农　教授级高工　重庆市设计院　院长助理　国务院特殊津贴专家
王东林　教授级高工　天津市建筑设计院绿色机电研发中心　副主任
孟焕平　研究员　湖南省建筑设计院　副总工
李立晓　教授级高工　中国建筑标准设计研究院　副总工
洪友白　教授级高工　厦门合道工程设计集团有限公司　总工
张桂青　教授　山东建筑大学　院长　国务院特殊津贴专家
张　钊　研究员　山东省建筑设计研究院　总工
刘　侃　教授级高工　北京市建筑设计研究院有限公司　副总工
魏　东　教授　北京建筑大学　副院长
周有娣　教授级高工　北京市建筑设计研究院有限公司　主任
谢秀颖　教授　山东建筑大学　副院长
龙海珊　高工　湖南省建筑设计院　副所长
张　莹　高工　北京市消防局防火部验收处　副处长
回呈宇　高工　北京消防总队朝阳支队防火处　副处长
谭小敢　浙江一舟电子科技股份有限公司　中国区总裁

黄吉文　博士　松下电器研究开发（中国）有限公司　所长
朱　桑　董事副总裁　广州市河东电子有限公司　高级舞台灯光师
李　健　高工　合肥伊科耐信息科技股份有限公司　总经理
陈国荣　高工　北京华亿创新信息技术有限公司　技术总监
张晓利　高工　卓展工程顾问（北京）有限公司　技术总监
孟庆祝　高级工程师　北京国安电气有限责任公司　副总工程师
郭　峰　广东广晟光电科技有限公司　总经理
万小承　广东昭信企业集团有限公司　副总经理
黄　静　ABB（中国）有限公司　总监
蔡小兵　研究员级高工　贵州汇通华城股份有限公司　董事长
狄秀峰　广州市瑞立德信息系统有限公司　董事长
邱卫星　北京易艾斯德科技有限公司　技术总监
赵晓宇　教授级高工　同方泰德国际科技（北京）有限公司　副总工
李　洵　松下电器研究开发（中国）有限公司　技术总监
李　满　重庆德易安科技发展有限公司　总经理
肖必龙　浙江一舟电子科技股份有限公司　技术副总
杨　华　广东广晟光电科技有限公司　博士
胡　强　中科宏微半导体设备有限公司　博士
吴大可　广东昭信企业集团有限公司　博士
吴　杰　高级工程师　北京筑讯通机电工程顾问有限公司　首席顾问
宋佳城　广东朗视光电技术有限公司　董事长
陈宇弘　广东朗视光电技术有限公司　博士
王柳清　广州世荣电子有限公司　首席运营官
雷贤忠　南京天溯自动化控制系统有限公司　首席技术官
徐　燕　高工绿地控股集团有限公司　机电副总监
肖昕宇　亚太建设科技信息研究院有限公司　《智能建筑电气技术》编辑部主任
于　娟　亚太建设科技信息研究院有限公司　《智能建筑电气技术》编辑部　编辑

审查专家（排名不分先后）：

谢　卫　研究员　中国电子工程设计院　副总工　全国工程设计大师
陈建飚　教授级高工　广东省建筑设计研究院　副总工
杨德才　教授级高工　中国建筑西北设计研究院有限公司　总工
李炳华　教授级高工　悉地（北京）国际建筑设计顾问有限公司　总工
钟景华　研究员　中国电子工程设计院　副总工
朱立彤　高工　五洲工程设计研究院　副总工
刘　薇　研究员　中国航天建设集团有限公司　副院长

序

中国既有建筑 500 多亿平方米，每年增长约 20 亿平方米。我国建筑能耗约占社会总能耗的 1/3，随着人们生活水平的提高，建筑能耗有继续增长的趋势。电气能耗是建筑能耗的主要组成部分。我国建筑节能形势严峻，为此中国和国际上早已提出"将智能建筑与绿色建筑结合起来"。采用新技术、新手段来提高建筑的节能水平，让建筑智能化服务于绿色建筑理念，真正朝着环保、人与自然和谐发展前行。中国智能建筑行业发展前景与投资战略规划分析报告（2011—2015 年）中表明，智能建筑的市场除了新建智能建筑之外，对一些老旧建筑的智能化改造也具有相当大的市场前景；近年来我国的智能建筑改造市场规模大幅增加。2008 年我国的改造市场规模为 20 亿元，2009 年实现了翻番增长，到 2010 年增长到了 200 亿元，2012 年中国智能建筑改造市场规模已是 2008 年的 17 倍。未来还将持续发展和扩大。

为遵循国家"节约资源是我国的基本国策，国家实施节约与开发并举、把节约放在首位的能源发展战略"的节能工作方针，中国勘察设计协会建筑电气工程设计分会、中国建筑节能协会建筑电气与智能化节能专业委员会、中国建设科技集团股份有限公司联合，力邀行业内知名专家作为编委，编写了《中国建筑电气与智能化节能发展报告（2014）》。

本书总结了建筑电气与智能化节能现状和发展趋势、标准现状和编制规划、咨询及设计要点，并请专家对电气常见问题进行了解答，对先进技术、产品和案例进行了详细的介绍，在本书的最后，对中国建筑节能协会建筑电气与智能化专业委员会以及由该专委会主办的影响中国建筑电气行业品牌评选进行了介绍。

本书内容翔实，重点突出，理论内容与项目案例相结合，具有较强的实用性和参考性。适用于一线技术人员、相关产业从业人员以及各大高校、设计院研究人员。

中国勘察设计协会建筑电气工程设计分会常务副理事长
中国建筑节能协会建筑电气与智能化节能专业委员会常务副主任

2015 年 1 月 8 日

目　录

重 点 摘 要

1 建筑电气与智能化节能现状和发展趋势

1.1 国际上建筑电气与智能化节能现状

地区	概　要	相关标准及标识制度	动　向
欧洲	欧盟 2002 年通过建筑能效指令 EPBD 并在 2010 年修订和强化；目前正在推动欧盟加盟国家执行 nZEB（net Zero Energy Building）对应建筑的义务	EN15232（智能建筑能效规定），EPBD 规定了新建、销售、出租建筑时应取得以设计值为依据的能效评价书（Energy Performance Certificate，EPC）和出示给交易对方的义务	一些楼宇综合性环境性能评价方法，如英国的 BREEAM、法国的 HQE、美国的 LEED 等，也在逐渐推广
美国	以绿色新政为导向，正在推进以政策诱导节能的标识制度和研发方面的 nZEB 建筑开发项目，在产学合作下，以环境零负荷建筑为目标，开发用最先进的技术构建次世代商业绿色建筑，到 2025 年实现商业应用	Energy Star 制度、LEED（Leadership in Energy and Environmental Design）绿色建筑认证制度	建筑设备监控系统（BAS）、智能化建筑
日本	1993 年修订了日本建筑省能源标准，1997 年导入了领跑者机器方式，2002 年要求原油当量在年 1500kL 以上的大型建筑有每年报告一次能源使用量的义务，2008 年在对象范围内增加了 1500kL 以上的大型企业。2013 年制定了防备电力不足控制用电方用电高峰的优惠方式	CASBEE（Comprehensive Assessment System for Built Environment Efficiency）	节能、防灾应急和能源管理系统

1.2 中国建筑电气与智能化节能现状

发展背景		
建筑业产值的持续增长推动了建筑智能化行业的发展，智能建筑行业处于快速发展期，随着技术的不断进步和市场领域的延伸，市场前景巨大		
发展阶段		
初始发展阶段（1990—1995年）	规范管理阶段（1996—2000年）	快速发展阶段（2001年至今）
智能化程度不高，只有部分应用	实现了系统集成和网络化的控制，应用的范围扩展	呈现网络化、IP化、IT化、数字化的趋势，得到了政府的大力推广，应用范围越来越广泛，智能化程度也越来越高
建筑节能政策法规：相关政策法规21部		
市场发展状况		
近年来我国智能建筑占新建建筑的比例不断升高，2009—2012年公共、居住、工业三类建筑智能化市场规模几乎都实现了翻番增长。2012年中国智能建筑所占比例已经发展至2006年的3.2倍，智能建筑改造市场规模也大幅增加		
技术现状		
集中监控系统、节能控制系统；常见问题；现行电气节能主要措施		
建设发展现状		
东北、西北、西南、华南地区节能建设发展现状		
面临的困难		
行业市场集中度不高；资金实力不足；智能化技术管理水平较低；企业的创新能力不足		

1.3 中国建筑电气与智能化节能发展趋势

行业发展趋势	建筑行业高度景气，建筑节能的需求日益彰显，节能政策的倾向
市场发展趋势	国家在政策、财政、税收等多方面给予大力支持，当前市场处于全面启动期，可预见的未来市场发展空间巨大
技术发展趋势	节能、BIM技术等

2 建筑电气与智能化节能标准现状和编制规划

2.1 国际上建筑电气与智能化节能标准现状

当前国外建筑电气与智能化节能行业常用的标准	
欧盟	EPBD 2002、EPBD 2010、prEN
德国	建筑节能条例、DIN标准
英国	建筑节能条例
美国	ASHRAE 90.1、IECC
日本	公共建筑节能设计标准、居住建筑节能设计标准、居住建筑节能设计与施工导则

2.2 中国建筑电气与智能化节能标准现状

中国现已出台的有关建筑电气与智能化节能标准规范
中国建筑电气与智能化节能建设除遵循《智能建筑设计标准》、《智能建筑工程施工规范》、《智能建筑验收规范》外，还须遵循各个子系统技术标准规范

2.3 中国建筑电气与智能化节能标准编制规划

中国市场上有待完善和补充的标准规范	
使物业管理单位和系统维护企业对智能化系统维护管理有章可循	《建筑智能化系统维护规范》
作为使用管理单位进行预算和维护单位招投标的参考	《建筑智能化系统维护费用标准》

3 建筑电气与智能化节能咨询及设计要点

3.1 中国建筑电气节能评估咨询要求

内容完整性方面	结构组成方面
1. 总则 2. 工程设计文件复核的过程 3. 项目能源管理体系文件复核的过程 4. 项目现场初步踏勘的过程 5. 制定现场检测方案的过程 6. 项目现场检测的过程 7. 能耗监测和计量系统现场复核的过程 8. 能源管理体系的运行和相关记录现场复核的过程 9. 编制节能评估咨询报告的过程 10. 提交节能评估咨询报告的过程	1. 项目概况 2. 建筑电气节能评估咨询的范围 3. 项目能耗系统的构成 4. 项目建筑电气与智能化节能技术的应用 5. 项目能耗监测和计量系统的构成 6. 项目能耗统计和管理体系的构成 7. 建筑电气系统的现场检测和检查情况 8. 建筑电气系统的节能运行情况 9. 建筑电气节能管理系统的能力与效果 10. 建筑电气系统节能改进建议

3.2 中国建筑电气节能评估咨询报告的要点

节能评估咨询报告的要点	节能评估咨询报告的要点
评估依据	项目节能潜力评估
项目概况介绍	项目节能措施评估
项目能源供应情况评估	存在的问题和建议
项目用能情况评估	

3.3 中国建筑电气节能设计的要点

民用及工业建筑分类	电气节能设计要点
居住建筑电气节能设计的要点 商业建筑电气节能设计的要点 文化/体育建筑电气节能设计的要点 卫生建筑电气节能设计的要点 交通建筑电气节能设计的要点 工业建筑电气节能设计的要点	变配电系统节能设计要点 供配电系统节能设计要点 动力设施节能设计要点 照明系统节能设计要点 智能化控制系统

4 建筑电气与智能化节能常见问题

建筑电气系统节能常见问题	
变配电系统节能	建筑电气节能设计应着重把握的原则 如何选择变压器既经济合理，又达到节能要求 怎样合理设计供配电系统及线路，以实现节能目的 如何提高功率因数 怎样抑制、治理谐波 冷、热、电三联供系统的节能技术特点
动力设备系统节能	动力设备系统的节能设计要点 如何选择高压电动机的电压等级 高电压等级供电的发展前景
建筑电气控制节能技术常见问题	
建筑供配电系统中控制节能技术	供配电系统中节能控制的基本原则 供配电系统中节能智能化系统怎样配置 供配电系统中节能控制要求 节能控制系统中如何实现系统能效管理
照明系统中控制节能技术	走廊、门厅等公共场所照明节能控制有哪些措施 如何按灯光布置形式和环境条件选择照明控制方式 智能照明控制方式的主要功能及应用场所 大酒店如何实现智能照明控制节能 体育场馆如何实现智能照明控制节能
电动机中控制节能技术	电动机节能控制原则 电动机常用的节能措施及适用场合 风机、水泵控制的节能措施 如何实现变频调速、静止串级调速、内反馈串级调速
变压器中控制节能技术	对于多台变压器并联运行的建筑应采用何种运行控制方式作为节能措施 对于小区内多台变压器进行具体投切的策略 一些面向变压器运行开发设计的节能运行控制系统应该具备的功能
建筑电气照明节能常见问题	
民用建筑（居住建筑、公共建筑）照明节能	照明节能设计的原则 照明节能设计的措施 照明节能指标如何确定 节能光源的选用原则
工业建筑照明节能	工业厂房照明节能设计的措施 大型工业厂房照明设计的基本要求 厂房照明节能设计中电气附件如何选用 厂房照明节能中如何布线以减少供电线路上的损耗 照明配电中供电电源对照明及节能的影响

5 建筑电气与智能化节能技术

建筑电气系统的节能技术	1. 变压器节能 2. 供配电线路的节能降耗 3. 电动机节能 4. 电气照明的节能 5. 新能源电气节能技术 6. 电气控制设备节能
建筑电气与智能化控制的节能技术	1. 智能化集成系统 2. 信息设施系统 3. 信息化应用系统 4. 建筑设备管理系统 5. 公共安全系统 6. 机房工程 7. 照明控制节能技术 8. 电梯群控呼梯分配节能技术 9. 给水排水系统设备的节能控制技术 10. 电动机的节能控制技术 11. 建筑门、窗、遮阳板等的节能控制技术
建筑电气照明的节能技术	1. 影响照明能耗的因素 2. 高效灯具及电器 3. LED灯的应用 4. 照明控制节能 5. 照明功率密度 6. 正确选择照度标准值 7. 合理选择照明方式 8. 推广使用高光效照明光源 9. 积极推广节能型镇流器 10. 照明配电节能 11. 充分利用自然光 12. 照明节能的其他措施
建筑电气设备的节能技术	1. 暖通空调系统 2. 电梯系统 3. 高效电动机的节能 4. 供配电设备节能 5. 变压器设备节能 6. 自备发电机设备节能 7. UPS及蓄电池设备节能 8. 动力设备节能 9. 干线设备节能 10. 智能化系统设备节能

6 LED 照明技术及特点

LED 照明技术	LED 照明特点
芯片技术	高效节能
封装技术	使用寿命超长
散热技术	节能绿色环保
驱动技术	光转化率高
配光技术	安全可靠，用途广泛
LED 节能照明集成技术	保护视力，光源无抖动现象
LED 智能感应技术	

7 影响中国建筑电气行业品牌评选

评审专家	十大优秀品牌奖	行业单项优秀奖
专家评审团包括 100 多名中国建筑节能协会建筑电气与智能化节能专业委员会专家库双高（高职位、高职称）专家	供配电优秀品牌 建筑设备监控及管理系统优秀品牌 智能家居优秀品牌 安全防范优秀品牌 建筑照明优秀品牌 综合布线及线缆优秀品牌 公共广播电视及会议系统优秀品牌	最具行业影响力品牌 最具市场潜力品牌 最佳用户满意度品牌 最佳性价比品牌 最佳产品应用品牌 最佳科技创新品牌

附录：相关单位介绍

1. 中国勘察设计协会建筑电气工程设计分会
2. 中国建筑节能协会建筑电气与智能化节能专业委员会
3. 中国建设科技集团股份有限公司
4. 智能建筑电气技术杂志
5. 中国智能建筑信息网(www.ib-China.com)

1 建筑电气与智能化节能现状和发展趋势

1.1 国际上建筑电气与智能化节能现状

1.1.1 欧洲国家建筑电气与智能化节能发展现状

1. 欧洲概要

欧盟 2002 年通过建筑能效指令 EPBD（Energy Performance of Buildings Directive），向各国提出一个执行方向，要求计算包括住宅在内的建筑的冷暖风、热水和照明能效，或者用实际数字表示出来。2006 年 1 月以俄罗斯和乌克兰之间的天然气供应争端为契机，为了提高欧盟范围内的能源自给率，2010 年修订和强化了 EPBD，特别在第 9 条加进了"到 2020 年底之前，所有的新建住宅和建筑实现 net Zero Energy Building（nZEB）"，目前正在推动欧盟加盟国家执行 nZEB 对应建筑的义务。nZEB 被定义为拥有较高能源性能的同时还可以用可代替能源（太阳能、风能等自然能源）供应大部分能源的建筑物。在实现这种绿色建筑的目标中，作为一项欧洲规定，也作为和智能建筑有着密切关系的内容，EN15232 被提了出来。

2. EN15232（智能建筑能效规定）

EN15232，"Energy performance of buildings - Impact of Building Automation，Controls and Building Management"是一项欧洲标准，规定了楼宇控制系统（Building Automation Control System，BACS）和楼宇管理（Technical Building Management，TBM）对能效的影响。以设计阶段的能效为基础，分为 4 个等级。这个标准里将建筑类别设定为办公、学校、医院等，等级 A 是在等级 C 的基础上将热能和电力能效分别提高 30% 和 13%，形成更高标准。

表 1-1 为各能效等级及其基本内容。以没有形成网络的楼宇（等级 D）为基础，分为搭载了标准控制系统（BACS）的楼宇（等级 C），装配了更先进的控制系统、能够进行能效管理的楼宇（等级 B），以及能够进行指令控制、定期维护且从可持续发展观点看可优化的楼宇（等级 A），并按等级区分性能。

能效等级标准 表 1-1

等级	内　　容
A	等级 A 适用于高性能的楼宇控制系统和楼宇管理系统 1. 自动供需控制的联网房间自动化； 2. 定期维护； 3. 能源监测； 4. 可持续的能源优化

等级	内 容
B	等级 B 适用于高级的楼宇控制系统和部分楼宇管理系统的特殊功能 1. 无自动供需控制的联网房间自动化； 2. 能源监测
C	等级 C 适用于标准楼宇控制系统 1. 初级功能的联网建筑自动系统； 2. 无房间自动化； 3. 无能源监测系统
D	等级 D 适用于非高效节能的楼宇控制系统 使用此类控制系统的建筑应进行改造 在新建建筑中不得使用此类控制系统 1. 无建筑自动化； 2. 无电子自动化； 3. 无能源监测 所有的功能和程序都需要在 EN15232 中进行设定

另外，表 1-2 作为建筑节能的一项内容，针对空调、通风、照明、太阳能利用，规定了等级 A～D 分别适用的节能控制手段和方法。

能效等级分类和使用分类（EN15232：2007 [D] 表 1 中的部分内容）　　　表 1-2

等级	加热/冷却控制	通风/空调控制	照明	防晒
A	1. 控制器之间进行通信的独立房间控制系统； 2. 配送水温的室内控制； 3. 加热和冷却之间的连锁控制	1. 依赖需求或存在的房间级/空气流量控制； 2. 供水温度随负载变化的补偿控制； 3. 房间/排气/送风湿度控制	1. 白天自动控制； 2. 自动检测控制人工在线/自动离线； 3. 自动检测控制人工开启/变暗； 4. 自动检测控制自动开启/自动关闭； 5. 自动检测控制自动开启/变暗	结合照明/百叶窗/暖通空调控制
B	1. 控制器之间进行通信的独立房间控制系统； 2. 配送水温的室内控制； 3. 局部加热与冷却之间的连锁控制	1. 房间级的定时空气流量控制； 2. 随室外温度变化的供水温度控制； 3. 房间/排气/送风湿度控制	1. 人工灯光控制； 2. 自动检测控制人工开启/自动关闭； 3. 自动检测控制人工开启/变暗； 4. 自动检测控制自动开启/自动关闭； 5. 自动检测控制自动开启/变暗	电动自动百叶窗控制

等级	加热/冷却控制	通风/空调控制	照明	防晒
C	1. 使用恒温阀或电子控制器的独立房间自动控制； 2. 配送水温室外温度补偿控制； 3. 局部加热与冷却之间的连锁控制（取决于暖通空调系统）	1. 房间级的定时空气流量控制； 2. 恒温控制； 3. 提供空气湿度控制	1. 人工灯光控制； 2. 人工开/关转换＋完全关闭信号； 3. 人工开/关转换	电动与手动相结合百叶窗控制
D	1. 无自动控制； 2. 无配送水温控制； 3. 无加热和冷却之间的连锁控制	1. 无房间级的空气流量控制； 2. 无温度控制； 3. 无空气湿度控制	1. 人工灯光控制； 2. 人工开/关转换＋完全关闭信号； 3. 人工开/关转换	手动百叶窗控制

3. 标识制度

EPBD 规定了新建、销售、出租建筑时应取得以设计值为依据的能效评价书（Energy Performance Certificate，EPC）和出示给交易对方的义务。其次，关于公共建筑，有义务在建筑入口等处张贴以实际数字为依据的能效展示（Display Energy Certificate，DFC）。

另外，一些楼宇综合性环境性能评价方法也在逐渐推广，如英国的 BREEAM、法国的 HQE、美国的 LEED 等。

1.1.2 美国建筑电气与智能化节能发展现状

1. 美国现状

美国的建筑节能规范由各自治州参考 ASHRAE（美国采暖制冷空调工程师学会）（90.1）或 IECC（International Energy Conservation Code）分别制定。

美国自从石油危机以来，相继出台了多项与节能有关的政策性措施，近年以绿色新政为导向，正在加快此类政策性措施的强化工作。在这股浪潮中，正在推进以政策诱导节能的标识制度和研发方面的 nZEB（net Zero Energy Building）建筑开发项目，其中楼宇智能化作为一种节能手段也被人们寄予期望。

nZEB 建筑开发项目是从美国能源部（DOE）2008 年 8 月发表的净零能源商业建筑倡议（Net-Zero Energy Commercial Buildings Initiative，CBI）开始的，在产学合作下，以环境零负荷建筑为目标，开发用最先进的技术构建次世代商业绿色建筑，到 2025 年实现商业应用。

2. 标识制度

（1）Energy Star 制度的启动

Energy Star 是 EPA（美国国家环保局）和 DOE（美国能源部）共同推动的项目，目的是节能和环保。本来 Energy Star 是 EPA 1992 年为能效表现好的产品开展的一项标识计划，如今则利用 EPA 提供的软件（Portfolio Manager）和商业建筑、工业建筑的能耗量计算来评估建筑的性能，树立节能型建筑，并贴标识。大约有 9000 座建筑接受了该认证，再加上超过 15000 家的政府性、民营性组织的配合，其成果就是 2008 年削减能源成本 190 亿美元。对 Energy Star Program 的评价对象没有智能化方面的要求。

（2）LEED（Leadership in Energy and Environmental Design）绿色建筑认证制度

美国绿色建筑委员会（Green Building Council：USGBC41）已开发了绿色建筑认证系统 LEED。相对于 Energy Star 只关注能效的做法，LEED 的评价对象涉及 9 个领域，根据从建筑的设计到回收再利用完整的生命周期当中产生的环境负荷影响，做出全面评价。对 LEED 的评价对象没有智能化方面的要求。

3. 智能化系统的动向

导入节能性能高的设备的同时，通过导入 BA 系统实行"只在必要的时候使用必要的量"的节能手段和方法也值得期待。

（1）建筑设备系统（Building Automation System，BAS）

BAS 的定义是：自动开启冷暖空调设备（HAVC）、照明调节系统、火灾探测和报警系统、SAC（Security and Access Control System）等建筑设备的自动控制系统。据称 2009 年全世界 BAS 市场是 120 亿美元，预计将来还会以中国为中心进行扩大。列举以下几点普遍具备的功能：

1）设备调度表；

2）设备状态监测和控制；

3）报警功能；

4）能源管理功能；

5）空调温湿度控制。

（2）智能化建筑（Intelligent Building）

如今诞生了一种包括"建筑设备监控系统（BAS）"在内的高级概念，叫"智能化建筑（Intelligent Building）"。图 1-1 为智能化建筑（Intelligent Building）的概念图。在 BA 系统的上一级具有系统集成，而它的上一级则具有业务集成（Enterprise）。

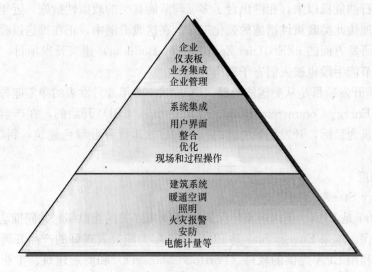

图 1-1 智能化建筑的概念图

举一个业务集成的具体例子，比如利用公司内部服务器，将会议室的预约系统和照明、空调联合起来。参与到这个领域里的，不仅有 Honeywell 这样的 BAS 专业厂家，还能看见 IBM 这样的 IT 企业的身影。IBM 的 Smarter Buildings 里不仅有 BAS 的基础——中央监控，还充实应用功能，能够使建筑能源得到优化利用。

1.1.3 日本建筑电气与智能化节能发展现状

1. 日本概要

日本由于国内的能源自给率低，以前就一直严格执行能源使用规定，在经历了 1972 年石油危机后的第二年制定了关于合理使用能源的法律（节能法），1993 年修订了日本建筑省能源标准，规定凡超过 2000m² 的新建建筑，有义务在设计阶段做出节能计划，计算并提交建筑和设备性能。之后的节能法又几经修订和强化，在 1997 年即 COP3 召开后的第二年导入了领跑者机器方式，2002 年要求原油当量在年 1500kL 以上的大型建筑有每年报告一次能源使用量的义务，2008 年又在对象范围内增加了 1500kL 以上的大型企业。2013 年制定了防备电力不足控制用电方用电高峰的优惠方式。

2. 标识制度

和美国的 LEED（Leadership in Energy and Environmental Design）一样，作为对建筑环境性能进行评价的标识制度，2001 年日本的国土交通省推出并实施了 CASBEE（Comprehensive Assessment System for Built Environment Efficiency）。进行建筑性能评价时，不仅要计算建筑的能效和舒适性等性能，还要计算建筑从施工到拆除的生命周期里对地球环境和周边环境带来的环境负荷。虽然 CASBEE 被视为是评估不动产价值时需要的性能证书，但它的推广还仅停留在大型建筑上，今后还需要在制度层面加强工作，以实现普及的目的。

3. 智能化系统的动向

日本在吸收消化美国等国家的技术的同时，坚持独立开展工作。建筑设备监控系统（Building Automation System）由电气设备、空调设备、卫生设备、防灾设备和对此进行远程监控用的监控 PC 构成。

石油危机后，针对建筑节能方面的智能化工作开展方兴未艾，特别是以空调机的自动化控制为核心的普及工作获得了进展。20 世纪 80 年代从注重效率的硬件方面发展，开始向重视居住环境舒适性等软件方面发展，由此 DDC（Digital Direct Controller）面世，从而实现了将分散的系统功能和舒适与节能保持在最佳平衡状态的最优控制。正是这个时期，与其他安全系统的联合、系统集成化的发展也迈开了脚步。90 年代从模拟发展到数字化，平台也变成了基于 PC 的形式，同时 BACnet 等开放式协议开始普及，与其他系统的集成化发展速度加快。最近，为响应社会对节能的要求，进一步加强节能工作，同时鉴于 2011 年 3 月发生的日本东部大地震的影响，强化了发生灾害时的"安全·放心"的功能建设。如与发生灾害时的信息系统之间进行联动、与发生灾害时的备用电源之间的联动、防备电力不足的高峰掉闸控制等。

（1）节能功能

正如我们从背景中就可以判断的一样，中央监控系统的发展是由空调控制相关企业担当主导的，因此空调特别是控制系统的效率化是最为重要的应用。尤其是日本一直就很重视的热源系统的优化运行，已经研究了很长时间。理由是因为在整栋办公楼的能耗量中空调设备占了约 50%，其中热源系统又占整栋楼的 30%，比例非常高。此外，由于日本一年四季的变化不明显，需要根据这样慢慢变化的季节特征，对楼宇设备进行优化控制管理。在这种情况下，开发出了支持热源优化运行的系统。

大规模建筑群中设计并采用的是包括热泵式水和冰蓄热系统、直燃型吸收式冷热水机组、热电联产系统等在内的复杂的复合型热源系统，从而保证其最佳的运行状态。在管理上需要高水平的技术支撑。为此，开发出了以复合热源系统的经济性（最低的运转成本）或环保性（最少的 CO_2 排放量）为目标函数的、执行优化控制的系统。

（2）防灾应急和能源管理系统

2011 年 3 月日本东部大地震发生时的惨痛教训，使人们认识到当前社会基础设施的脆弱性。特别是受核电站重大事故影响，核电厂全部停转，引发长期电力紧张，人们对以建筑或地区为单位的备用电源、太阳能发电、热电联产系统之类的发电装置等的智能电网化发展的认识水平提高了一个层次。

目前，日本由经济产业省牵头，在各地进行智能电网验证实验，其中期待智能化建筑能够发挥的作用如下：①指令响应功能；②融合太阳能发电或蓄电池功能的自然能源优化控制。对指令响应功能的要求是：通过互联网接收来自电力供需双方的电力短缺警示信号，根据该警示信号自动控制高峰电力。自然能源的优化控制是指：针对平时通过太阳能发电获得的电量，是卖给电网或是充入蓄电池或是消费掉这一问题，以电力成本最小化为目标，实施自动运行控制，同时在发生灾害时利用蓄电系统自动供电。

1.2 中国建筑电气与智能化节能现状

中国是一个能源消耗的大国，其中，建筑能耗在总能耗中占相当大的比例。多年来，中国建筑行业在建筑节能技术方面取得了很大的进步，为减少建筑的能源消耗贡献一份力量。智能建筑契合了可持续生态和谐发展的要求，我国智能建筑更多地凸显出的是智能建筑的节能环保性、实用性、先进性及可持续发展等特点，和其他国家的智能建筑相比，我国更加注重智能建筑的节能减排，更加追求的是智能建筑的高效和低碳。这对于节能减排、降低能源消耗等都具有非常积极的促进作用。

根据《智能建筑设计标准》GB/T 50314—2006 中的定义，智能建筑是指以建筑物为平台，兼备信息设施系统、信息化应用系统、建筑设备管理系统、公共安全系统等，集结构、系统、服务、管理及其优化组合为一体，向人们提供安全、高效、便捷、节能、环保、健康的建筑环境。

智能楼宇系统主要包括如下 5 个方面：建筑设备监控系统、通信网络自动化系统、办公自动化系统、火灾报警系统及安保管理系统。如图 1-2 所示。

1. 智能建筑的发展阶段

智能建筑在中国的发展可分为三个阶段：

第一阶段：初始发展阶段（1990—1995 年），智能建筑的智能化程度还不高，只在宾馆、酒店、商务楼等地方有部分应用；

第二阶段：规范管理阶段（1996—2000 年），智能化系统实现了系统集成和网络化的

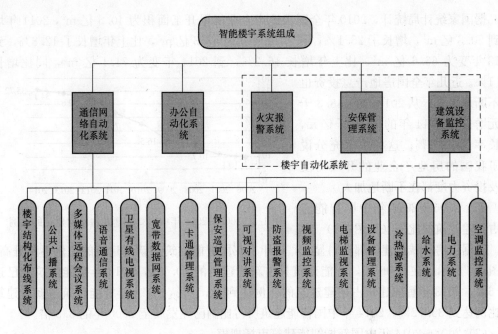

图 1-2　智能楼宇系统组成

控制，应用的范围也从宾馆、酒店、商务楼扩展到了机关和企业单位办公楼、图书馆、医院、校园、博物馆、会展中心、体育场馆以及智能化居民小区；

第三阶段：快速发展阶段（2001 年至今），智能建筑呈现网络化、IP 化、IT 化、数字化的趋势，智能建筑得到了政府的大力推广，应用范围越来越广泛，智能化程度也越来越高。

2. 中国智能建筑发展背景

中国建筑业产值的持续增长推动了建筑智能化行业的发展，智能建筑行业市场在2005 年首次突破 200 亿元之后，也以每年 20％以上的增长态势发展。我国智能建筑行业仍处于快速发展期，随着技术的不断进步和市场领域的延伸，未来几年智能建筑市场前景仍然巨大。

（1）2010～2014 年中国建筑行业市场发展状况（见图 1-3）

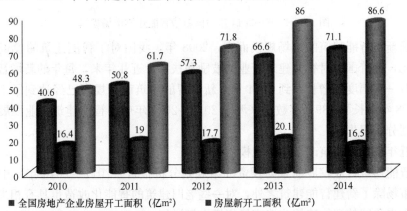

图 1-3　2010～2014 年中国建筑行业市场发展状况

据国家统计局统计，2010 年全国房地产企业房屋开工面积为 40.6 亿 m²，2011 年增加到 50.8 亿 m²，增长了 25.1%，到 2012 年变为 57.3 亿 m²，比上年增长了 12.8%，到 2013 年变为 66.6 亿 m²，比上年增长 16.2%，到 2014 年变为 71.1 亿 m²，同比增长 10.1%。近几年全国房地产总投资也在不断地增长，从 2010 年的 48.3 千亿元增长到 2014 年的 86.6 千亿元，增长率达 79.3%。这些数据充分说明了我国的房地产企业的开发力度以及投资力度都在不断地加大。

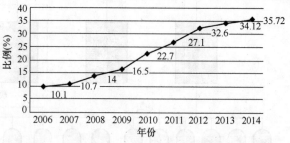

图 1-4　2006～2014 年中国智能建筑占新建建筑的比例

（2）2006～2014 年中国智能建筑占新建建筑的比例（见图 1-4）

根据住房和城乡建设部资料显示，近年来我国智能建筑占新建建筑的比例不断升高，如图 1-4 所示：在 2006 年，智能建筑只占新建建筑的 10.1%，2012 年智能建筑就已达 32.6%，2013 年智能建筑占新建建筑的比例达到 34.12%，2014 年智能建筑占新建建筑的比例达到 35.72%。2014 年中国智能建筑所占比例已经发展至 2006 年的 3.5 倍。

（3）2008～2014 年中国新增智能建筑市场规模

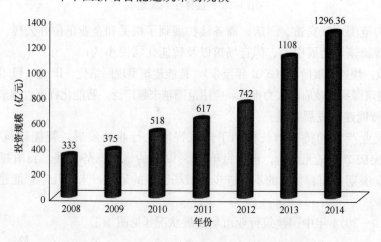

图 1-5　2008～2014 年中国新增智能建筑市场规模

就我国新增智能建筑的市场规模而言，2008 年，我国对于智能建筑的投资规模大概在 333 亿元，随着国家对智能建筑行业的鼓励和扶持，近几年来，每年的新增智能建筑市场规模均有一定幅度的增长，到 2014 年，新增智能建筑市场规模已经达到了 1296.36 亿元，比 2008 年增长了 289%（数据来源于 2011～2015 年中国智能建筑行业发展前景与投资战略规划分析报告）。

（4）近年来智能建筑改造市场规模

中国智能建筑行业发展前景与投资战略规划分析报告（2011～2015 年）中表明，智能建筑的市场除了新建智能建筑之外，对一些老旧建筑的智能化改造也具有相当大的市场前景；近年来我国的智能建筑改造市场规模大幅增加。

（5）智能建筑行业的监管体制、政策及规范已日渐成熟目前，中国已颁布了《智能建筑设计标准》GB/T 50314—2006 、《视频安防监控系统工程设计规范》GB 50395—2007 、《入侵报警系统工程设计规范》GB 50394—2007 、《公共建筑节能设计标准》GB 50189—2005、《综合布线系统工程设计规范》GB 50311—2007 等 200 多本规范。

表 1-3

监管体制	行业标准、规范	相关政策
建设部主管，对市场主题资格和资质、建设工程全过程以及建设项目的经济技术标准等进行管理	《智能建筑设计标准》GB/T 50314—2006 《视频安防监控系统工程设计规范》GB 50395—2007 《入侵报警系统工程设计规范》GB 50394—2007 《公共建筑节能设计标准》GB 50189—2005 《综合布线系统工程设计规范》GB 50311—2007 等 200 余项	《全国住宅小区智能化系统示范工程建设要点与技术导则》 《建筑智能化系统工程设计管理暂行规定》 《建筑智能化系统工程设计和系统集成专项资质管理暂行办法》

1.2.1 中国最新出台的节能政策法规

随着建筑电气与智能化的飞速发展，有关建筑电气与智能化方面的标准规范也日渐完善。本节主要总结了近些年来有关建筑电气与智能化方面的相关政策法规，一方面反映了建筑电气与智能化标准不断发展与完善的过程，另一方面希望能给业内人士提供相应的参考。

1. 政策法规

(1)《夏热冬暖地区居住建筑节能设计标准》JGJ 75—2012

《夏热冬暖地区居住建筑节能设计标准》于 2012 年实施，为贯彻国家有关节约能源、保护环境的法规和政策，改善夏热冬暖地区居住建筑热环境，提高空调和采暖的能源利用效率，制定本标准。

该标准适用于夏热冬暖地区新建、扩建和改建居住建筑的建筑节能设计。夏热冬暖地区居住建筑的建筑热工和空调暖通设计，必须采取节能措施，在保证室内热环境舒适的前提下，将空调和采暖能耗控制在规定的范围内。

(2)《公共建筑节能设计标准》GB 50189—2005

《公共建筑节能设计标准》于 2005 年 7 月 1 日正式实施，为了改善建筑围护结构保温、隔热性能，提高采暖、通风和空气调节设备、系统的能效比，增进照明设备效率，特制定了此标准。

(3)《住宅建筑规范》GB 50368—2005

《住宅建筑规范》于 2006 年 3 月 1 日正式实施。随着住宅房地产市场的迅猛发展，广大人民群众对住宅建筑质量和性能的要求也越来越高，为满足广大工程建设管理者、工程技术人员和消费者的需要，特编制了一部全文强制的适合我国国情的《住宅建筑规范》，从住宅的性能、功能和目标的基本技术要求出发，全文提出对住宅建筑的强制性要求，并体现了与国外技术法规相同的特点。

(4)《建筑照明设计标准》GB 50034　2013

《建筑照明设计标准》于 2014 年 6 月 1 日正式实施。由中国建筑科学研究院会同有关单位对原标准《建筑照明设计标准》GB 50034—2004 进行修订完成的。

本标准修订的主要技术内容更严格地限制了白炽灯的使用范围；增加了发光二极管产品应用于室内的技术要求；对公共建筑的名称进行了规范统一；增加了博览、会展、交通、金融等公共建筑的照明功率密度限值；降低了照明功率密度限值。

（5）《建筑设计防火规范》GB 50016—2014

《建筑设计防火规范》GB 50016—2014 自 2015 年 5 月 1 日起实施。新规范合并了《建筑设计防火规范》GB 50016—2006 和《高层民用建筑设计防火规范》GB 50045—95（2005 版本），新规范与上述两规范相比，主要变化有以下几点：调整了两项标准间不协调的要求，将住宅建筑的分类统一按照建筑高度划分；增加了灭火救援设施和木结构建筑两章，完善了有关灭火救援的要求，系统规范了木结构建筑的防火要求；补充了建筑外保温系统的防火要求；将消防设施的设置独立成章并完善有关内容；取消消防给水系统和防烟排烟系统设计的要求，分别由相应的国家标准作出规定；适当提高了高层住宅建筑和建筑高度大于 100m 的高层民用建筑的防火技术要求；补充了利用有顶步行街进行安全疏散时的防火要求；调整、补充了建材、家具、灯饰商店和展览厅的设计人员密度；补充了地下仓库、物流建筑、大型可燃气体储罐（区）、液氨储罐、液化天然气储罐的防火要求，调整了液氧储罐等的防火间距；完善了防止建筑火灾竖向或水平蔓延的相关要求。

（6）《高层民用建筑设计防火规范》GB 50045—2005

《高层民用建筑设计防火规范》是为了防止和减少高层民用建筑火灾的危害，保护人身和财产的安全，特制定本规范。高层建筑的防火设计，必须遵循"预防为主，防消结合"的消防工作方针，针对高层建筑发生火灾的特点，立足自防自救，采用可靠的防火措施，做到安全适用、技术先进、经济合理。

（7）《供配电系统设计规范》GB 50052—2009

《供配电系统设计规范》于 2009 年 11 月 11 日发布，2010 年 7 月 1 日正式实施，为了使供配电系统设计贯彻执行国家的技术经济政策，做到保障人身安全、供电可靠、技术先进和经济合理，特制定此规范。该规范适用于新建、扩建和改建工程的用户端供配电系统的设计。并规定了供配电系统设计的基本技术要求。

（8）《低压配电设计规范》GB 50054—2011

《低压配电设计规范》自 2012 年 6 月 1 日起实施，原《低压配电设计规范》GB 50054—1995 同时废止。该规范的制定主要是为了弥补《低压配电设计规范》GB 50054—1995 的缺陷。由于当年制定规范时受某些条件和技术水平的限制，规范内容存在一些不足之处，新规范根据近些年技术的发展以及工程实际经验的总结对原有不足之处进行了修订。

（9）《建筑物防雷设计规范》GB 50057—2010

《建筑物防雷设计规范》于 2011 年 10 月 1 日正式实施，该规范主要是对《建筑物防雷设计规范》GB 50057—1995（2000 年版）修订而成的。该规范主要变更了防接触电压和防跨步电压的措施；补充了外部防雷装置采用不同金属物的要求；修改防侧击的规定；详细规定电气系统和电子系统选用电涌保护器的要求；简化了雷击大地的年平均密度计算公式，并相应调整了预计雷击次数判定建筑物的防雷分类的数值。

(10)《民用建筑电气设计规范》JGJ 16—2008

《民用建筑电气设计规范》JGJ 16—2008 主要是对《民用建筑电气设计技术规范》JGJ/T 16—1992 进行修订，新旧标准的一个重要变化是加强并突出了对民用建筑电能质量的要求。新标准里明确确定了 27 类一、二级用电负荷建筑物，并提出了相关的电能质量标准。

(11)《综合布线系统工程设计规范》GB 50311—2007

《综合布线系统工程设计规范》于 2007 年 10 月 1 日起实施，为了配合现代化城镇信息通信网向数字化方向发展，规范建筑与建筑群的语音、数据、图像及多媒体业务综合网络建设，特制定此规范。该规范由建设部发布。

(12)《建筑物电子信息系统防雷技术规范》GB 50343—2012

《建筑物电子信息系统防雷技术规范》自 2012 年 12 月 1 日起实施，该规范主要对建筑物电子信息系统综合防雷工程的设计、施工、验收、维护与管理做出规定和要求。

(13)《智能建筑工程质量验收规范》GB 50339—2013

《智能建筑工程质量验收规范》自 2014 年 2 月 1 日起实施，该规范主要对智能化系统集成、信息接入系统、用户电话交换系统、信息网络系统做出了规定。

(14)《智能建筑设计标准》GB/T 50314—2015

住房城乡建设部近日发布公告：现批准《智能建筑设计标准》为国家标准，编号为GB 50314—2015，自 2015 年 11 月 1 日起实施。其中，第 4.6.6、4.7.6 条为强制性条文，必须严格执行。原《智能建筑设计标准》GB/T 50314—2006 同时废止。

(15)《居住区智能化系统配置与技术要求》CJ/T 174—2003

《居住区智能化系统配置与技术要求》自 2003 年 12 月 1 日起实施。该标准规定了居住区智能化系统配置与技术要求等内容，主要包括定义、技术分类、建设要求、技术要求、安全防范子系统、管理与监控子系统和通信网络子系统等。该标准适用于新建居民区智能化系统的建设，已建的居民区进行智能化系统的建设仅作为参考。可作为房地产开发商建设智能化居住区选择系统与子系统的技术依据。

该标准的主要内容包括：范围、引用标准、定义、缩略语、技术分类、建设要求、技术要求、安全防范子系统、监理与监控子系统、通信网络子系统附录 A（资料性附录）、居住区宽带接入解决方案附录 B（资料性附录）、居住区控制网方案。

(16)《城市住宅区和办公楼电话通信设施设计标准》YD/T 2008—1993

为了适应现代化城市建设与通信发展的需要，搞好电话通信设施及管线配套建设，制定《城市住宅区和办公楼电话通信设施设计标准》，该标准自 1994 年 1 月 1 日起实施。

该标准适用于城市新建住宅区的地下通信配线和管道设计，新建高层、中高层、标准较高的多层住宅楼以及新建办公楼的电话暗配线设计。

2. 相关国家政策

(1)《全国住宅小区智能化系统示范工程建设要点与技术导则》

为促进住宅建设的科技进步，提高住宅功能质量，采用先进适用的高新技术推动住宅产业现代化进程，建设部在总结"2000 年小康型城乡住宅科技产业工程项目"工作经验的基础上，拟自 2000 年起，用五年左右的时间组织实施全国住宅小区智能化系统示范工程（以下简称示范工程）。其总体目标是：通过采用现代信息传输技术、网络技术和信息集成技术，进行精密设计、优化集成、精心建设和工程示范提高住宅高、新技术的含量和居住环境水平，以适应 21 世纪现代居住生活的需求。

示范工程建设实施原则如下：

1）必须符合国家信息化建设的方针、政策和地方总体规划建设的要求；

2）应在省级以上建设行政主管部门的指导和当地人民政府的领导下进行；

3）示范工程的等级标准应与拟建住宅小区的定位及住宅性能的等级标准基本适应；

4）示范工程的规划、设计、建设应与住宅小区的规划、设计、建设同步进行；

5）示范工程的规划、设计、建设必须遵循国家和地方的统一标准、规范；

6）示范工程的部品应采用集约化生产的相互匹配的产品、设备进行现场精密组装；

7）示范工程必须实行严格的质量监控，并达到国家统一规定的验收标准；要提高工程的优良品率，创优质工程；

8）成片开发建设的小区，智能化建设必须纳入住宅开发建设的全过程，实行统一规划、设计、建造；

9）示范工程建设应推广、应用适度超前、先进、适用、优化集成的成套技术体系和设备体系；

10）示范工程建设应推进信息资源共享，促进中国住宅信息设备、软件产业的发展。

（2）《建筑智能化系统工程设计管理暂行规定》

《建筑智能化系统工程设计管理暂行规定》自 1997 年 10 月 20 日起实行。

第一条：为了加强对建筑智能化系统工程的设计管理，规范工程设计行为，保障建筑智能化系统工程的设计质量，特制定本规定。

第二条：本规定所指的建筑智能化系统工程，是指新建或已建成的建筑群中，增加通信网络、办公自动化、建筑设备自动化等功能，以及这些系统集成化管理系统。

第三条：国务院建设行政主管部门统一管理全国建筑智能化系统的工程设计工作。省、自治区、直辖市建设行政主管部门和国务院有关专业部门负责管理本地区、本部门建筑智能化和系统工程设计的具体工作。

第四条：建筑智能化系统工程设计工作的主要内容有：建设单位对智能化系统工程建设要求，专项的咨询和可行性研究，系统的设计和设备选型，提出工程施工的要求，对系统集成商所作的深化系统设计的指导、协商和监督，参与系统的试运行和验收。

第五条：建设项目立项申报时，项目建设法人（业主）应在立项报告（方案说明，项目论证，可行性报告等）中，说明拟建项目中的建筑智能化系统工程的内容，拟达到的功能要求及标准，投资及能耗估算以及解决的措施。立项报告经有关部门批准后，方可委托设计。有关建筑智能化系统的要求将作为项目内容下达。建设过程中，项目建设法人如无充分理由，未经申报批准，不得提高或降低标准或撤销此方面的功能。

第六条：建筑智能化系统工程设计的指导思想应从使用功能和实际需要出发，不能脱离实际地追求高标准。为避免浪费，建筑智能化系统工程设计必须经过用户需求分析、系统设计、施工深化设计等环节，既做到技术先进、经济合理、维修管理方便，又要留有可扩充的余地。

第七条：建筑智能化系统工程设计应建立全国统一标准，在此标准尚未建立之前，参照国家和地方有关标准、规范执行。

（3）《中华人民共和国节约能源法》

2007年10月28日，十届全国人大常委会第三十次会议表决通过了节约能源法修订草案，自2008年4月1日起施行。新的节约能源法为我国科学发展再添法律利器，将有助于解决当前我国经济发展与能源资源及环境之间日益尖锐的矛盾。

1）将节约资源确定为基本国策

节能法第四条明确规定："节约资源是我国的基本国策。国家实施节约与开发并举、把节约放在首位的能源发展战略。"

节能法强调，国务院和县级以上地方各级人民政府应当将节能工作纳入国民经济和社会发展规划、年度计划，并组织编制和实施节能中长期专项规划、年度节能计划。

此外，节能法进一步完善了我国的节能制度，规定了一系列节能管理的基本制度，如实行节能目标责任制和节能考核评价等制度，国务院和县级以上地方各级人民政府每年向本级人民代表大会或者其常务委员会报告节能工作，省、自治区、直辖市人民政府每年向国务院报告节能目标责任的履行情况；实行固定资产投资项目节能评估和审查制度等。

2）明确节能执法主体，强化节能法律责任

节能法第十条规定："县级以上地方各级人民政府管理节能工作的部门负责本行政区域内的节能监督管理工作。县级以上地方各级人民政府有关部门在各自的职责范围内负责节能监督管理工作，并接受同级管理节能工作部门的指导。"

节能法还规定，县级以上人民政府管理节能工作的部门和有关部门应当在各自的职责范围内，加强对节能法律、法规和节能标准执行情况的监督检查，依法查处违法用能行为。履行节能监督管理职责不得向监督管理对象收取费用。

节能法规定了19项法律责任，包括：未按规定配备、使用能源计量器具，瞒报、伪造、篡改能源统计资料或编造虚假能源统计数据，重点用能单位无正当理由拒不落实整改要求或者整改未达到要求、不按规定报送能源利用状况报告或报告内容不实、不按规定设立能源管理岗位，建设、设计、施工、监理等单位违反建筑节能的有关标准等方面的法律责任。

3）政府机构被列入节能法监管重点

节能法专设"公共机构节能"一节，明确规定"公共机构是指全部或者部分使用财政性资金的国家机关、事业单位和团体组织"。法律规定，公共机构应当制定年度节能目标和实施方案，加强能源消费计量和监测管理。国务院和县级以上地方各级人民政府管理机关事务工作的机构会同同级有关部门按照管理权限，制定本级公共机构的能源消耗定额，财政部门根据该定额制定能源消耗支出标准。

节能法还规定，公共机构应当按照规定进行能源审计，并根据能源审计结果采取提高能源利用效率的措施。

4）在节能方面加大政策激励力度

节能法"激励措施"一章，明确了国家实行促进节能的财政、税收、价格、信贷和政府采购政策，如对列入推广目录的需要支持的节能技术和产品，实行税收优惠，并通过财政补贴支持节能照明器具等节能产品的推广和使用；实行有利于节约能源资源的税收政策，健全能源矿产资源有偿使用制度，促进能源资源的节约及其开采利用水平的提高；运用税收等政策，鼓励先进节能技术、设备的进口，控制在生产过程中耗能高、污染重的产品的出口；国家引导金融机构增加对节能项目的信贷支持，为符合条件的节能技术研究开发、节能产品生产以及节能技术改造等项目提供优惠贷款；国家实行有利于节能的价格政策，引导用能单位和个人节能等。

节能法还规定，各级人民政府对在节能管理、节能科学技术研究和推广应用中有显著成绩以及检举存在严重浪费能源行为的单位和个人，给予表彰和奖励。

5）加强对重点用能单位节能的监管

节能法专设"重点用能单位节能"一节，明确指出：年综合能源消费总量 1 万 t 标准煤以上的用能单位，国务院有关部门或者省、自治区、直辖市人民政府管理节能工作的部门指定的年综合能源消费总量 5000t 以上不满 1 万 t 标准煤的用能单位均为重点用能单位。

节能法进一步明确了重点用能单位的节能义务，强化了监督和管理。

节能法第五十三条规定："重点用能单位应当每年向管理节能工作的部门报送上年度的能源利用状况报告。能源利用状况包括能源消费情况、能源利用效率、节能目标完成情况和节能效益分析、节能措施等内容。重点用能单位未按照规定报送能源利用状况报告或者报告内容不实的，由管理节能工作的部门责令限期改正；逾期不改正的，处一万元以上五万元以下罚款。"

第五十四条强调，管理节能工作的部门应当对重点用能单位报送的能源利用状况报告进行审查。对节能管理制度不健全、节能措施不落实、能源利用效率低的重点用能单位，管理节能工作的部门应当开展现场调查，组织实施用能设备能源效率检测，责令实施能源审计，并提出书面整改要求，限期整改。

6）关于建筑节能的条文

第三十四条　国务院建设主管部门负责全国建筑节能的监督管理工作。县级以上地方各级人民政府建设主管部门负责本行政区域内建筑节能的监督管理工作。县级以上地方各级人民政府建设主管部门会同同级管理节能工作的部门编制本行政区域内的建筑节能规划。建筑节能规划应当包括既有建筑节能改造计划。

第三十五条　建筑工程的建设、设计、施工和监理单位应当遵守建筑节能标准。不符合建筑节能标准的建筑工程，建设主管部门不得批准开工建设；已经开工建设的，应当责令停止施工、限期改正；已经建成的，不得销售或者使用。建设主管部门应当加强对在建建筑工程执行建筑节能标准情况的监督检查。

第三十六条　房地产开发企业在销售房屋时，应当向购买人明示所售房屋的节能措施、保温工程保修期等信息，在房屋买卖合同、质量保证书和使用说明书中载明，并对其真实性、准确性负责。

第三十七条　使用空调采暖、制冷的公共建筑应当实行室内温度控制制度。具体办法由国务院建设主管部门制定。

第三十八条　国家采取措施，对实行集中供热的建筑分步骤实行供热分户计量、按照用热量收费的制度。新建建筑或者对既有建筑进行节能改造，应当按照规定安装用热计量装置、室内温度调控装置和供热系统调控装置。具体办法由国务院建设主管部门会同国务院有关部门制定。

第三十九条　县级以上地方各级人民政府有关部门应当加强城市节约用电管理，严格控制公用设施和大型建筑物装饰性景观照明的能耗。

第四十条 国家鼓励在新建建筑和既有建筑节能改造中使用新型墙体材料等节能建筑材料和节能设备，安装和使用太阳能等可再生能源利用系统。

(4)《民用建筑节能条例》

第530号国务院令通过并公布了《民用建筑节能条例》。新华社7日受权播发这一条例。《民用建筑节能条例》(以下简称条例)自2008年10月1日起施行。

1)《条例》的政策扶持和经济激励措施体现在以下三个方面：

一是资金支持。要求有关政府应当安排民用建筑节能资金，用于支持民用建筑节能的科学技术研究和标准制定、既有建筑围护结构和供热系统的节能改造、可再生能源的应用，以及民用建筑节能示范工程、节能项目的推广。

二是金融扶持。规定政府应当引导金融机构对既有建筑节能改造、可再生能源的应用，以及民用建筑节能示范工程等项目提供支持。

三是税收优惠。明确民用建筑节能项目依法享受税收优惠。

2)实施全过程的监管——从源头上遏制建筑能源过度消耗，主要体现在以下六个方面：

一是要求城乡规划主管部门在规划许可阶段进行规划审查时，需就设计方案征求同级建设主管部门的意见；对不符合标准的不予颁发许可证。

二是设计阶段要求新建建筑的施工图设计文件必须符合标准，若经审查不符合标准的不颁发施工许可证。

三是在建设阶段，建设单位不得要求设计单位、施工单位违反民用建筑节能强制性标准进行设计、施工；设计单位、施工单位、工程监理单位及其注册执业人员必须严格执行民用建筑节能强制性标准。

四是竣工验收阶段建设单位将民用建筑是否符合标准作为查验的重要内容；对不符合标准的不出具竣工验收合格报告。

五是在商品房销售阶段，要求房地产开发企业向购买人明示所售商品房的能源消耗指标、节能措施和保护要求、保温工程保修期等信息。

六是在使用保修阶段，规定施工单位在保修范围和保修期内，对发生质量问题的保温工程负有保修义务，并对造成的损失依法承担赔偿责任。

3)《条例》在既有建筑改造四个方面进行明确，具体如下：

一是确立既有建筑节能改造的原则。该《条例》称既有建筑节能改造，是指对不符合民用建筑节能强制性标准既有建筑的围护结构、供热系统、采暖制冷系统、照明设备和热水供应设施等实施节能改造的活动。

二是强化对既有建筑节能改造的管理。县级以上地方人民政府建设主管部门应当对本行政区域内既有建筑的建设年代等组织调查统计和分析，并制定既有建筑节能改造计划，报本级人民政府批准后组织实施。

三是明确既有建筑节能改造的标准和要求。实施既有建筑节能改造，应当符合民用建筑节能强制性标准，优先采用遮阳、改善通风等低成本改造措施。

四是确立既有建筑节能改造费用的负担方式。居住建筑和公益事业使用的公共建筑的节能改造费用由政府、建筑所有权人共同负担。

4）再生能源的利用带来利好影响

在具备太阳能利用条件的地区，有关地方人民政府及其部门应当鼓励和扶持单位、个人安装使用太阳能热水系统、照明系统、供热系统、采暖制冷系统等太阳能利用系统。并在新建建筑和既有建筑节能改造中采用太阳能、地热能等可再生能源，带来环保能源产业的利好。

条例同时指出，新商品房必须向购买人明示所售商品房的能源消耗指标、节能措施和保护要求、保温工程保修期等信息，违反者将获罚。这无疑给房地产商又加上了一道无形的门槛。但同时能更好地使购房者得到实惠。节能灯具制造、建筑保温材料供应商和太阳能企业三类上市公司会从中受益。

（5）关于加快推行合同能源管理促进节能服务产业发展的意见

根据《中华人民共和国节约能源法》和《国务院关于加强节能工作的决定》（国发〔2006〕28号）、《国务院关于印发节能减排综合性工作方案的通知》（国发〔2007〕15号）等文件精神，为加快推行合同能源管理，促进节能服务产业发展，2010年4月2日，国务院办公厅转发了国家发展和改革委员会等部门发布的《关于加快推行合同能源管理促进节能服务产业发展的意见》。《意见》包括四大部分：①充分认识推行合同能源管理、发展节能服务产业的重要意义；②指导思想、基本原则和发展目标；③完善促进节能服务产业发展的政策措施；④加强对节能服务产业发展的指导和服务。

指导思想：发挥市场机制作用，加强政策扶持和引导，积极推行合同能源管理，加快节能新技术、新产品的推广应用，促进节能服务产业发展，不断提高能源利用效率。

两个基本原则：一是坚持发挥市场机制作用。以分享节能效益为基础，建立市场化的节能服务机制。二是加强政策支持引导。通过制定激励政策，加强行业监督，营造有利于节能服务产业发展的政策环境和市场环境。这两条原则把市场的作用与政府的作用，企业的积极性和政府的意图，促进企业的发展和规范企业的行为很好地结合了起来。符合合同能源管理的商业属性和社会属性，也符合我国目前的合同能源管理发展的实际情况。

发展目标：培育一批专业化节能服务公司，发展壮大一批综合性大型节能服务公司，建立充满活力、特色鲜明、规范有序的节能服务市场。到2015年，建立比较完善的节能服务体系，节能服务公司进一步壮大，服务能力进一步增强，服务领域进一步拓宽，合同能源管理成为用能单位实施节能改造的主要方式之一。

政策的主要内容：

1）加大资金支持力度

中央预算内投资和中央财政节能减排专项资金对节能服务公司采用合同能源管理方式实施的节能改造项目，给予资金补助或奖励。有条件的地方也要安排一定资金，支持和引导节能服务产业发展。

2）支持的对象、范围、条件

支持的主要是节能效益分享型合同能源管理项目（节能服务公司投资70%以上）。用能计量装置齐备，节能量可计量、可监测、可检查。节能服务公司应符合的条件：①独立法人，节能服务为主营业务；②注册资金500万元以上；③拥有匹配的技术人才和管理人才，具有项目实施和运行的能力。节能服务公司实行审核备案制，企业申请、地方初审上报、国家发改委会同财政部组织专家评审备案。

3）资金申请和拨付

财政部根据各地节能潜力、项目安排情况、资金需求，将奖励资金按年度下达给地方；项目完工后，节能公司向地方财政部门、节能主管部门提出申请；对申报项目进行审核，确认项目年节能量；根据审核结果将资金拨付给节能公司；每年2月底前，地方上报财政部"奖励资金年度清算情况表"；财政部清算资金使用情况，安排下一年度各地方资金计划。实行税收扶持政策，对节能服务公司实施合同能源管理项目，取得的营业税应纳入税收，暂免征收营业税，对因实施合同能源管理项目形成的资产，免征增值税。节能服务公司实施合同能源管理项目，第一年至第三年免征企业所得税，第四年至第六年减半征收企业所得税，即"三免三减半"。用能企业给节能服务公司的合理支出，均可以在计算当期应纳税所得额时扣除，不再区分服务费用和资产价款进行税务处理。能源管理合同期满后，节能服务公司转让给用能企业的资产，按折旧或摊销期满的资产进行税务处理。办理资产转移时，不再另行计入节能服务公司的收入。

4）完善相关会计制度

政府机构采用合同能源管理方式进行节能改造，按合同支付给节能公司的费用，视同能源费用列支，事业单位同样。企业采用合同能源管理方式进行节能改造的，对购建资产和接受的服务引发的费用，在相关会计制度上都做了适应合同能源管理开展的规定。

1.2.2 中国建筑电气与智能化节能市场现状

1. 行业企业数量

据粗略统计，目前从事建筑智能化的企业至少有3000家，产品供应商也将近3000家，具备智能化工程承包资质的有1100家左右。同时具备建筑智能化系统集成设计甲级资质、建筑智能化工程专业承包一级资质、计算机信息系统集成一级资质的三甲企业有30余家。

中国建筑智能化市场前景可谓非常广阔，然而也存在如下几方面有利因素和不利因素直接影响智能建筑行业未来的发展。

2. 有利因素分析

（1）国家政策支持

2011年，住房和城乡建设部下发的《关于印发住房和城乡建设部建筑节能与科技司2011年重点的通知》中要求：完善省、市、县三位一体，协调运行，监管有力的建筑节能管理机制，确保工程质量。继续抓好政府办公建筑和大型公共建筑节能监管体系建设，完善国家机关办公建筑和大型公共建筑能耗统计制度。扩大高等院校节约型校园建设示范规模。建筑节能已经从建设部行业标准逐渐向全社会强制执行推进，建筑节能已势在必行。

（2）国民经济的持续稳定发展

自20世纪八九十年代以来，中国国民经济保持了快速发展。随着经济的持续发展和人们对生活质量要求的进一步提高，中国房地产、基础设施等支柱行业也将保持快速稳定的增长态势，这必将推动中国智能建筑行业的快速发展。

（3）市场前景广阔

随着中国经济发展水平的不断提高，以及人们生活水平的提高，国内智能化市场呈快速增长态势。随着中国城镇化进程步伐的加快和城市规模的不断扩大,以建筑智能和城市轨道交通为代表的智能化系统行业市场前景十分广阔。与此同时,智能化系统正向纵深发展,应用领域不断扩展,可以预见智能化系统企业面临较好的发展机遇。

（4）科技进步对行业的促进作用

科技进步对智能建筑行业的发展具有较大促进作用。近十年来,新技术的推广和普及对整个社会的发展产生了深远的影响,特别是信息、网络和通信等技术的发展,极大促进了行业的需求,满足了社会对智能化建设内容的需求。如今,可持续发展的理念得到社会认同,在追求管理自动化、信息化的同时,越来越多地将节能、环保的需求引入智能建筑行业应用中;未来在空调节能、绿色照明、可再生能源利用、生活污水处理等方面的需求还将不断增加,科技进步将有助于建筑智能工程行业的进一步发展。

与此同时,科技进步导致建筑智能化工程采用的高新技术产品价格不断降低,客户使用成本不断下降,这也促进了建筑智能化工程技术的广泛推广和应用。

3. 不利因素分析

（1）行业市场集中度不高

智能建筑行业企业的市场占有率不高,没有一家企业在整体市场及细分市场中占有主导地位,行业集中度不高,市场竞争激烈,整个行业抗风险能力相对较弱。

（2）资金实力不足

由于建筑智能化工程的合作方式日益向着国际先进的工程总承包与带资承包模式方向发展,智能建筑工程企业是否具备相应的自有资金实力和融资能力,已成为工程建设项目业主衡量承包商实力的重要指标。中国的智能化工程企业起步晚、资产规模小、融资贷款难度相对较大,往往导致恶性循环。企业实力弱致使融资困难、人才流失,从而难以承揽大型工程项目,进而更加剧了经营困难、商业信誉变差、融资更加困难等不利处境。

（3）企业的创新能力不足

中国建筑智能化工程行业创新能力不足,体现在对系统核心技术的掌握以及通过对新技术的集成应用进行行业解决方案的创新方面。目前部分建筑智能化工程企业还停留在简单的产品模仿和常规系统集成服务上,没有从根本上根据客户的需求和业务流程的特点,进行智能化解决方案的设计、定制和软硬件产品的开发,无法真正满足用户对智能化系统的使用要求。

总而言之,中国是一个能源消耗的大国,其中建筑能耗占有相当大的比例。目前建筑相关能耗占全部能耗的 46.7%,其中包括建筑能耗、生活能耗、空调等占 30%。

智能建筑节能的程序中,实现节电节能是重要的一环,国外系统节能率一般可达30%左右,而中国智能建筑的建筑节能远远落后于世界先进水平,现有建筑只有 4% 实现了节能。

目前,中国既有建筑中约有 75%～80% 属高耗能建筑,使它们成为节能型建筑也是住房和城乡建设部在"十二五"期间推动的重点。"十二五"期间,国家将会加大改造的力度,扩大改造的规模,也会把改造的范围从居住建筑推广到公共建筑领域,并在体制机制上创新。智能建筑不仅为人们提供安全、舒适的工作和生活空间,还能运用高新技术实现节能减排。而建筑智能化、减少资源消耗,将是大势所趋。

4. 照明节能市场

行业数据显示，2014 年的 LED 商业照明市场爆发力非常巨大。此外，由于国际 LED 企业大规模与中国 LED 企业合作，整体提升了中国 LED 技术水平，预计随着 LED 技术的日渐成熟，产品价格不断下调，可推广面将越来越大，包括 LED 路灯在内的商业照明将迎来新一波的高速增长。

从如今的商业照明市场看，LED 产品正在不断替代传统照明产品。相较之下，LED 照明产品具有使用寿命长、光效高、更加节能环保、无频闪、无辐射及低功效等显著的优点。"价格高"这个最大的缺点也将随着技术的不断进步而逐渐得到解决。业内人士也表示，LED 产品之所以长期以来未能大规模应用于商业照明领域，价格是其中很大的因素。因此，国家发改委此时出台加大节能减排力度的通知，对于扩大 LED 产品在商业照明领域的市场份额，将起到积极的推动和促进作用。业界普遍表示，未来 LED 大规模进入商业照明领域是必然的趋势。在环保节能的基础上，企业能否加快产业升级，推出性价比高的照明产品，也将成为未来照明市场上优胜劣汰的关键因素。

目前，在国家政策的推动下，随着 LED 照明产品价格的持续下降，再出于对照明消耗成本的考虑，越来越多的商家开始主动更换和选用 LED 照明产品。有业内人士表示，今年国内 LED 灯管的出货量增长率有望超过 100%，而从未来 5 年看，LED 灯管销售数量的增长速度将维持在 33% 以上，市场销售规模增长率将维持在 20% 以上，到 2017 年，LED 灯管市场销售规模将达 445 亿元。

据业内专家介绍，LED 照明产品的市场渗透是分层次的，层次分级又主要取决于用户对价格的敏感度、能源紧迫程度等。一般来说，从照明应用细分市场来看，长时间的工厂照明、商业照明需求总是最先爆发，局部照明应用快速渗透，最终逐渐走向家庭照明。

2014 年初，国家发改委、科技部、工业和信息化部等六部委就联合发布了《半导体照明节能产业规划》。规划要求，LED 照明节能产业产值年均增长 30% 左右，2015 年达到 4500 亿元（其中 LED 照明应用产品 1800 亿元）。此项规划的出台，无疑是为 LED 照明产业的前路亮起一盏灯。

从我国传统照明市场来看，我国的照明需求是非常庞大的。2012 年白炽灯和节能灯的大陆市场需求分别达到 11.76 亿只和 12.69 亿只，直管荧光灯的市场需求为 8.3 亿只，环形荧光灯的市场需求为 8 亿只，卤钨灯的市场需求为 7.55 亿只……如果这些照明产品都被 LED 照明产品替代，这个市场将是非常广阔的。

虽然家用照明潜在市场巨大，但因为 LED 照明需要的前期投入较大，消费者信心又尚未完全建立，因此业界人士表示，虽然业内普遍看好 LED 家用照明前景，但高昂的价格以及产品质量仍是 LED 家用照明普及路上最大的绊脚石。业内人士预测，LED 灯泡在家用市场的普及度要到 2020 年才可望由目前的 1% 跃升至 32%。

5. 空调节能市场

近日国务院、发改委、住房和城乡建设部陆续发文推广绿色建筑。住房和城乡建设部于 2013 年 1 月 16 日再次发文《关于加强绿色建筑评价标识管理和备案工作的通知》，这是继 2013 年 1 月 11 日国务院转发《绿色建筑行动方案》后又一重要文件，其要求各省、自治区住房落实工作，加强和规范绿色建筑评价标识评审管理。从转变城乡建设发展模式出发，以推广绿色建筑为重要抓手，制定相应的激励政策与措施，大力引导和推动绿色建筑发展。得益于建筑节能的强力推进，整个空调产业链将迎来新的发展机遇。

中央空调是建筑业重要的下游配套设施，建筑业的打造是其支柱，数据显示，预计到2015 年末，建筑节能的市场规模将达到 600 亿元，有市场就有需求，随着国家对建筑节能工作的大力推进，建筑节能市场将成为拉动国内空调行业发展的新动力。

我国是能源大国，也是能耗大国。随着全国城镇化速度的加快，能源消耗已经成为我们不得不面对的问题。有统计显示，过去每年城乡新建房屋建筑面积近 20 亿 m^2，其中80％以上为高耗能建筑。既有建筑近 400 亿 m^2，其中 95％以上是高能耗建筑。在我国，建筑物能耗占到公共机构能耗的 70％以上，而中央空调就占到建筑能耗的 40％，由此可见，采用中央空调节能对于推动"低碳化"进程至关重要。此次《绿色建筑行动方案》对具体的绿色节能标准、措施以及补贴政策做出详细要求，绿色建筑政策支持力度呈现加强态势。

《绿色建筑方案》要求城镇新建建筑将严格落实强制性节能标准，要求"十二五"期间完成新建绿色建筑 10 亿 m^2；到 2015 年末达到绿色建筑标准要求的城镇新建建筑将达到 20％。对于既有建筑节能改造项目，要求"十二五"期间完成北方采暖地区既有居住建筑供热计量和节能改造 4 亿 m^2 以上，夏热冬冷地区既有居住建筑节能改造 5000 万 m^2，公共建筑和公共机构办公建筑节能改造 1.2 亿 m^2，实施农村危房改造节能示范房 40 万套。到 2020 年末，基本完成北方采暖地区有改造价值的城镇居住建筑节能改造。随着国家对建筑节能工作的大力推进，中央空调将成为推动当前到 2015 年建筑节能服务行业发展的巨大力量。

目前我国公共建筑节能降耗的任务严峻，我国对节能减排指标提出的要求和标准更高，因此与建筑节能相关的各个行业都面临严峻挑战，中央空调行业首当其冲。在建筑节能市场中，越来越多的空调厂商针对不同使用环境的差异化需求，为客户制定最节能、健康和舒适的中央空调系统解决方案，可以预见，建筑节能的巨大市场将成为未来空调企业抢夺的重点对象，也成为今后企业市场布局的重要内容。

以北京为例，到 2016 年前，北京市将有 3000 万 m^2 的居住建筑和 3000 万 m^2 的公共建筑要进行节能改造，大约能节约 60.6 万 t 标准煤。据了解，北京还将通过可再生能源建筑应用节约 56.94 万 t 标准煤，其中：将有 1800 万 m^2 的民用建筑采取浅层地热或污水源热泵采暖、制冷，并节约 14 万 t 标准煤。据分析，这一规划对于建筑节能的要求明确而具体，对带动北方其他省市落实各自的建筑节能政策将起到积极示范和带动作用。

据悉有关部门已初步确定全国近 40 座城市作为"十二五"期间公共建筑节能改造重点城市，要求每个城市未来两年内完成改造建筑面积不少于 400 万 m^2。数据显示，预计到 2015 年末，中央空调节能的市场规模将达到 240 亿元。得益于建筑节能的强力推进，整个中央空调产业链将迎来新的发展机遇。

1.2.3 中国建筑电气与智能化节能技术现状

目前，我国拥有世界第三大能源系统，一次能源总产量仅次于美国和俄罗斯。但因我国人口众多，人均拥有量很低，能源效率低下，未来建筑能源需求量很大。节约能源、降低能源消耗、提高能源效率关乎中国经济的前途，也关乎全球的经济发展。

建筑智能化系统根据建筑的功能不同，其要求也不尽相同，具体的系统形式和配置方式要根据建筑功能和业主要求而确定。而采用智能化系统必然带来以下的优势：

由于集中监控系统具有管理软件并实现与现场设备的通信，因而系统各设备之间的连锁保护控制更便于实现，有利于防止事故，保证设备和系统运行安全可靠。

能方便地实现下位机间或点到点通信连接，因而对于规模大、设备多、距离远的系统比常规控制更容易实现工况转换和调节。

具有统一监控与管理功能的中央主机及其功能性强的管理软件，可减少运行维护工作量，提高管理水平。

系统所关心的不仅是设备的正常运行和维护，更着重于总体的运行状况和效率，因而更有利于合理利用能量实现系统的节能运行。

节能控制系统应满足以下要求：

与设备运行和能耗相关的数据应具有历史数据保存功能，且应能至少保存 12 个月，并可将记录进行复制拷贝。通常建筑能耗是以年为周期的，必要时需进行不同年度同期数据的对比分析。

节能控制系统的对象应至少包括：能量监测计量系统，计量暖通空调系统，供配电系统，照明系统，生活热水供应系统，电梯及自动扶梯系统，可再生能源利用系统（含地源热泵系统）、太阳能热水系统、太阳能光伏发电系统等。

（1）能量监测计量系统应符合国家相关法律法规的规定。2008 年 10 月 1 日起施行的《民用建筑节能条例》和《公共机构节能条例》分别对必须监测的项目进行规定，而建设部试行的《国家机关办公建筑和大型公共建筑能耗监测系统》系列五个技术导则：即《分项能耗数据采集技术导则》、《分项能耗数据传输技术导则》、《楼宇分项计量设计安装技术导则》、《数据中心建设与维护技术导则》、《建设、验收与运行管理规范》分别对系统建设进行了技术规定。

（2）室内环境的综合控制：智能遮阳（通风）设备与室内照明和空调系统的联动和优化控制。

（3）照明系统的控制应包括：公共区域的照明控制与感应控制，室内不同使用模式下的照明控制，泛光照明的控制，停车场的控制等。最简单有效的方式是分组照明控制。

（4）暖通空调系统的控制应包括：冷热源系统的连锁保护和运行优化控制；公共场所应安装室内温度调控装置，可以实现室温独立调节的集中空调系统末端装置有风机盘管和变风量末端，宜采用联网控制。

（5）可再生能源利用系统的监控应符合相关国家标准的规定：《可再生能源建筑应用示范项目数据监测系统技术导则》（试行），《地源热泵系统工程技术规范》GB 50366—2005（2009 版），《民用建筑太阳能热水系统应用技术规范》GB 50364—2005 和《光伏系统并网技术要求》GB/T 19939—2005 等。

建筑电气与智能化节能设计常见的问题：

（1）TT 系统配电线路接地故障保护问题

众所周知，室外照明灯具安装在室外，需要承受种种因素的影响，如风吹、日晒、雨淋等，很容易使灯具受机械损伤和绝缘下降而导致事故发生，它暴露于公共场所，又无等电位联结，增大了电击死亡的危险性。当采用一系统供电时，由于所有灯具的金属外壳都是通过线互相连通的，当某个灯具发生接地故障时，其故障电压沿线传至其他灯具上，在户外无等电位联结而导致电击危险。故室外照明常采用竹接地系统，为户外灯具专门设置接地极，引出单独的线接灯具的金属外壳，以避免由线引来别处的故障电压。许多设计者在设计时往往不进行灵敏度校验，低压断路器在线路发生接地故障时拒绝动作时有发生，为了提高低压断路器的灵敏度系数，室外照明线路在采用 TT 配电系统的基础上，尚应为电源线路装设漏电保护器作接地故障保护。

（2）负荷计算问题

《民用建筑电气设计规范》JGJ/T 16—2008，（以下简称《民规》）3.5.1.4 季节性负荷，从经济运行条件出发，用以考虑变压器的台数和容量。

（3）用电设备接地问题

《民规》12.1.2 条：用电设备的接地一般可区分为保护性接地和功能性接地。保护性接地又可分为接地和接零两种形式。许多设计者在作功能性接地设计时，往往忽略接地线截面问题。例如成列配电柜 PE 母排接地线截面不应小于其 PE 母排截面。

（4）漏电开关极数选择问题

漏电开关极数选定应遵循下列原则：第一，单相 220V 电源供电的电气设备应选用二极二线式或单极二线式漏电保护器；第二，三相三线式 380V 电源供电的电气设备，应选用三极式漏电保护器；第三，三相四线式 380V 电源供电的电气设备，或单相设备与三相设备共用的电路，应选用三极四线式、四级四线式漏电保护器。

（5）住宅插座选择问题

《住宅建筑规范》GB 50368—2005 第 8.5.5 条：住宅套内的电源插座与照明，应分路配电。安装在 1.8m 及以下的插座均应采用安全型插座。许多设计者在居室设计时都采用安全型插座，但设在厨房的插座当高度为 1.08m 及以下时却采用了普通防溅型插座，此现象应引起注意。

现行的电气节能措施主要有：提高变压器负荷率，当变压器负荷率较低时轮换使用变压器；将现有变压器更换为高效节能变压器；调整三相负荷使其尽可能平衡；将耗能大的设备改为节能设备；增加新型功率因数补偿电容器；增加谐波滤波器消除线路上的谐波电流；将发光效率低的光源更换为高效光源；将电感式镇流器改为电子式镇流器；调整灯具的数量，满足照度标准；照明系统的自动控制（声、光、时控）；调整电气设备的使用时间（风机盘管、开水器、电梯、泛光照明）。

1.2.4 中国各地区建筑电气与智能化节能建设发展现状

1. 东北地区节能现状

东北地区作为丰富的资源、能源地区，同时也是资源、能源大消耗地区，节能减排的任务非常繁重。重视加大节能减排工作、建设节能型空调等探索循环经济之路，建设资源节约型社会。而随着经济的发展和人民生活水平的提高，人们对生活和工作环境提出了更高的要求。空调的应用已越来越广泛，它一方面改善和提高人们工作和居住环境的质量，另一方面以电为主要驱动形式的民用住宅空调系统已经成为不可忽视的耗能大户，它们的大量使用大大增加了我国的电力负荷。由于空调耗电主要集中在夏季温度较高的时间区间内，夜间需求则相对降低，从而造成用电高峰与低谷间的负荷差大，近几年全国主要电网的峰谷负荷已达 25%～30%。逐年增加的峰谷差给电站的调峰运行带来了困难，白天电力高峰不足，夜间低谷电力过剩，无处配送，电站不得不在低负荷下低效率运行，使得电网平均负荷率低。为了缓解这一矛盾，发展冰蓄冷空调成了现代空调发展的一个重要方向。冰蓄冷空调系统可以使制冷机容量减少，且经常在满负荷高效率下工作。它利用夜间廉价电，均衡电网负荷，是符合我国国情的。但是在户式蓄冷空调系统应用中，节能效果和经济性是制约其发展的关键因素。所谓冰蓄冷空调系统，就是在电力负荷很低的夜间用电低谷期，才用电制冷机制冷，将冷量以冰的形式贮存起来。在电力负荷较高的白天，也就是用电高峰期，把贮存的冷量释放出来，以满足建筑物空调负荷的要求。同时，在空调负荷较小的季节，减少电制冷机的开启，尽量熔冰释冷，满足空调负荷。由此可见，冰蓄冷空调系统是"转移用电负荷"或"平衡用电负荷"的有效方法。可以减少新建电厂投资，提高现有发电设备和输变电设备的使用率，同时可以减少能源使用（特别是对于火力发电）引起的环境污染，充分利用有限的不可再生资源，有利于生态平衡，具有巨大的社会效益。但是冰蓄冷空调技术能否得以推广应用的关键在于它的经济效益是否可行，冰蓄冷空调的经济效益包括社会经济效益和用户经济效益两部分，它通过转移电力负荷，减少电力建设投资等宏观社会经济效益对国家的全局而言是显而易见的。值得注意的是，从纯技术角度看，冰蓄冷空调并不是一项节能技术。一是冰蓄冷空调机组在夜间制冰时，设备性能要降低，蒸发温度每降低 1℃，耗电约增加 1.5%～3.0%；二是蓄冷设备处于低温，存在冷量损失，从而造成夜间蓄冷过程中制冷机运行的性能系数（COP）仅是白天的 60%～70%。而我国东北地区在北纬 45°以上，每年至少有 5～6 个月平均气温在 0℃ 或 0℃ 以下，有些地区最低气温能够达到－30℃ 以下。年积冰雪日数在 120～140d，最大冰层厚度达1.27m。利用东北地区的气候特点（四季分明），将冬天天然冰（包括废冰雪）利用到夏天的空调当中，这不仅具有直接的经济效益，还有间接经济效益、生态效益和社会效益。

由上述分析可得，影响冰蓄冷空调系统经济性的关键是当地电力部门能否提供合适的峰谷电价及其他优惠政策。同时，需要根据用户自身空调负荷特性，确定是否可能利用夜间的廉价电力制冰充冷，在白天高峰时段融冰释冷。但从总的耗电量来看，冰蓄冷空调系统的总耗电量远远大于常规空调系统。从这点考虑，又根据东北地区的气候特点，将东北地区冬天的天然冰贮存起来，到空调期或空调高峰期作为冷源。天然冰是一种资源节约、环境友好的能源，1000t（约 1100m³）－10℃ 的冰变成 16℃ 的水能吸收 117161kWh 电量（相当于 44.52t 标准煤的发电量）的热能，按 1 度电 0.5 元计算，价值 5.585 万元。以此工程为例，该蓄冷空调系统在粗略的计算下，仅在夜间蓄冷期间耗电达到 132600kWh。用天然冰蓄能供冷设备系统替代蓄冷空调中耗电制冷设备，向空气调节设备提供 0～4℃或 7℃ 的冷冻水，制冰（供冷）不耗电（水泵用电除外），实现冰的冬贮夏用，节省电能；不用制冷设备，节省铜、钢材料；不用制冷剂，不破坏臭氧层；年运行费用低；维修简便；使用寿命长。

另外，天然冰蓄冷空调设计可以和低温送风系统相结合，所谓低温送风技术是指从集中空气处理设备送出温度较低的一次风经高诱导比的末端装置送入空调房间的送风系统。冰蓄冷和低温送风技术相结合，由于送风温差增大，可以减少一次送风处理设备、风机、送风管道、供回水管路及水泵等的投资费用，如果送风温度从 13℃ 降低到 7℃，在送风和配水系统上的投资可减少 14%～19%，同时由于相应的风机和水泵功率降低，系统的运行费用也得以减少。据统计，当采用低温送风系统时，低温空调系统初投资低于常温系统10%～20%，故一定规模的低温空调系统与非蓄冷系统的投资可能持平。从而最大限度地降低了冰蓄冷空调系统的初投资，减少了投资回收期，更好地发挥其优势，提高冰蓄冷空调的竞争力，有利于用户的使用。

2. 西北地区节能现状

将光能转化为电能的装置是太阳能电池。它的制作原理是利用半导体 PN 结的光生伏电效应。能产生光伏效应的材料有许多种，如单晶硅、多晶硅、非晶硅、砷化镓等。当光线照射太阳电池表面时，一部分光子被硅材料吸收，光子的能量传递给了硅原子，使电子发生了越迁，成为自由电子。由于空间电荷区有较强的内电场，因而这些自由电子和空间电荷区中非平衡的电子和空穴或产生在空间电荷区外的非平衡电子和空穴在内电场的作用下各自向相反的方向运动而离开空间电荷区，结果 P 区电势升高，N 区电势降低。从而在外电路中产生电压。这个过程的实质是光子能量转换成电能的过程。

（1）太阳能光伏发电 LED 照明的优势分析

太阳能光伏发电 LED 照明是将光生伏电效应原理应用在照明上。太阳能光伏发电系统大体上可以分为两类，一类是并网发电系统，即和公共电网通过标准接口相连接，像一个小型发电厂。另一类是独立式发电系统，即在自己的闭路系统内部形成电路。现以独立式发电系统为例分析太阳能光伏发电 LED 照明的优势。首先利用太阳能电池将太阳能转换成电能，再通过控制器转存在蓄电池中，当自然光照度降到需要照度时，通过控制器将电能输出给 LED 照明装置。再用 LED 照明装置将电能转换为光能。太阳能光伏发电 LED 照明是太阳能光伏发电技术与 LED 照明的完美结合。其关键是两者同为直流电压，电压低并能互相匹配。太阳能电池将光能转化为直流电能，且电池组件可通过串、并联的方式组和得到实际需要的电压。而 LED 的工作电流是直流，工作电压为 DC1.5～3.5V。所以太阳能电池板无需电压转换系统就可直接串接供电给 LED 照明系统，从而提高了光伏电池的使用率，降低了成本。同时由于蓄电池对电能的储存使得该系统可以较长时间使用，除非相当长时间无光照致使电池中电能用完时，这个装置才停止工作。所以太阳能光伏发电技术与 LED 照明的结合可以获得很高的能源利用率（因为两者的结合不需要电压转换系统），较高的安全性（低压）和可靠性，实现节能、环保、安全、高效的照明。

（2）西北地区太阳能资源分析

我国的太阳能资源，根据接受太阳辐射能的大小大致可以划分为五类地区，如表1-4所示。

太阳能辐射大小地区分类 表1-4

分类	全年日照时数 (h)	辐射量	包含地区
一类	3200～3300	$670 \times 10^4 \sim 837 \times 10^4 kJ/(cm^2 \cdot a)$；相当于225～285kg标准煤燃烧所发出的热量	青藏高原、甘肃北部、宁夏北部和新疆南部等地
二类	3000～3200	$586 \times 10^4 \sim 670 \times 10^4 kJ/(cm^2 \cdot a)$；相当于200～225kg标准煤燃烧所发出的热量	河北西北部、山西北部、内蒙古南部、宁夏南部、甘肃中部、青海东部、西藏东南部和新疆南部等地

分类	全年日照时数 (h)	辐射量	包含地区
三类	2200~3000	$502 \times 10^4 \sim 586 \times 10^4$kJ/$(cm^2 \cdot a)$；相当于170~200kg标准煤燃烧所发出的热量	山东、河南、河北东南部、山西南部、新疆北部、吉林、辽宁、云南、陕西北部、甘肃东南部、广东南部、福建南部、江苏北部和安徽北部等地
四类	1400~2200	$419 \times 10^4 \sim 502 \times 10^4$kJ/$(cm^2 \cdot a)$；相当于140~170kg标准煤燃烧所发出的热量	长江中下游、福建、浙江和广东的一部分地区
五类	1000~1400	$335 \times 10^4 \sim 419 \times 10^4$kJ/$(cm^2 \cdot a)$；相当于115~140kg标准煤燃烧所发出的热量	四川、贵州两省

西北地区属于一、二、三类地区，年日照时数大于2000h，辐射总量高于586×10^4kJ/$(cm^2 \cdot a)$，是我国太阳能资源丰富或较丰富的地区，具有利用太阳能的良好条件。这就为太阳能光伏发电LED照明在西北地区的大力推广提供了有利的条件。

(3) 应用现状及面临问题

我国的光伏地面应用开始于20世纪70年代，90年代后发展迅速。在西北地区已建成的有由多边援助项目支持的新疆78000户家庭的太阳能光伏发电系统。此外还有由国家计委制定的"中国光明工程"，该工程计划五年之内在西部七省分别推广178万户，2000个村落和200套站用太阳能光伏系统。但缓慢的发展现状告诉我们，太阳能光伏发电LED照明在西北地区的应用仍存在着重重困难。

首先，在西北地区应用太阳能光伏发电LED照明技术，在有公共电网的地方可以采用并网发电的模式。但在无电网的边远地区和人口分散地区需要独立运行的光伏发电系统，该系统需要有蓄电池作为储能装置，整个系统造价很高。对于这一问题的解决需要国家财政的大力扶持。当然我们国家已经在这方面采取了一些行动，如由原国家计委制定的总投资100亿元的"中国光明工程"，计划利用太阳能光伏、风力等可再生能源技术，解决边远地区2300万人的用电问题。

其次，目前太阳能电池的转化率很低，转化率还不到18%。而一般来说，光线越强，产生的电能就越多。所以一方面根据作者的浅见可用活动支架来支撑太阳能电池板，在电池板两边配备两个光敏元件，通过控制系统可以使电池板随光线的转移而改变方向，提高对光线的接收率。另一方面，为了使太阳能电池板最大限度地减少光反射，将光能转变为电能，可以在电池板上面蒙一层可防止光反射的膜。

再次，由于日照强度、环境及负荷的变化，太阳能电池板输出的直流电压不稳定，容易造成低电压得不到很好的利用及控制器的调节难度大。对于这方面问题已经有很多专家和学者提出了解决方案。

以上各问题在理论和技术上的解决，将为太阳能光伏发电LED照明在西北地区的发展应用开辟广阔的空间。因为西北地区有着得天独厚的发展太阳能照明的优势。首先，西北地区丰富的太阳能资源是发展太阳能照明的最大优势；其次，西北地区发展比较落后，所以工业污染小。而LED照明系统节能及环保效益显著。当LED效率达到150lm/W时，同等亮度能耗约为白炽灯的1/10；三是产业关联度强，对就业拉动作用大。半导体照明产业的开发与推广应用，对新型照明、灯饰、广告、显示器、电路、封装、新材料、设备制造等产业，都将产生强大拉动作用。同时，半导体照明产业，特别是位于产业链下游的芯片封装和照明系统，是兼具技术密集和劳动密集双重特点的产业，技术难度和产业风险大大低于微电子业，因此 LED 产业适合扩大就业的国情。对我国西北地区来说，这显然是提供了不受内外销售市场限制的稳定发展空间。

3. 西南、华南地区节能现状

风冷热泵机组又被称为空气源冷热水热泵机组。其本身实现自动控制（包括自动除霜）以达到管理运行简单；能提供制冷和制热以适应不同建筑物的使用要求，一机冬夏两用，具有设备利用率高的特点；夏季制冷时采用空气侧换热器，无需安装冷却塔及冷却水系统，冬季制热运行省去锅炉及锅炉房投资，结构紧凑且整体性好，可放置在屋顶，安装方便，不占用建筑物的室内空间；同时热泵能有效节省能源、减少大气污染和 CO_2 排放，对于节水、节能和环保等都具有重要的意义。所以风冷热泵作为一种比较成熟的高效环保型供冷供热产品，近年来在我国得到了广泛的应用，在建筑节能工程中的作用越来越大。

（1）风冷热泵机组的应用

风冷热泵机组近年来发展迅猛，在我国的长江流域、西南、华南地区有大量应用。这些区域冬季室外温度一般不低于 $-8℃$，室内供热量需求不大。而对于黄河流域及华北地区，长期采用燃煤燃油采暖，当采用热泵机组供热运行时，随着室外温度降低，建筑物热负荷增大，其提供的热量逐渐减少，阻碍了风冷热泵机组北扩的趋势；同时，当室外翅片换热器表面温度低于空气露点温度时空气中的水蒸气就会在翅片上凝结，若此温度低于 $0℃$ 时，翅片换热器表面会结霜，热泵机组又面临了合理除霜、尽量减小除霜对制热系统冲击等问题。

（2）风冷热泵机组的节能技术

风冷热泵机组以大自然中蕴藏着的大量较低温度的环境低品位空气为热源，可以取之不尽，用之不竭，处处都有且无偿获取，为建筑物供热大大降低一次能源的消耗，对于节能具有非常重要的意义，是一项可持续发展技术。因此原机械工业部发布的《机械工业重点开发产品指南》，要求风冷热泵机组在 $-10℃$ 环境温度下能稳定运行，这为风冷热泵冷热水机组制热工况运行的性能提出了明确的目标。

（3）提高机组本身的效率以节能

新近出台国家标准中对于"空调机组能效"提出了能效限定值这一强制性要求，是空调产品市场准入的要求，这也意味着今后低 COP 值的热泵机组不能用于空调系统中，这对于热泵中央热水系统的主机也同样有效。开发、研制和选用高能效比的冷热水机组将是今后发展的重要方向，优化压缩机的设计以提高压缩机的制冷效率，如通过变频改变压缩机转速以适应不同负荷的需求来提高部分负荷效率，通过数码涡旋压缩机的上载下载时间来满足不同的负荷需求以提高部分负荷效率，以膨胀机代替节流阀以回收一部分功的两相螺杆压缩膨胀机减少能耗提高效率，采用经济器补气寻求最优的补气压力以提高压缩机的效率达到比较理想的状态；增强换热器的换热性能，改进蒸发器的制冷剂分配以充分利用换热面积来提高换热器的效率；降低四通换向阀的压力，提高风机效率和风机电机效率等方法以提高机组的 COP。

（4）除霜节能

目前的空气源热泵冷热水机组大约有 27% 的除霜是误除霜，这不仅造成了能量的损失，同时频繁的机组制冷制热切换也降低了压缩机的使用寿命。最佳除霜时刻的确定是关系到用户运行成本大小最关键的技术，是提高节能的重要手段。因为若除霜太晚，蒸发器上的霜层太厚会使翅片间的风道阻塞、风量降低，其结果是严重恶化换热器的换热效率，系统的制冷系数降低使耗能增加，同时当机组切换到除霜工况时，将需要更长的时间和更多的热量来除去翅片表面的霜。相反若除霜时刻比较早，蒸发器还未结霜或只结了少量的霜，这样就会频繁除霜，也会造成能源的浪费、压缩机使用寿命的降低，而且对水温影响波动也较大，影响客户端的舒适性。

（5）热回收节能

利用热泵结合热回收技术，不仅可以利用余热提高机组本身的性能，还能减少对环境的热污染，缓解城市的热岛效应。在夏季，利用机组的冷凝热制取生活热水，不但节省了制取生活热水所耗的能量，而且降低冷凝温度提高机组性能；在冬季，对于仍需要部分制冷降温的场合，同样利用机组冷凝余热来制取生活热水；而对于冬季需要制热的场所，利用高温高压的工质气体的过热焓，仍可以同时得到采暖热水和生活热水。但是，这会要求机组的制热量加大。而且，当气温越低时所需的热负荷和生活热水用热负荷越大，而机组制热能力却随环境温度降低而降低，造成了矛盾。可以通过以下的方法来平衡以达到热泵制冷、制热、全年生活热水供应的三用机组：

1）增大单台机组的制热能力。采用变频压缩机以达到高负荷高转速、低负荷低转速的不同负荷需求；采用经济器结构，冬季低温时用经济器实现准二级压缩，温度较高时关闭经济器回路实现正常单级压缩；改换制冷工质、采用新型的大压缩比的压缩机等办法。

2）寻求廉价的、易于获取的、非矿物燃料的辅助热源，如太阳能、废水、余热等，以解决由于环境温度过低而使热泵机组制热能力下降的问题，同时有机地将热泵机组与辅助热源结合运行以达到最优的节能目的。

3）充分利用压缩机的高温高压工质的过热焓（冷凝热）产生较高温度的生活用水。

1.2.5　中国智能建筑发展面临的困难

单就中国智能建筑行业的发展而言，近年来虽取得了长足的进步，然而仍存在如下几点不足：

（1）行业市场集中度不高。至今没有一家企业在整体市场及细分市场中占有主导地位。

（2）资金实力不足。中国的智能工程企业起步晚、资产规模小、融资贷款难度相对较大。带资金的总承包模式将成为未来的发展方向。

（3）智能化技术管理水平较低。

（4）企业的创新能力不足。企业对核心技术掌握不足，新技术、新方案创新不足。

1.3　中国建筑电气与智能化节能发展趋势

1.3.1　中国建筑电气与智能化节能行业发展趋势

我国经济的持续、稳定增长有力推动了建筑电气与智能化节能行业的发展。

我国新的经济区域发展将推动新一轮的建设高潮。东部率先、西部开发、中部崛起、东北振兴的发展态势形成以长三角、珠三角、环渤海等经济圈的东、中、西部共同开发的格局，为此带来大量基础设施建筑和城市基本建设，为建筑业带来了巨大的市场商机，建筑电气与智能化节能行业也将大有作为。

新型城镇化建设将成为我国未来经济发展的重要动力，快速发展的新型城镇化必然会带来城镇公共服务体系和基础设施投资的扩大，对建筑电气与智能化节能有巨大的推进作用。

我国智慧城市建设刚刚起步，国家相关部门正制定相关政策、标准规范、资金支持和工程项目试点，各级政府积极筹划智慧城市建设，提升城市综合实力。智慧城市建设将会给建筑电气与智能化节能行业成功推进带来难得的发展机遇。

1. 建筑行业高度景气

我国工程建设正处于前所未有的历史高峰期，大量的住宅和公共建筑及城市基础设施等建设和投入使用，而且随着中国经济社会的进一步发展，新的建设工程仍将不断涌现。据住房和城乡建设部预测，到 2020 年，中国将会新增各类建筑大约 300 亿 m^2，因此建筑业仍将保持持续快速发展的趋势。

随着建筑业的快速发展，建筑智能行业发展潜力极大，被认为是中国经济发展中一个非常重要的产业，其产业带动作用更是不容小觑。据统计，2006 年中国智能建筑比例仅为 10% 左右，2012 年我国新建建筑中智能建筑的比例为 26% 左右，远低于美国的 70%、日本的 60%，市场拓展空间巨大。按照"十二五"末国内新建建筑中智能建筑占新建建筑比例 30% 计算，未来三年智能建筑市场规模增速维持在 25% 左右。

2. 建筑节能的需求日益彰显

在庞大的建设规模背后是巨大的能源消耗和浪费。据 2006 年全国政协调研组就建筑节能问题提交的调研数据显示，目前中国近 400 亿 m^2 的城乡既有建筑中 90% 以上属于高耗能建筑。按目前趋势发展，预计到 2020 年，建筑能耗将达到 10.9 亿 t 标准煤，建筑物在建造和使用过程中直接消耗的能源已占全社会总能耗的 30% 左右。无论从整个国际经济气候还是中国宏观经济大势来看，中国能源问题已经日趋严峻，节约能耗势在必行。

智能建筑节能是世界性的大潮流和大趋势，同时也是中国改革和发展的迫切需求，这是不以人的主观意志为转移的客观必然性，是 21 世纪中国建筑事业发展的一个重点和热点。节能和环保是实现可持续发展的关键。可持续建筑应遵循节约化、生态化、人性化、无害化、集约化等基本原则，这些原则服务于可持续发展的最终目标。

3. 节能政策的倾向

中国国民经济和社会发展"十二五"纲要明确指出："坚持把建设资源节约型、环境友好型社会作为加快转变经济发展方式的重要着力点。深入贯彻节约资源和保护环境基本国策，节约资源，降低温室气体排放强度，发展循环经济，推广低碳技术，积极应对全球气候变化，促进经济社会发展与人口环境资源相协调，走可持续发展之路"。"抑制高耗能产业过快增长，突出抓好工业、建筑、交通、公共机构等领域节能，加强重点用能单位节能管理"。确定了"城市化水平提高 4 个百分点"、"国内生产总值年均增长 7%"、"非化石能源占一次能源消费比重达到 11.4%，单位国内生产总值能源消耗降低 16%，单位国内生产总值 CO_2 排放降低 17%"的发展目标。

国务院印发《关于加快发展节能环保产业的意见》，提出到 2015 年，我国节能环保产业总产值达到 4.5 万亿元，成为国民经济新的支柱产业。国家大力扶持节能环保产业，我国智能建筑节能行业将迎来发展黄金期。

1.3.2　中国建筑电气与智能化节能市场的发展趋势

电子信息技术快速革新与发展，决定了智能化系统产品设备性价比上升，促使智能建筑工程建设成本下降，必将推动智能建筑市场规模进一步扩大。

在确立节能、降耗、可持续发展经济的思想指引下，努力推进建筑节能，制定了绿色、节能、低碳、环保、生态等功能的建筑建设和运营目标。政府主管部门制定和发布《公共建筑节能设计标准》、《既有居住建筑节能改造指南》等一系列标准和文件，大力推进建筑节能和发展绿色建筑，2012 年发布了《"十二五"建筑节能专项规划》，2013 年发布了《关于转发发展改革委住房城乡建设部绿色建筑行动方案的通知》。上述政策将促使在新建建筑和既有建筑中大规模地采用各类新能源和低能耗的新系统、新设备，同时将普遍地建立建筑设备监控系统和建筑能耗分项计量、监测和管理平台。绿色建筑的建设和能源管理系统的日常运行，为建筑电气与智能化节能行业企业开拓了更为广阔的市场新领域。

"十一五"以来，民生保障和改善民生成为党和政府关注重点。

建筑电气与智能化节能程度的提高是民生改善的重要组成部分。智慧社区建设与居民个人密切相关。社区信息平台建设，更有利于扩大以居民知情权、参与权、监督权为核心的基层民主建设和社会共治。国家民生改善政策推动了建筑电气与智能化节能行业的市场拓展，推动了建筑电气与智能化节能向新的深度发展。

我国城乡既有建筑达 430 多亿 m^2，数量如此之多的建筑中，最乐观估计，达到节能建筑标准的仅占 5% 左右；即使是新建筑，也有 90% 以上仍属于高能耗建筑。统计数据表明，中国建筑能耗的总量逐年上升，在能源消费总量中所占的比例已从 20 世纪 70 年代末的 10%，上升到近年的 27.8%。

目前，中国的建筑总面积约为 400 亿 m^2，年增长约 15 亿～20 亿 m^2，其中有 95% 的建筑未采取节能措施，随着新增建筑的不断增加，预测到 2020 年，中国的总建筑面积将达到 700 亿 m^2，遵照国家总体的节能减排规划，势必将产生一个巨大的建筑节能市场，而目前这个市场还处在起步阶段。

国家"十二五"规划中已经明确了建筑节能的主要目标：到 2015 年，北方采暖地区既有居住建筑供热计量和节能改造 4 亿 m^2 以上；夏热冬冷地区既有居住建筑节能改造 5000 万 m^2；完成办公建筑节能改造 6000 万 m^2；创建 2000 家节约型公共机构示范单位；"十二五"时期，形成 3 亿 t 标准煤的节能能力。为了完成既定的节能减排计划，国家势必会在政策、财政、税收等多方面给予大力支持，当前市场还处于全面启动期，可预见的未来市场发展空间巨大。

1.3.3　中国建筑电气与智能化节能技术的发展趋势

电子信息技术新进步带来建筑电气与智能化节能发展新机遇。

物联网、云计算等新一代信息技术的日新月异，带动了建筑电气与智能化节能技术的不断更新与进步。建筑电气与智能化节能领域的信息网络技术、控制技术、可视化技术、家庭智能化技术、数据卫星通信和双向电视传输技术等，都将被更加广泛发展与应用，全面实现人类社会环境可持续发展目标。

新一代网络技术广泛应用，将改变智能建筑内各系统的网络架构，所有专业系统的数据采集和远程监控进入统一的信息平台，数据整合、信息集成和联动控制功能大大增强，使同一平台下实现诸多智能建筑的统一管理成为可能。物业管理、能源监控、环境监测、安全保障和信息发布与交流将突破建筑的物理范畴，延伸至多种类型建筑群体以致整个城市成为智慧城市中社会化信息平台的组成部分。

（1）独立系统节能向系统间的协调运转

随着对建筑节能要求的不断提高，各子系统之间的联动和协调控制，达到优化组合和管理，实现整体节能显得越发重要。照明系统可以和空调系统之间实现联动；门禁在检测到内无人的时候可以关闭照明、空调等设备；在光照充足的室内，照明系统自动调低室内照度等，不同系统之间的互联互通和协调工作，进而实现建筑节能的最大化。

（2）云计算

随着信息技术的发展，传统的BAS已无法满足智能建筑的节能要求，如何实现对分类能耗及分项能耗的远程监测与管理；对于监测获取的大量能耗数据，如何进行分析并从中获取有价值的信息数据，从而调控能耗设备；如何合理布局与管理机房设备对系统服务器设备进行集中管理以提高服务器的利用率，这些都将成为未来建筑电气与智能化节能发展必须考虑的问题。

今后完全可以利用云计算技术构筑一个统一的信息平台，并且这个信息平台及其相应的服务可以从一栋建筑扩展到整个社区乃至整个城市。将所有建筑能耗数据上传到服务器平台。在云端将对历史数据和瞬时数据进行分析，为建筑提供节能解决方案。

在英国一个名叫"CarbonBuzz"的云计算平台，已经应用到建筑节能中，能够让参与计划的成员以匿名的方式评测他们建筑的碳排放性能表现、进行风险管理以及分享经验教训。

建筑节能与智能化技术紧密结合，将有利于挖掘建筑节能潜力，提高建筑节能水平，智能化建筑节能技术将在生产生活中全面应用，同时将突飞猛进地发展。

1. 中国智能建筑的发展趋势——节能

（1）技术及行业的发展趋势

智能建筑领域的相关技术的发展将呈现出如下趋势：

1）智能建筑系统的集成化和相关技术的标准化；

2）行业智能化解决方案的不断创新化；

3）企业的核心竞争力将集中体现为其技术创新能力和信息化管理能力。

智能建筑行业的发展主要有如下几个趋势：

1）行业的市场规模还将稳步扩大；

2）行业集中度将不断提高；

3）高、低端市场将逐步分化；

4）技术的进步也促进企业快速地发展。

（2）绿色建筑是智能建筑的发展方向

据统计，全球共有约41%的能源消耗在了建筑领域（见图1-6），约21%的CO_2排放量来源于建筑（见图1-7）。由此可见，就目前而言建筑的节能问题是相当严峻的。

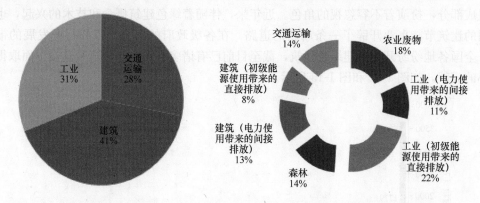

图1-6　各行业的能源消耗占比　　　　图1-7　各行业CO_2排放量所占比例

目前，我国建筑能耗约占社会总能耗的1/3，随着生活水平的提高，建筑能耗正呈现出持续增长的态势。

众所周知，电气能耗是建筑能耗的重要组成部分。据统计，我国住宅年耗电量约占发电总量的10％，而高档办公楼、购物中心、交通枢纽等公共建筑年耗电量约占全国城镇总耗电量的22％，每平方米年耗电量是普通居民住宅耗电量的10～20倍，是欧洲、日本等发达国家同类建筑的1.5～2倍。

以北京为例，各类建筑的耗电比例如图1-8～图1-11所示。

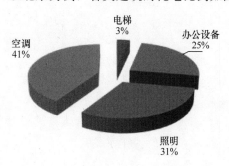

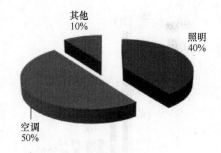

图1-8　写字楼各类设备耗电量占比分析　　　图1-9　商场各类设备耗电量占比分析

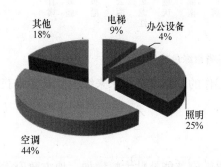

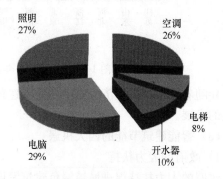

图1-10　宾馆各类设备耗电量占比分析　　　图1-11　政府办公楼各类设备耗电量占比分析

综上所述，我国的建筑节能事业已是势在必行，而建筑电气的节能作为建筑节能的重要组成部分，扮演着不容忽视的角色。近年来，伴随着绿色建筑概念和技术的兴起，也为我国的建筑节能事业开辟了一条崭新的道路。在各级政府的大力支持和行业发展的带动下，全国各地纷纷开始兴建绿色建筑，截至目前已有诸多省市在绿色建筑建设方面取得了不小的成就，如图 1-12 和图 1-13 所示。

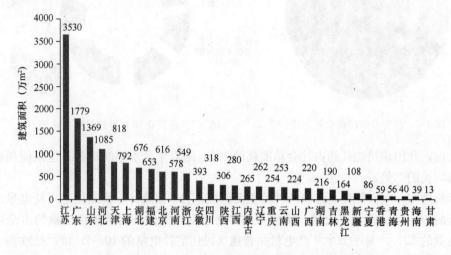

图 1-12　截至 2014 年底中国各省市绿色建筑面积总和

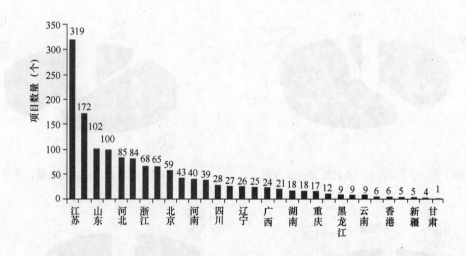

图 1-13　截至 2014 年底中国各省市绿色建筑个数

伴随着我国国民经济的稳步发展和建筑节能工作的不断推进，未来绿色建筑必将获得长足的发展。

（3）智能建筑节能的四大机遇

1）政府的大力扶持

政府的大力扶持促进城镇绿色建筑发展，中央政府节能补贴大幅增加，地方政府优惠政策日益明确。三星级绿色建筑，每平方米给予 75 元补助；对新建绿色建筑达到 30％以上的小城镇命名为"绿色小城镇"并一次性给予1000万～2000万元补助。有的地方政府提出：凡是绿色建筑一星容积率返还1%，二星返还2%，三星返还3%。另外，国家从实行税收优惠、加大资金支持力度、完善会计制度、提供融资服务等方面积极支持合同能源管理节能产业的发展。

2）新技术的不断涌现

例如可再生能源电梯，节能率达到50%以上，利用电梯下降时候发电，成本仅增加5%，运行寿命更长；冷热电三联供对能源进行充分的回收利用；采用新型材料光伏幕墙对透光串进行调节等，这些新型技术有些已经运用的很成熟，有些还有待推广。

3）国际合作项目日益增多

国际合作正在蓬勃发展。随着绿色建筑概念的不断推广，国际合作也在日益加强。近年来，很多发达国家都向我国提出共建绿色建筑示范区的合作要求。

4）专业协会的成立

中国智能建筑行业的蓬勃发展，除了得益于国家政策支持和建筑企业的创新，还有赖于一些业内高品质协会的良性引导。

由民政部批准的"中国建筑节能协会——建筑电气与智能化节能专业专委会"已于2013年5月正式成立。该协会聚集了一百多位行业内较有影响力的专家，致力于搭建交流合作的良好平台，积极引导智能建筑行业发展，并将主营业务定位为：广泛收集和共享业内信息、提供业务培训、编辑发行书刊、努力推进国际合作。未来一段时间，伴随协会工作的稳步推进，必将促进我国智能建筑行业的快速发展。

2. 节能建筑设计的核心技术——BIM 技术

（1）BIM 技术发展

节能建筑的设计作为节能建筑建设过程中最重要的环节，节能建筑设计领域的发展对整个节能建筑行业的发展起着至关重要的作用。建筑设计技术的发展过程：1991～1992年，第一次设计技术手段阶段，"从甩图板到计算机二维设计"；2011～2012年，第二次设计技术手段阶段，"从二维设计到 BIM 三维设计"。随着技术手段的发展，当前国际建筑设计领域越来越多地采用 BIM 技术来作为建筑设计的核心手段。BIM（Building Information Modeling，建筑信息模型）是以建筑工程项目的各项相关信息数据作为模型的基础，进行建筑模型的建立，通过数字信息仿真模拟建筑物所具有的真实信息。它具有可视化、协调性、模拟性、优化性和可出图性五大特点。

（2）BIM 技术的项目应用

采用 BIM 技术能在项目的建设期，将建设单位、设计单位和施工单位有机结合起来，有效地传递信息，这样可以在建设阶段就避免资源的浪费和项目建设的各种困难。此外，在项目建成之后的运营阶段，BIM 技术同样为运营单位提供各种有价值的信息参考，使得该建筑能够最大化地发挥其作用。

在智能化绿色建筑的设计和建设中，BIM 技术的作用更为明显，智能建筑的高科技、多系统集成性以及绿色建筑本身的节能性需求，使得该建筑的设计和管理更需具有良好的信息传递功能和全寿命周期管理功能（见图1-14）。以 BIM 技术作为智能化节能建筑设计的核心手段，必将大大裨益于项目的建设和后期的运营维护等。

（3）BIM 技术发展的六大需求（见表1-5）

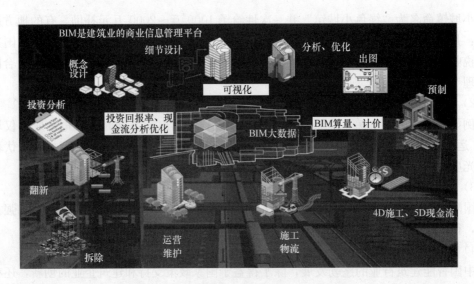

图 1-14　BIM 技术全生命周期的项目应用

BIM 技术发展的六大要求　　　　表 1-5

序号	发展需求	内容描述
1	经济发展的需求	GDP、生产力、可持续健康发展等
2	技术进步的需求	手段、流程、质量、效率等
3	核心竞争力需求	人才、品牌、战略等
4	行业发展的需求	科技研发、节约投资等
5	城市发展的需求	城镇化、数字城市等
6	社会进步的需求	节能环保、社会责任等

（4）BIM 技术发展的六大变革（见表 1-6）

BIM 技术发展的六大变革　　　　表 1-6

序号	发展变革	内容描述
1	传统思维的变革	习惯意识、传统想法等
2	技术手段的变革	科技创新、科研转化生产力、软件技术变革等
3	商业模式的变革	开拓新的经营模式及市场、传统工作模式等
4	城镇化建设变革	政府审批、管理运营的统筹、应急预案等
5	产业信息的变革	全生命周期、信息的全过程传递和综合使用等
6	建筑产业的变革	信息化水平、工业化水平等

（5）BIM 技术八大设计优势（见表 1-7）

BIM 技术八大设计优势　　　　表 1-7

序号	设计优势	内容描述
1	三维设计	项目各部分拆分设计，便于特别复杂项目的方案设计，简单项目质量优化
2	可视设计	室内、室外可视化设计，便于业主决策，减少返工量
3	协同设计	多个专业在同一平台上设计，实现了高效的协同设计

40

序号	设计优势	内容描述
4	设计变更	一处修改，处处更新，计算与绘图的融合
5	碰撞检测	通过机电专业的碰撞检测，解决机电管道碰撞
6	提高质量	采用阶段协同设计，减少错漏碰缺，提高图纸质量
7	自动统计	可自动统计工程量并生成材料表
8	节能设计	支持整个项目绿色节能环保可持续发展

（6）BIM 技术未来发展的八个趋势（见表 1-8）

BIM 技术未来发展的八个趋势　　　　　　　　　　　　　　　表 1-8

序号	发展趋势	内容描述
1	趋势之一	国家发展目标与 BIM 未来技术发展相一致
2	趋势之二	未来 BIM 的发展整体变革模式
3	趋势之三	BIM 技术促进了决策流程和成本控制的优化
4	趋势之四	BIM 技术应用的高价值体现
5	趋势之五	5D 技术对项目成本、周期、质量的影响力
6	趋势之六	云计算对建筑产业发展的影响
7	趋势之七	BIM 技术对节能建筑及数字城市的技术支撑
8	趋势之八	绿色节能可持续及装配式建筑设计

3. 物联网技术

物联网是通过射频识别（RFID）、红外感应器、全球定位系统、激光扫描器等信息传感设备，按约定的协议，将任何物品与互联网相连接，进行信息交换和通信，以实现智能化识别、定位、追踪、监控和管理的一种网络技术，其用户端延伸和扩展到了任何物品和物品之间。

物联网（Internet of Things）这个词，国内外普遍公认的是 MIT Auto-ID 中心 Ashton 教授 1999 年在研究 RFID 时最早提出来的。在 2005 年国际电信联盟（ITU）发布的同名报告中，物联网的定义和范围已经发生了变化，覆盖范围有了较大的拓展，不再只是指基于 RFID 技术的物联网。

自 2009 年 8 月时任国务院总理温家宝提出"感知中国"以来，物联网被正式列为国家五大新兴战略性产业之一，写入"政府工作报告"，物联网在中国受到了全社会极大的关注，《物联网"十二五"发展规划》中提出二维码作为物联网的一个核心应用，使得物联网从"概念"走向"实质"。

物联网典型体系架构分为 3 层，自下而上分别是感知层、网络层和应用层。感知层实现物联网全面感知的核心能力，是物联网中关键技术、标准化、产业化方面亟需突破的部分，关键在于具备更精确、更全面的感知能力，并解决低功耗、小型化和低成本问题。网络层主要以广泛覆盖的移动通信网络作为基础设施，是物联网中标准化程度最高、产业化能力最强、最成熟的部分，关键在于为物联网应用特征进行优化改造，形成系统感知的网络。应用层提供丰富的应用，将物联网技术与行业信息化需求相结合，实现广泛智能化的应用解决方案，关键在于行业融合、信息资源的开发利用、低成本高质量的解决方案、信息安全的保障及有效商业模式的开发。

物联网体系主要由运营支撑系统、传感网络系统、业务应用系统、无线通信网系统等组成。

物联网四大支柱技术与业务群包括：

（1）RFID：电子标签属于智能卡的一类，RFID技术在物联网中主要起"使能"（Enable）作用。

（2）传感网：借助于各种传感器，探测和集成包括温度、湿度、压力、速度等物质现象的网络。

（3）M2M：侧重于末端设备的互联和集控管理。

（4）两化融合：工业信息化也是物联网产业主要推动力之一，自动化和控制行业是主力。

物联网四大支柱技术与业务群如图1-15所示。

4. 智慧城市

智慧城市是当今世界发达国家推进战略性新兴产业和城市信息化进程中的前沿理念和探索实践，正成为世界城市发展新的制高点，同时也是我国新一轮城市发展与转型的客观要求及提升城市品质和竞争力的必然途径。"智慧城市"概念的首倡者美国IBM公司认为，先进的信息和通信技术将越来越深刻地改变城市运行和管理方式。"智慧城市"就是借助新一代的物联网、云计算、决策分析优化等信息技术，将人、

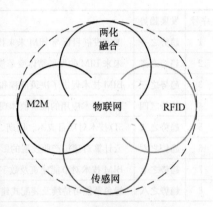

图1-15　物联网四大支柱技术与业务群

商业、运输、通信、水和能源等城市运行的各个核心系统整合起来，以一种更智慧的方式运行，进而创造更美好的城市生活。目前，智慧城市包括智能交通、智能电网、智能水务、智能环保、智慧医疗、智能养老、智慧社区、智能家居、智慧教育、智慧国土十大重点领域。

城市与建筑密不可分，城市是建筑的载体，建筑是城市这个生命综合体中的细胞。在智慧城市中，对人类生活起到重要影响作用的主要是智能化的电气化设施以及智能建筑。智能建筑不仅仅是智能技术的单项应用，同时也是智慧城市架构下的智慧综合体。我国各地的智慧城市建设已正式迈入"实践探索"阶段，2013年，住建部对外公布了193个国家智慧城市试点，国家发改委、工信部、科技部、住建部等多个部门研究起草的《关于促进我国智慧城市健康发展的指导意见》也已获国务院明确批复。各地住建厅等相关部门开始征集智慧城市建设专家，智慧城市产业联盟、智慧城市产业技术创新战略联盟等组织纷纷成立，许多建筑设计院也作为城市建设战略合作伙伴纷纷投入到智慧城市规划、设计研究等工作中。

美国、欧盟、韩国、新加坡等发达国家和地区已经发布了建设"智慧城市"的相关规划和政策，一些城市开始实施"智慧城市"的建设。IBM公司等一些世界领先企业，提出了"智慧城市"整体解决方案，并且开始在全球推广。从"智慧城市"的解决方案来看，内容涵盖极其广泛，包括减少交通拥堵以及由此导致的空气污染的智慧交通；对医疗

记录进行数字化处理，总体提高医疗质量的智慧医疗；改善水质，科学进行水分配，提升水行业运营效率的智慧水资源管理；更加智能化地运营和管理电力系统的智慧电网等。在全球，许多城市正在建立各种智慧的系统，如爱尔兰高威市先进的"智慧海湾"水资源管理系统，韩国松岛的"有线城市"计划以及新加坡的"电子乐章"交通管理系统等。

北京市"十二五"规划提出，构建精细智能的城市管理，促进城市管理的精细化、智能化，建设智慧城市。上海市"十二五"规划提出，建设以数字化、网络化、智能化为主要特征的"智慧城市"。浦东制定了《智慧浦东建设纲要》和《智慧浦东建设三年行动计划》，把提升民众幸福感和城市运行效率，定为浦东向"智慧"发展的目标，并提出了基础设施、示范应用、产业发展、环境保障四大方面20项任务，涉及118个具体项目。

2 建筑电气与智能化节能标准现状和编制规划

2.1 国际上建筑电气与智能化节能标准现状

2.1.1 当前国外建筑电气与智能化节能行业常用的标准

随着能源紧缺，世界上许多国家，主要是发达国家，在近几十年意识到建筑节能问题的严峻性，纷纷建立相关政策和标准，将建筑节能列为国家的基本政策。许多国家结合本国的资源情况，相继推出一系列的建筑节能法律法规和技术标准，并制定了相应的监督、激励政策，这些举措使其国家在建筑节能领域取得了很大成效。在建筑节能中，建筑电气与智能化是很重要的一部分，但关于此部分的标准没有单独建立，而是作为建筑节能的一部分出现，因此可以将建筑节能常用标准作为建筑电气与智能化行业常用标准来分析。由于发展中国家在建筑节能领域刚起步，没有自己相对独立的标准，大都参考发达国家，故以下主要介绍一部分发达国家的常用标准。

1. 欧盟

欧洲系统的建筑节能标准可以分为两个层次：一是由欧洲议会和理事会颁布的指令，其中 EPBD 2002 和 EPBD 2010 是欧洲建筑节能领域最常用的指令；二是由欧洲标准化委员会（CEN）开发的针对 EPBD 2002 和 EPBD 2010 中某些具体内容的系列技术标准 prEN。

EPBD 首先分析了欧盟建筑能耗的现状，提出在考虑室外气候、室内环境要求和经济性的基础上，降低欧盟内建筑的整体能耗。文件要求，制定通用的计算方法，计算建筑的整体能耗；新建建筑和改造项目要满足最低能效要求为建筑能效标识；对锅炉和空调系统进行定期检查。为实现这些目标，欧盟成立了专门的标准技术委员会，负责相关标准的制定和修编。整个标准框架分为五部分：（1）计算建筑总体能耗的系列标准；（2）计算输送能耗的系列标准；（3）计算建筑冷热负荷的系列标准；（4）其他相关系列标准；（5）监控和校对的系列标准。根据框架中的标准，按照不同建筑类型（住宅、办公建筑、学校、医院、旅馆和餐厅、体育建筑等）计算整体能效指标 EP $[kWh/(m^2 \cdot a)]$ 值，计算得到的 EP 值不能超过给定的标准 EP 值。

欧盟各成员国的建筑节能标准建立在欧盟统一建筑节能标准（EPBD 2002/2010）基础上，以欧盟的建筑节能统一框架为基本依据，各国在此基础上制定自己国家的相应标准及法规。以下主要选取德国和英国作为介绍对象。

2. 德国

德国最常用的两个建筑节能标准层次是《建筑节能条例》和 DIN 标准。《建筑节能条例》（EnEv）是德国政府颁布的关于节能保温和设备技术的规定，具体规定不同类型建筑和设备的设计标准。《建筑节能条例》是设计者和制造者的直接执行依据，而其中的测试和计算方法等依据德国工业标准 DIN。所以德国实际的常用节能标准只有《建筑节能条例》一个。DIN 是德国唯一的国家权威标准制定机构，《建筑节能条例》引用的主要是德国工业化标准 DIN V 18599。

《建筑节能条例》于 2002 年发布，分别于 2005 年、2007 年、2009 年进行了修订。现行标准是 2009 版，2012 年进行了修订。标准将电气及智能化节能分四部分：新建建筑，既有建筑，供暖、空调及热水供应，能效标识及提高能效的建议。供暖、空调及热水供应部分单独列出，凸显出其重要性。

新建建筑在电气节能方面的内容包含：新建建筑的一次能源包括供暖、热水、通风和制冷的能耗，每年一次能耗的限制依据预期以同形状、建筑面积和布局的新建居住建筑作为参考加安装依据给定的流程计算得到；规定新建建筑和参考建筑的年一次能源需求的计算方法。

对于既有建筑部分的内容包括：对不同面积改扩建建筑的要求；评估既有建筑的一般规定；对系统和建筑物的改造、关闭点蓄冷系统、能源质量的维护及空调系统的能源检测的详细规定。

供暖、空调及热水供应部分的内容包括：规定锅炉及其他供热系统的相关规定；分布设备和热水系统、空调的相关规定；空调及其他空气处理系统的相关规定。

3. 英国

英国主要的节能标准是《建筑节能条例》，简称 Building Regulation PART L。PART L 是按年代更新的，2002 年以后每 4 年一次，即 PART L 2002、PART L 2008、PART L 2010，每次都有更高的节能标准。从 2010 年以后变成了每 3 年一次，原因是英国意识到达到承诺的 2020 年节能减排目标已非常困难。英国确定的总体目标是：对新建公共建筑减排标准，PART L 2006 是在 PART L 2002 的基础上减排 20%，PART L 2010 是在 PART L 2006 的基础上平均减排 25%。PART L 可分为 4 个文件：PART L 1A、PART L 1B、PART L 2A、PART L 2B。其中，1 代表民用建筑（住宅），2 代表公共建筑，A 代表新建建筑，B 代表既有建筑。

对于新建建筑，建筑条例规定了相关的电气节能设计标准的限制，这个限制包括了建筑设备效率标准、照明、自控、能源计量等一系列的标准。和条例一起发布的《暖通空调条例细则》就规定了具体数据。

对公用既有建筑，只要是改建后会对建筑的能耗产生增加的改造，就要负荷 PART L 2B 的要求。这个条例对建筑设备的寿命及效率、照明效率、自控系统等都有具体的要求。

对于新建建筑，住宅与公共建筑有不同的 CO_2 排放量的计算方法。住宅对应的是 SAP（Standard Procedure Assessment），公共建筑对应的是 SBEM（Simplified Building Energy Model），还有 DSM（Dynamic Simulation Method）。

英国很重视建筑设备系统的运行调试，在建筑节能条例中以大篇幅规定"设备系统调试"的具体要求，且将建筑设备系统与建筑碳排放要求相关。条例中规定：当供暖和热水系统、机械通风系统、机械制冷/空调系统、内外照明系统、可再生能源系统更新或改造时，应符合《民用建筑系统应用导则》；建筑设备系统应进行调试以使其节能高效运行，对于供暖和热水系统，根据《民用建筑系统应用导则》进行调试，对于通风系统，根据《民用通风：安装和调试应用导则》进行调试。

从英国现行《建筑节能条例》中可以看出，其具有两个明显的特色：一是对建筑碳排放的要求，包括对设备的要求都与碳排放直接相关；另一个是对于设计灵活度的关注，每本条例都会有较大篇幅介绍如若要实现更好的设计灵活度，其相应的建筑设备系统规定如何放宽，以及最高放宽的限制。

4. 美国

美国的建筑节能走在世界的前列。美国最低能效标准一般都以强制性法律、法规的形式颁布。在过去10余年间，美国共出台了多个节能标准来推动建筑节能，其中主要的节能标准有 ASHRAE 90.1 及 IECC，其他标准有联邦政府高层住宅和公共建筑节能标准 10 CFR、国际住宅法规 IRC 住宅节能部分、低层住宅节能标准 ASHRAE 90.2、ASHRAE 高性能建筑设计标准系列（办公室、商场、学校、仓库）等。此外，美国有 40 个州制定了本州的公共建筑节能标准，其中有 6 个经济比较发达的州，如纽约州和加州，其标准比国家标准更为严格。ASHRAE 90.1 及 IECC 是 DOE（Department of Energy）在政府文件中提示过的两个标准，其中 IECC 用于住宅，ASHRAE 90.1 用于商业建筑。

（1）ASHRAE 90.1

除低层住宅外的建筑节能设计标准 ASHRAE 90.1，由美国暖通空调制冷工程师学会管理发布，同时也是 ANSI 标准。从 2001 年版本开始，更新时间为每三年秋季。最新版本为 ASHRAE 90.1—2010，此版本比 2004 版节能 23.4%，比 2007 版节能 18.5%，计划 2013 版比 2004 版节能 50%。此标准作为联邦节能和产品行动计划的组成部分，成为国家级建筑能效标准。标准应用范围包含新建筑、既有建筑扩建改建，分供暖、通风和空调、生活热水、动力、照明及其他设备五个部分来规范建筑电气及智能化节能。供暖、通风和空调是电气节能的主要部分，标准用大篇幅来对此部分进行规定。

1）供暖、通风和空调部分，对暖通空调系统进行规定。在设备方面，对空调机组、冷凝机组、热泵机组、水冷机组、整体式末端、房间空调器、热泵、供暖炉、供暖路管道机、暖风机、锅炉、变制冷剂流量空调系统、变制冷剂流量空气/空气和热泵及计算机房用空调系统的最低能效进行了强制条文规定，对非额定工况下相关系统计算进行了强制条文规定，对设备效率的核实标识都进行了强制条文规定；在系统控制方面，对系统的开关控制、分区控制、温湿度控制、通风系统控制进行了强制条文规定。

与此同时，标准中还包含规定性方法，用来说明节能的部分实现方法。在规定性方法中，对省能器的适应范围进行了规定，对空气省能器和水省能器的设计、控制进行了规定；对区域控制中三管制系统、两管切换系统、水环热泵系统的水力控制及系统加湿除湿进行了规定；对风系统中风机功率、变风量系统风机控制、多区变风量通风系统最佳控制及送风温度设定进行了规定；对水系统中变水量系统、热泵隔离、冷冻水和热水温度再设定、封闭式水换热泵进行了规定；对用于舒适性空调系统中的风冷冷凝器、冷却塔、蒸发冷凝器散热设备及其风机风速控制进行了规定；对厨房排风系统和实验室排风系统进行了规定。

2）生活热水部分，用强制条文对热水系统的负荷计算、系统效率、保温、温度控制进行了规定；对游泳池的加热设备、水面保温进行了规定。

3）动力部分，对压降补偿器的压降进行了规定。

4）照明部分，对室内建筑、室外照明照度、控制方法等进行了规定。

5）其他设备部分，对不属于之前部分规定的发电机、增压器、电梯的能效进行了规定。

（2）IECC

国际节能规范 IECC（International Energy Conservation）由美国国际规范委员会 ICC（International Code Council）管理发布，更新周期为三年，是能源部主推的居住建筑节能标准。最新版本为 IECC 2012，与 2006 版本相比节能 30%；计划 2015 年版本达到比 2006 年版本节能 50%。虽然此标准包含对公共建筑节能的要求，但其公共建筑部分内容基本参照 ASHRAE 90.1，所以此标准主要应用在低层住宅建筑方面。本标准电气及智能化内容主要包括住宅及类似的商业建筑中暖通空调系统、热水系统、电气系统和设备的设计。低层住宅建筑电气及智能化设计及系统比较少，在标准的 603 部分包含了对供热和制冷系统的要求及设备性能；604 部分包含了热水系统性能的要求；605 部分包含了对电力及照明的要求。

5. 日本

日本作为全球气候变暖特征最显著的国家之一，经过在节能方面多年的苦心经营，已成为世界上能源利用效率最高的国家之一。其建筑节能政策也值得世界各国研究借鉴。

日本政府早在 1979 年就颁布了《关于能源合理化使用的法律》（以下简称《节约能源法》），并于 1992 年和 1999 年进行两次修订。为了使所制定的法规得以执行，日本政府制定了许多具体可行的监督措施和必须执行的节能标准，体系堪称完备。既成体系上日本的所有建筑节能标准都是基于日本《节约能源法》。

日本现有三本建筑节能标准，一本针对公共建筑，另外两本针对居住建筑。日本《公共建筑节能设计标准》（CCREUB，The Criteria for Clients on the Rationalization of Energy Use for Buildings），既规定了公共建筑节能的性能指标，也包括了规定性指标，涵盖了供热、通风和空调、采光、热水供应以及电梯设备等内容。针对居住建筑有两本节能规范：一是《居住建筑节能设计标准》（Criteria for Clients on the Rationalization of Energy Use for Homes，CCREUH），标准给出了居住建筑的单位面积能耗指标和热工性能指标，并对暖通空调系统有所规定；二是《居住建筑节能设计与施工导则》（Design and Construction Guidelines on the Rationalization of Energy Use for Houses，DCGREUH），导则详细给出了居住建筑的各种规定性指标。

CCREUB 最新为 2009 年 1 月 30 日经济贸易产业省/国土交通省第 3 号公告。CCREUB 主要基于以下两个指标对公共建筑的节能性能进行了规定：一是围护结构性能系数（PLA）；二是建筑设备综合能耗系数（CEC）。建筑设备综合能耗系数（CEC）是设备全年实际运行一次能源的消耗量与设计时的计算年能耗量的比值，用于直接评价建筑物内设备节能性能。CEC 根据设备用途不同细分为空调设备系统 CEC 值（CEC-AC）、通风换气设备系统 CEC 值（CEC-V）、照明设备系统 CEC 值（CEC－L）、卫生热水设备系统 CEC 值（CEC-HW）和电梯输送设备系统 CEC 值（CEC－EV）。对建筑面积小于 $5000 m^2$ 的公共建筑根据建筑功能的不同，均给出了相应节能判断标准值。标准中包含对各个系统和设备的性能评价，主要为：空气调节设备的节能性能评价；机械通风系统（非空调系统）的节能性能评价；照明设备的节能性能评价；热水供应设备的节能性能评价；电梯系统的节能性能评价。

CCREUH 于 1980 年 2 月 28 日经济贸易省产业省/国土交通省第 1 号公告，第一次颁布；现行版本是 1999 年修改版。CCREUH 给出了居住建筑节能设计的各个指标的限值，包括不同气候分区年冷热负荷指标，热损失系数指标及夏季得热系数指标的限值，并详细讲述了以上指标的算法。

DCGREUH 于 1980 年 2 月 29 日国土交通省第 195 号公告，第一次颁布；现行版本为 1999 年版本。DCGREUH 是对 CCREUH 内容上的补充和细化，此处不多做介绍。

2.1.2 各国建筑电气与智能化节能标准的异同

全球建筑节能标准内容上和形式上的差异都很大，有的基于热工性能指标，有的基于能耗指标，还有的基于节能措施，所有的标准各有所长，因地制宜，都推动了当地建筑节能事业的发展。以下分八个方面对几个国家的节能标准进行比较。

1. 标准管理部门

各国建筑节能标准均为政府主导管理，由科研院所和行业协会组织科研院所、高等院校、设计单位、政府管理人员、建筑建造运行人员、建筑设备生产商和相关组织等所有利益相关方共同参与编写和修订。让各利益方参与，有利于减少节能标准的执行阻力，提高标准实施效率。

2. 编写修订情况

在各个国家中，美国随时颁布"修订补充材料"，到 3 年一次的大修时间，统一出版最新标准，这样既保证新标准的实时性，又有利于建筑节能的及时实施；德国修订周期较短，一般 2～3 年一次；英国每 4 年修订一次；日本的建筑节能标准修订周期不定，自1999 年修订后至今未做修订，这可能对日本建筑节能的发展造成不利影响，但由于日本的节能事业发展较早，也比较完善，其现在的能源利用效率还是处于世界领先地位。

3. 采纳及执行情况

美国需要地方政府通过立法或相关行政手续进行采纳，然后再执行，通常这一周期需要 2 年或更长时间；在英国，由于建筑节能相关要求为英国《建筑条例》的一部分，故强制执行且由政府规定强制执行时间；德国的 EnEV 标准是强制执行的最低标准，要求颁布之后 6 个月开始实施；在日本对建筑节能标准则是自愿执行。相比而言，德国和英国的节能管理比较严格，而日本相对较宽松。

4. 建筑类型标准细划

美国的居住建筑和公共建筑各有一个标准，气候区划分相同，覆盖全国；英国将建筑类型分为 PART L 1A 新建居住建筑、PART L 1B 既有居住建筑、PART L 2A 新建公共建筑及 PART L 2B 既有公共建筑四类；德国将新建建筑细分为居住建筑和公共建筑，将既有建筑按不同室温要求进行细划；日本将建筑分为居住建筑和公共建筑两部分。相比之下，这些国家的建筑类型细划基本相同，都分为居住建筑和公共建筑两类，在标准层面或者标准中，又会细分为既有建筑和新建建筑。

5. 节能目标设定

美国的节能目标由 DOE 进行设定，如要求 ASHRAE 90.1-2010 比 2004 版节能30%；ASHRAE 90.1-2013 比 2004 版节能 50%；IECC 2012 比 2006 版节能 30%；IECC 2015 比 2006 版节能 50%。英国则要求 2010 版建筑条例比 2006 版节能 25%，比 2002 版

节能 40%；2013 版建筑条例比 2006 版节能 44%，比 2002 版节能 55%，2016 年实现新建居住建筑零碳排放，2019 年实现新建公共建筑零碳排放。德国从 1977 版标准年供暖能耗指标限制 200kWh/m² 逐步降为现在的 50kWh/m²，未来准备进一步下降至 1550kWh/m² 以内。日本则无确切目标，但对各个版本对比分析可知：现行 1999 年建筑节能标准比 1980 年前建筑节能约 61%。虽然各个国家的节能计量方式不同，但相比之下，日本和德国的要求比较抽象，美国和英国则比较具体。有数据表明，美国的实际节能效果并没有达到预定要求；按现阶段情况，英国已不可能按期实现新建建筑零碳排放的目标。

6. 覆盖范围

表 2-1 是几个国家的建筑节能标准中电气及智能化节能部分的对比。由表可见，各国节能标准都包含了暖通空调系统及热水系统；德国和日本对照明系统的节能包含不全；美国对电力节能设计关心程度较低；日本居住建筑节能标准和美国建筑节能标准不包含可再生能源部分。

几个国家的建筑节能标准中电气及智能化节能部分的对比 　　　　表 2-1

国家	标准		暖通空调系统	热水供给及水泵	照明	电力	可再生能源
美国	ASHRAE 90.1	公共建筑及高层建筑	○	○	○	×	×
	IECC	低层居住建筑	○	○	○	×	×
英国	建筑管理条例	全部	○	○	○	○	○
德国	EnEV	全部	○	○	×	○	○
日本	CCREUB	公共建筑	○	○	○	○	○
	DCGREUH (1999)	居住建筑	○	○	×	○	○
	CCREUH (1999)	居住建筑	○	×	×	○	×

注：○表示包含；×表示不包含。

7. 节能目标计算方法

各国节能计算方式有所不同，美国是通过对 15 个气候区各 16 个基础建筑模型，对前后两个版本进行 480 次计算，再根据不同类型建筑面积进行加权，得出是否满足节能目标。英国根据碳排放目标限值来计算，如 2010 版建筑碳排放目前限值是在 2006 版同类型建筑碳排放目标限值基础上直接乘以 1 与预期节能率的差值。德国以供暖能耗限值为节能目标，不同版本 EnEV 不断更新对供暖能耗限值的要求。日本基准值的计算以典型的样板住户为对象进行，计算方法由下属于国土交通省的下部专家委员会讨论决定，解读和资料在网站上公开。

8. 节能性能判定方法

美国采用规定性方法＋权衡判断法＋能源账单法；英国采用规定性方法＋整体能效法；德国采用规定性方法＋参考建筑法；日本采用规定性方法＋具体行动措施。这些国家都包含规定性方法，对某些重要部分进行强制规定，此外还包含比较灵活的执行方法。

2.2　中国建筑电气与智能化节能标准现状

2.2.1　中国现已出台的有关建筑电气与智能化节能标准规范

标准是质量的依据，中国建筑电气与智能化节能标准的制定，对中国建筑电气与智能化节能发展起着至关重要的作用。

目前，国家现行有关建筑电气与智能化节能的标准，基本涵盖了设计、施工、验收等各个环节，同时智能化各系统的相关产品标准也逐渐配套出台。

中国建筑电气与智能化节能建设除遵循《智能建筑设计标准》、《智能建筑工程施工规范》、《智能建筑验收规范》外，还须遵循各个子系统技术标准规范。

以上一系列标准规范，对于保证中国建筑电气与智能化节能的建设质量具有十分关键的意义。

工程建设标准是为在工程建设领域内获得最佳秩序，对各类建设工程的勘察、规划、设计、施工、验收、运行、管理、维护、加固、拆除等活动和结果需要协调统一的事项所制定的共同的、重复使用的技术依据和准则。它经协商一致并由公认机构审查标准，以科学技术和实践经验的综合成果为基础，以保证工程建设的安全、质量、环境和公众利益为核心，以促进最佳社会效益、经济效益、环境效益和最佳效率为目的。

根据使用范围，工程建设标准划分为国家标准、行业标准、地方标准和企业标准四类。在全国范围内使用的标准为国家标准，在某一行业使用的标准为行业标准，在某一地方行政区域使用的标准为地方标准，在某一企业使用的标准为企业标准。根据《中华人民共和国标准化法》的规定，国家标准、行业标准可以引用国家标准或行业标准，不应引用地方标准和企业标准。

工程建设国家标准、行业标准和地方标准按照属性划分为强制性标准和推荐性标准，强制性标准必须严格执行，推荐性标准自愿采用。目前，在工程建设领域，工程建设强制性标准是指全文强制标准和标准中的强制性条文。直接涉及人民生命财产和工程安全、人体健康、环境保护、能源资源节约和其他公共利益等的技术、经济、管理要求，应当制定为工程建设强制性标准。

工程建设标准之间存在着客观的内在联系，它们相互依存、相互制约、相互补充和衔接，构成一个科学的有机整体，这就是工程建设标准的体系。与工程建设某一专业有关的标准，可以构成该专业的工程建设标准体系。与某一工程建设行业有关的标准，可以构成该行业的工程建设标准体系。以实现全国工程建设标准化为目的的所有工程建设标准，可以形成全国工程建设标准体系。建立和完善工程建设标准体系以达到工程建设标准结构优化、数量合理、全面覆盖、减少重复和矛盾，做到以最小的资源投入获得最大的标准化效果的目的。工程建设标准体系（××部分）框图如图 2-1 所示。

图 2-1 左侧——每部分体系中的综合标准均是涉及质量、安全、卫生、环保和公众利益等方面的目标要求或为达到这些目标而必需的技术要求及管理要求；它对该部分所包含各专业的各层

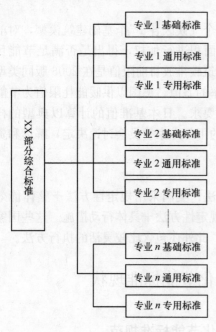

图 2-1 工程建设标准体系
（××部分）框图

次标准均具有制约和指导作用。而图1右侧——每部分体系中所含各专业的标准分体系，按各自学科或专业内涵排列，在体系框图中竖向分为基础标准、通用标准和专用标准三个层次。上层标准的内容包括了其以下各层标准的某个或某些方面的共性技术要求，并指导其下各层标准，共同成为综合标准的技术支撑。

目前，每部分综合标准（图2-1左侧）具体化为一项或若干项全文强制标准，使其自身亦形成"体系"，如图2-2所示。

例如，房屋建筑部分综合标准可含《住宅建筑规范》、《公共建筑规范》、《建筑防火规范》等系列全文强制标准，覆盖房屋建筑领域的所有需要强制的对象及环节。此部分综合标准体系相当于"房屋建筑技术法规体系"。

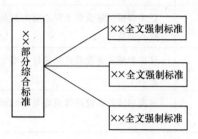

图2-2 ××部分综合标准体系框架示意

工程建设标准根据工程建设活动的类别、范围和特点，涉及工程建设的各个领域、各个方面、各个环节。按工程类别分为：土木工程、建筑工程、线路管道和设备安装工程、装修工程、拆除工程，等等；按行业领域分为：房屋建筑、城镇建设、城乡规划、公路、铁路、水运、航空、水利、电力、电子、通信、煤炭、石油、石化、冶金、有色、机械、纺织，等等；按建设环节分为：勘察、规划、设计、施工、安装、验收、运行维护、鉴定、加固改造、拆除，等等。

《工程建设标准体系（城乡规划、城镇建设、房屋建筑部分）》包括了该三个领域的标准现状、发展趋势和所需要的标准项目，是城乡规划、城镇建设、房屋建筑领域目前和今后一定时期内标准制订、修订和管理工作的基本依据，同时，也是研究该三个领域技术应用的重要技术指导文件。2003版中包括了该三个领域的17个专业，在2009版修改时增加了"主题"标准体系（如建筑节能标准体系），当前共有18个专业和2个主体标准体系，如表2-2所示。

工程建设标准体系（城乡规划、城镇建设、房屋建筑部分）　　　表2-2

序号	标准体系	序号	标准体系
1	城乡规划专业	11	建筑设计专业
2	城乡工程勘察测量专业	12	建筑地基基础专业
3	城镇公共交通专业	13	建筑结构专业
4	城镇道路桥梁专业	14	建筑施工质量与安全专业
5	城镇给水排水专业	15	建筑维护加固与房地产专业
6	城镇燃气专业	16	建筑室内环境专业
7	城镇供热专业	17	信息技术应用专业
8	城镇市容环境卫生专业	18	城市轨道交通专业
9	风景园林专业	19	建筑节能标准体系
10	城镇与工程防灾专业	20	新农村建设标准体系

2011年住房和城乡建设部调整了标准化技术支撑机构及业务范围，到2014年经住房和城乡建设部批准成立了22个专业标准化技术委员会，如表2-3所示。

住房和城乡建设部标准化技术支撑机构及业务范围　　　　　　　　**表 2-3**

序号	专业标准化技术委员会名称	业务范围	
1	住房和城乡建设部强制性条文协调委员会	城乡规划、城乡建设、房屋建筑	强制性条文
2	住房和城乡建设部城乡规划标准化技术委员会	城乡规划	工程建设国标、行标
3	住房和城乡建设部工程勘察与测量标准化技术委员会	勘察、测量及岩土工程	工程建设国标、行标，产品标准
4	住房和城乡建设部建筑设计标准化技术委员会	建筑设计（含室内设计）	工程建设国标、行标
5	住房和城乡建设部建筑地基基础标准化技术委员会	建筑地基基础	工程建设国标、行标，产品标准
6	住房和城乡建设部建筑结构标准化技术委员会	建筑结构	工程建设国标、行标，产品标准
7	住房和城乡建设部建筑给水排水标准化技术委员会	建筑给水排水	工程建设国标、行标，产品行标
8	住房和城乡建设部建筑环境与节能标准化技术委员会	建筑环境、节能、设备（含暖通、空调与净化设备）	工程建设国标、行标，产品行标
9	住房和城乡建设部建筑电气标准化技术委员会	建筑电气与设备	工程建设国标、行标，产品行标
10	住房和城乡建设部建筑工程质量标准化技术委员会	质量控制 质量验收 项目管理 检测仪器与设备	工程建设国标、行标，产品行标
11	住房和城乡建设部建筑施工安全标准化技术委员会	施工安全（含脚手架、模板及其他施工机具）	工程建设国标、行标，产品行标
12	住房和城乡建设部建筑维护加固与房地产标准化技术委员会	既有建筑维护加固与房地产	工程建设国标、行标，产品行标
13	住房和城乡建设部市政给水排水标准化技术委员会	市政给水排水	工程建设国标、行标，产品行标
14	住房和城乡建设部道路与桥梁标准化技术委员会	城镇道路桥梁（含公共交通）	工程建设国标、行标，产品行标
15	住房和城乡建设部燃气标准化技术委员会	城镇燃气及设备	工程建设国标、行标，产品标准
16	住房和城乡建设部供热标准化技术委员会	供热工程及设备	工程建设国标、行标，产品行标

序号	专业标准化技术委员会名称	业务范围	
17	住房和城乡建设部市容环境卫生标准化技术委员会	市容环境卫生及其设备	工程建设国标、行标，产品行标
18	住房和城乡建设部风景园林标准化技术委员会	风景园林工程及产品	工程建设国标、行标，产品行标
19	住房和城乡建设部城市轨道交通标准化技术委员会	城市轨道交通工程及产品	工程建设国标、行标，产品行标
20	住房和城乡建设部信息技术应用标准化技术委员会	建设领域信息技术应用	工程建设国标、行标，产品行标
21	住房和城乡建设部建筑制品与构配件标准化技术委员会	建筑门窗、幕墙、非结构构配件、装饰装修材料、保温防水材料	产品行标
22	住房和城乡建设部建筑电气标准化技术委员会		电气设计标准

智能建筑按照项目的生命周期可分为：规划、设计、施工、检测、验收和运行维护等阶段。由于智能化系统涉及的领域多，各类不同功能、规模的建筑中有种种多样化、个性化的应用要求，每个不同类型的子系统的应用领域也有着其独特要求。这些不同专业的个性化要求，原有通用标准不能一一满足，因此也建立了针对有特殊需要的专业的通用和专用标准。目前已出台的工程建设标准体系中有关的建筑电气与智能化标准规范见表2-4。

已出台的建筑电气与智能化标准规范汇总表　　　　　　表 2-4

类别	标准规范名称
工程国标	建筑照明设计标准 GB 50034—2013
工程国标	供配电系统设计规范 GB 50052—2009
工程国标	低压配电设计规范 GB 50054—2011
工程国标	通用用电设备配电设计规范 GB 50055—2011
工程国标	电热设备电力装置设计规范 GB 50056—1993
工程国标	建筑物防雷设计规范 GB 50057—2010
工程国标	电力装置的继电保护和自动装置设计规范 GB/T 50062—2008
工程国标	电力装置的电测量仪表装置设计规范 GB/T 50063—2008
工程国标	交流电气装置的接地设计规范 GB/T 50065—2011
工程国标	火灾自动报警系统设计规范 GB 50116—2013
工程国标	电气装置安装工程 高压电器施工及验收规范 GB 50147—2010
工程国标	电气装置安装工程 电力变压器、油浸电抗器、互感器施工及验收规范 GB 50148—2010
工程国标	电气装置安装工程 母线装置施工及验收规范 GB 50149—2010
工程国标	电气装置安装工程 电气设备交接试验标准 GB 50150—2006
工程国标	火灾自动报警系统施工及验收规范 GB 50166—2007
工程国标	电气装置安装工程 电缆线路施工及验收规范 GB 50168—2006
工程国标	电气装置安装工程 接地装置施工及验收规范 GB 50169—2006
工程国标	电气装置安装工程 旋转电机施工及验收规范 GB 50170—2006

续表

类别	标准规范名称
工程国标	电气装置安装工程　盘、柜及二次回路接线施工及验收规范 GB 50171—2012
工程国标	电气装置安装工程　蓄电池施工及验收规范 GB 50172—2012
工程国标	电气装置安装工程　66kV 及以下架空电力线路施工及验收规范 GB 50173—2014
工程国标	电子信息系统机房设计规范 GB 50174—2008
工程国标	民用闭路监视电视系统工程技术规范 GB 50198—2011
工程国标	有线电视系统工程技术规范 GB 50200—1994
工程国标	电气装置安装工程　低压电器施工及验收规范 GB 50254—2014
工程国标	建筑电气工程施工质量验收规范 GB 50303—2002
工程国标	综合布线系统工程设计规范 GB 50311—2007
工程国标	综合布线系统工程验收规范 GB 50312—2007
工程国标	智能建筑设计标准 GB/T 50314—2006
工程国标	智能建筑工程质量验收规范 GB 50339—2013
工程国标	建筑物电子信息系统防雷技术规范 GB 50343—2012
工程国标	安全防范工程技术规范 GB 50348—2004
工程国标	入侵报警系统工程设计规范 GB 50394—2007
工程国标	视频安防监控系统工程设计规范 GB 50395—2007
工程国标	出入口控制系统工程设计规范 GB 50396—2007
工程国标	电子信息系统机房施工及验收规范 GB 50462—2008
工程国标	视频显示系统工程技术规范 GB 50464—2008
工程国标	红外线同声传译系统工程技术规范 GB 50524—2010
工程国标	视频显示系统工程测量规范 GB/T 50525—2010
工程国标	公共广播系统工程技术规范 GB 50526—2010
工程国标	建筑物防雷工程施工与质量验收规范 GB 50601—2010
工程国标	智能建筑工程施工规范 GB 50606—2010
工程国标	建筑电气照明装置施工与验收规范 GB 50617—2010
工程国标	会议电视会场系统工程设计规范 GB 50635—2010
工程国标	建筑电气制图标准 GB/T 50786—2012
工程国标	会议电视会场系统工程施工及验收规范 GB 50793—2012
工程国标	电子会议系统工程设计规范 GB 50799—2012
工程行标	民用建筑电气设计规范 JGJ 16—2008
工程行标	体育场馆照明设计及检测标准 JGJ 153—2007
工程行标	体育建筑智能化系统工程技术规程 JGJ/T 179—2009
工程行标	住宅建筑电气设计规范 JGJ 242—2011
工程行标	交通建筑电气设计规范 JGJ 243—2011
工程行标	金融建筑电气设计规范 JGJ 284—2012
工程国标	农村民居雷电防护工程技术规范 GB 50952—2013

54

类别	标准规范名称
工程国标	城镇建设智能卡系统工程技术规范 GB 50918—2013
工程行标	教育建筑电气设计规范 JGJ 310—2013
工程行标	会展建筑电气设计规范 JGJ 333—2014
工程行标	建筑设备监控系统工程技术规范 JGJ/T 334—2014
工程行标	医疗建筑电气设计规范 JGJ 312—2013
工程国标	扩声系统工程施工规范 GB 50949—2013
工程行标	用户电话交换系统工程验收规范 GB/T 50623—2010
工程行标	用户电话交换系统工程设计规范 GB/T 50622—2010

建筑节能标准体系为 2009 年新增加的"主题"标准体系，服务于形势任务中的"节能"主题工作，其中的标准项目依存于各专业分体系，在主题标准体系中按照新的规则排列，保留其所在分体系中的编号。目前已出台的工程建设标准体系中有关节能的标准规范见表 2-5。根据我国统计分类，工厂建筑的能耗均归为该行业的工业产品能耗，属于工业节能范畴，在表 2-5 备注中进行说明以便区分。

已出台的节能标准规范汇总表　　　　　　　　　　表 2-5

类别	标准规范名称	备注
工程国标	公共建筑节能设计标准 GB 50189—2005	建筑节能
工程国标	橡胶工厂节能设计规范 GB 50376—2006	工业节能
工程国标	绿色建筑评价标准 GB/T 50378—2014	建筑节能
工程国标	建筑节能工程施工质量验收规范 GB 50411—2007	建筑节能
工程国标	水泥工厂节能设计规范 GB 50443—2007	工业节能
工程国标	平板玻璃工厂节能设计规范 GB 50527—2009	工业节能
工程国标	烧结砖瓦工厂节能设计规范 GB 50528—2009	工业节能
工程国标	建筑卫生陶瓷工厂节能设计规范 GB 50543—2009	工业节能
工程国标	有色金属矿山节能设计规范 GB 50595—2010	工业节能
工程国标	钢铁企业节能设计规范 GB 50632—2010	工业节能
工程国标	建筑工程绿色施工评价标准 GB/T 50640—2010	建筑节能
工程国标	水利水电工程节能设计规范 GB/T 50649—2011	工业节能
工程国标	节能建筑评价标准 GB/T 50668—2011	建筑节能
工程国标	电子工程节能设计规范 GB 50710—2011	工业节能
工程国标	有色金属加工厂节能设计规范 GB 50758—2012	工业节能
工程国标	火炸药工程设计能耗指标标准 GB 50767—2013	工业节能

类别	标准规范名称	备注
工程国标	可再生能源建筑应用工程评价标准 GB/T 50801—2013	建筑节能
工程国标	农村居住建筑节能设计标准 GB/T 50824—2013	建筑节能
工程国标	小水电电网节能改造工程技术规范 GB/T 50845—2013	工业节能
工程国标	绿色工业建筑评价标准 GB/T 50878—2013	工业节能
工程国标	供热系统节能改造技术规范 GB/T 50893—2013	建筑节能
工程国标	机械工业工程节能设计规范 GB 50910—2013	工业节能
工程行标	民用建筑热工设计规范 GB 50176—1993	建筑节能
工程行标	严寒和寒冷地区居住建筑节能设计标准 JGJ 26—2010	建筑节能
工程行标	夏热冬暖地区居住建筑节能设计标准 JGJ 75—2012	建筑节能
工程行标	既有居住建筑节能改造技术规程 JGJ/T 129—2012	建筑节能
工程行标	居住建筑节能检测标准 JGJ/T 132—2009	建筑节能
工程行标	夏热冬冷地区居住建筑节能设计标准 JGJ 134—2010	建筑节能
工程行标	民用建筑能耗数据采集标准 JGJ/T 154—2007	建筑节能
工程行标	公共建筑节能改造技术规范 JGJ 176—2009	建筑节能
工程行标	公共建筑节能检测标准 JGJ/T 177—2009	建筑节能
工程行标	城镇供热系统节能技术规范 CJJ/T 185—2012	建筑节能
工程行标	民用建筑绿色设计规范 JGJ/T 229—2010	建筑节能
工程行标	建筑能效标识技术标准 JGJ/T 288—2012	建筑节能
工程国标	民用建筑太阳能光伏系统应用技术规范 JGJ 203—2010	建筑节能
工程国标	绿色办公建筑评价标准 GB/T 50908—2013	建筑节能
工程国标	绿色工业建筑评价标准 GB/T 50878—2013	工业节能
工程行标	建筑节能气象参数标准 JGJ/T 346—2014	建筑节能
工程行标	城市照明节能评价标准 JGJ/T 307—2013	建筑节能
工程行标	供热计量系统运行技术规程 CJJ/T 223—2014	工业节能
工程行标	光伏建筑一体化系统运行与维护规范 JGJ/T 264—2012	建筑节能

2.2.2 中国建筑电气与智能化节能标准的不足

中国建筑电气与智能化节能发展离不开统一、完善的标准规范。由于建筑电气与智能化节能涉及多种学科和专业，各个专业又包含多项具体技术，另外，行业管理涉及部门广泛，因此在标准编制中存在内容交叉、要求不同、深度不一等问题。

在当前，特别需要统一协调各个管理部门和标准发布部门，统筹规划和分工。

2.3 中国建筑电气与智能化节能标准编制规划

2.3.1 中国目前正在编制的行业标准和阶段性成果

中国目前正在编制的建筑电气与智能化标准规范汇总见表 2-6；正在编制的建筑节能标准规范汇总见表 2-7。

正在编制的建筑电气与智能化标准规范汇总表 表 2-6

类别	标准规范名称	备注（计划年度）
工程行标	建筑智能化系统运行维护技术规范	2015 年
工程国标	古建筑防雷技术规范	2015 年
工程行标	太阳能光伏玻璃幕墙电气设计规范	2015 年
工程行标	商店建筑电气设计规范	2015 年
工程国标	数据中心设计规范	2015 年
工程国标	数据中心综合监控系统工程技术规范	2015 年
工程国标	建筑物电磁兼容技术规范	2015 年
工程国标	电子会议系统工程施工与质量验收规范	2015 年
工程国标	民用建筑电气防火设计规范	2009 年
工程国标	有线电视网络工程施工与验收规范	2009 年
工程国标	有线广播电视网络设计规范（替代 GB 50200—94）	2009 年
工程行标	体育建筑电气设计规范	2008 年第一批
工程国标	会议电视会场音视频、灯光系统工程施工与质量验收规范	2008 年第二批
工程国标	电子信息系统机房环境检测标准	2008 年第二批
工程行标	建筑电气照明装置施工与质量验收规范	2008 年第二批

正在编制的建筑节能标准规范汇总表 表 2-7

类别	标准规范名称	备注（计划年度）
工程国标	既有建筑改造绿色评价标准	2013 年
工程国标	绿色博览建筑评价标准	2013 年
工程国标	绿色饭店建筑评价标准	2013 年
工程行标	城市照明合同能源管理技术规程	2013 年
工程国标	居住建筑节能设计标准	2012 年
工程国标	建筑节能基本术语标准	2012 年
工程行标	建筑热反射涂料节能检测标准	2012 年
工程行标	大型公共建筑能耗远程监测系统技术规程	2008 年第一批

2.3.2 中国建筑电气与智能化节能有待完善和补充的标准规范

目前，从事建筑电气与智能化节能行业人员的执业资格主要有注册电气工程师和注册建造师两种。然而，现行"注册电气工程师"、"注册建造师"的执业条件设置与建筑电气与智能化节能的实际需求不尽吻合。建筑电气与智能化节能的从业人员为了考注册进行培训，但对从业素质的提高未能产生预期成效。

因此，需要尽快编制一套符合建筑电气与智能化节能行业实际需求的执业资格标准，用于执业资格培训和考核。

建筑电气与智能化节能工程中，设备维护是十分关键的一环。目前一些建筑物中智能化系统功能存在的问题，主要就是系统维护的缺失和不规范。业内认为，解决这一问题需要制定相关标准。编制《建筑智能化系统维护规范》，使物业管理单位和系统维护企业对智能化系统维护管理有章可循；编制《建筑智能化系统维护费用标准》作为使用管理单位进行预算和维护单位招投标的参考。

3　建筑电气与智能化节能咨询及设计要点

本章节所阐述的民用建筑项目中所采用的建筑电气与智能化专业节能技术，包括设备专业的自动化控制技术、水泵及风机变频器技术、供配电系统的节能技术、照明灯具（含光源）及智能控制技术等，其中与设备专业相关的智能化节能控制技术均基于设备专业的工艺，其智能化控制均符合其工艺流程的节能原理。

本章节所阐述的民用建筑项目中的节能技术将不涉及建筑专业和设备专业的相关节能技术。

3.1　中国建筑电气节能评估咨询要求

3.1.1　内容完整性方面

1. 总则

（民用）建筑项目电气节能评估咨询过程应包括但不仅限于以下过程：工程设计文件的复核、项目能源管理体系文件的复核、现场初步踏勘、制定项目现场检测方案、项目现场检测、能耗监测和计量系统的现场复核、能源管理体系的运行和相关记录的现场复核、编制节能评估咨询报告、提交节能评估咨询报告等。

2. 工程设计文件复核的过程

（民用）建筑项目是根据建筑法和相关建筑规划、设计的相关规范、标准完成了工程设计，并通过施工图纸的节能审查，项目是根据经过审批的施工图纸由符合相关施工资质要求的施工单位进行的施工，因此建筑电气节能评估首先必须对其施工图纸进行复核，通过对施工图纸的复核，全面了解和评估施工图纸的电气节能设计情况。

工程设计文件（包括节能设计专篇等）的电气节能评估主要包括以下工程设计文件：

（1）设备专业动力设备的相关电气设计（包括变频风机、变频水泵、变频电梯、变频自动扶梯以及所有动力设备的电气设备等）；

（2）供配电系统的设计（包括能耗监测和计量系统）；

（3）照明工程的设计（包括照明光源和灯具的选型等）；

（4）智能照明控制设计；

（5）建筑设备监控系统的设计等。

3. 项目能源管理体系文件复核的过程

项目建筑电气节能系统除了其系统构成等硬件外，其系统的软件也非常重要，其软件主要是能源管理体系，其能源管理体系运行的效果与项目的实际能耗水平关联性很大，因此在（民用）建筑电气节能评估中，对于其能源管理体系进行评估是一项非常重要的工作内容，要想评估其能源管理体系，首先要对其能源管理体系的策划进行评估，其主要工作内容是对其能源管理系统的管理文件进行评估。

对项目能源管理系统文件的复核内容主要包括以下几个方面：

（1）能源管理策划和构成的系统说明；

（2）能源计量管理体系的构成；

（3）能源统计管理体系的构成；

（4）主要设备运行效率及监测记录表格；

（5）相关工作规程规范；

（6）相关奖惩文件等。

4. 项目现场初步踏勘的过程

在复核项目相关工程设计图纸后，组织相关专业技术人员对项目现场进行初步踏勘，现场踏勘的主要工作内容包括以下几个方面：

（1）现场是否按照设计图纸进行了施工；

（2）现场的设备是否已经达到了设计要求进行的正常运行；

（3）在相关电气节能设计中的技术措施是否已经全面落实；

（4）现场踏勘需要现场检测的项目以及现场检测的条件等。

5. 制定现场检测方案的过程

根据施工图纸的复核以及现场初步踏勘的情况，并根据委托方与评估单位签订的节能评估范围和相关工作内容，制定有针对性且可以实施的现场检测方案，现场检测方案应包括但不仅限于以下内容：

（1）现场检测的项目；

（2）检测的依据及标准；

（3）检测的仪表配置；

（4）检测的计划；

（5）检测的条件；

（6）项目机电设施运行单位的准备配合工作要求；

（7）检测的记录表格等。

6. 项目现场检测的过程

根据事先制定的现场检测方案，与项目机电设施运行单位进行全面沟通，必要时对其检测方案进行书面交底，按检测计划进行现场检测，并做好完整的检测记录。

推荐现场检测以下项目及内容：

（1）供配电系统的运行电气参数（包括但不仅限于电压、电流、功率因数、供电品质、总谐波畸变率等）；

（2）最不利供电末端的电气参数（主要检测工作电压、压降和三相平衡等）；

（3）智能照明控制系统的自动控制功能；

（4）典型照明灯具光源的电气参数；

（5）典型区域的照度和照明工作密度；

（6）建筑设备监控系统的自动控制功能。

7. 能耗监测和计量系统现场复核的过程

一方面，根据能耗监测和计量系统的相关设计文件，现场复核其能耗监测和计量系统是否全部安装到位并完成系统调试。应对其能耗监测和计量系统进行现场抽样复核，以验证其系统的监测数据精度符合相关规范或标准的要求。

另一方面，要根据能源管理体系的相关文件，复核其能耗监测和计量系统能够全面满足能源管理的要求。

8. 能源管理体系的运行和相关记录现场复核的过程

根据能源管理体系的文件，对现场相关记录进行现场复核，以确认其能源管理体系运行正常。

9. 编制节能评估咨询报告的过程

根据对相关设计文件的复核、能源管理体系文件的复核以及现场检测的情况，组织编制（民用）建筑电气节能咨询评估报告，其报告应能全面反映项目建筑电气系统的节能设计、构建及运行的实际情况，应全面提供节能技术措施、系统运行和管理的相关改进意见。

10. 提交节能评估咨询报告的过程

提交节能咨询报告初稿，并与委托方及委托聘请的专家进行协调、沟通，全面汇报及阐述节能咨询服务的过程及相关重要问题，听取委托方及专家的意见，进一步完善节能咨询报告（必要时现场复核或检测），最后提交正式的节能咨询报告。

3.1.2 结构组成方面

（民用）建筑项目电气节能评估咨询成果（报告）应包括但不仅限于以下内容：工程概况、建筑电气节能评估咨询的范围、项目能耗系统的构成、项目建筑电气与智能化节能技术的应用、项目能耗监测和计量系统的构成、项目能耗统计和管理体系的构成、建筑电气系统的现场检测和检查情况、建筑电气系统的节能运行情况、建筑电气节能管理系统的能力与效果、建筑电气系统节能改进建议等。

1. 项目概况

（1）建筑工程概况；

（2）设备（含给水排水）工程概况（重点是设备动力系统）；

（3）电梯、自动扶梯、自动人行道概况；

（4）供配电工程概况（包括能耗监测和计量系统）；

（5）照明系统工程概况；

（6）智能化工程概况（包括智能照明系统、建筑设备监控系统等）；

（7）新能源工程概况等。

2. 建筑电气节能评估咨询的范围

（1）评估检测的工作内容；

（2）评估检测的区域范围；

（3）评估检测的工程范围；

（4）评估检测的专业范围等。

3. 项目能耗系统的构成

（1）供电系统的构成；

（2）燃气系统的构成；

(3) 供热、通风与空调系统的构成；

(4) 供水系统的构成等。

4. 项目建筑电气与智能化节能技术的应用

(1) 变配电系统（包括电力变压器、功率因数补偿、谐波监测与治理、系统压降等）；

(2) 节能照明光源及灯具的照明系统；

(3) 节能动力系统（含动力设备电机变频器的应用）；

(4) 智能照明控制系统；

(5) 建筑设备监控系统；

(6) 新能源系统等。

5. 项目能耗监测和计量系统的构成

(1) 供配电系统的监测和计费系统；

(2) 燃气系统的计量计费系统；

(3) 供暖/空调的计量计费系统；

(4) 供水系统的计量计费系统等。

6. 项目能耗统计和管理体系的构成

(1) 项目能源管理体系的构成；

(2) 项目能耗统计管理系统的构成；

(3) 项目能源管理程序和管理文件（目录）；

(4) 与能耗相关的机电系统操作、运行、维保的作业指导书等。

7. 建筑电气系统的现场检测和检查情况

(1) 供配电系统的现场检测和检查情况；

(2) 动力系统的现场检测和检查情况；

(3) 照明系统及照明智能控制系统的现场检测和检查情况；

(4) 能耗检测及计量（计费）系统的运行情况；

(5) 建筑设备监控系统的运行情况等。

8. 建筑电气系统的节能运行情况

(1) 建筑电气节能措施的落实情况；

(2) 建筑电气（含设备）节能运行评价；

(3) 以下各项的建筑电气能耗指标：

1) 照明系统全年能耗数据；

2) 夏季、冬季和过渡季的供暖、通风与空调系统的能耗数据；

3) 给水排水设备的全年能耗数据；

4) 电梯、自动扶梯、自动人行道的全面能耗数据；

5) 新能源系统的相关数据等。

9. 建筑电气节能管理系统的能力与效果

(1) 建筑电气节能管理体系完整性评价；

(2) 建筑电气节能管理体系有效性评价等。

10. 建筑电气系统节能改进建议

(1) 建筑电气（含设备）系统节能运行存在的问题；

（2）建筑电气系统节能监测和计量系统存在的问题；

（3）建筑电气系统节能管理体系存在的问题；

（4）以上三个方面的改进建议等。

3.2 中国建筑电气节能评估咨询报告的要点

3.2.1 评估依据

1. 相关法律法规、规划和产业政策

（1）相关法律法规和规划

1)《中华人民共和国节约能源法》（新法自 2008 年 4 月 1 日起施）；

2)《中华人民共和国可再生能源法》（修正法自 2010 年 4 月 1 日起施）；

3)《中华人民共和国清洁生产促进法》（自 2012 年 7 月 1 日起施）；

4)《民用建筑节能管理规定》（建设部部长令第 76 号，自 2006 年 1 月 1 日起施）。

（2）产业政策和准入条件等

1)《国务院关于发布促进产业结构调整暂行规定的通知》（国发 [2005] 40 号）；

2)《产业结构调整指导目录（2005 年本）》（国家发改委令第 40 号）；

3)《中国节能技术政策大纲》（2006）（发改环资 [2007] 199 号）；

4)《国家鼓励发展的资源节约综合利用和环境保护技术》（国家发改委 2005 第 65 号）；

5)《国务院关于加强节能工作的决定》（国发 [2006] 28 号）。

2. 相关标准及规范（国家标准、地方标准或相关行业标准均适用时，执行其中较严格的标准）

（1）管理及设计方面的标准和规范

1)《工业企业能源管理导则》GB/T 15587—2008；

2)《工业设备及管道绝热工程施工质量验收规范》GB 50185—2010；

3)《用能单位能源计量器具配备和管理通则》GB 17167—2006。

（2）合理用能方面的标准

1)《评价企业合理用电技术导则》GB/T 3485—1998；

2)《评价企业合理用热技术导则》GB/T 3486—1993；

3)《节电技术经济效益计算与评价方法》GB/T 13471—2008。

（3）建筑类相关标准和规范

1)《居住建筑节能设计标准》DB 11/891—2012；

2)《公共建筑节能设计标准》GB 50189—2005；

3)《绿色建筑评价标准》GB/T 50378—2014；

4)《绿色建筑技术导则》（建科 [2005] 199 号）；

5)《夏热冬冷地区居住建筑节能设计标准》JGJ 134—2010；

6)《严寒和寒冷地区居住建筑节能设计标准》JGJ 26—2010；

7)《采暖通风与空气调节设计规范》GB 50019—2003；

8)《通风与空调工程施工质量验收规范》GB 50243—2002；

9)《外墙外保温工程技术规程》JGJ 144—2004；

10)《民用建筑热工设计规范》GB 50176—1993；

11)《建筑照明设计标准》GB 50034—2013；

12)《建筑采光设计标准》GB 50033—2013；

13)《空调通风系统运行管理规范》GB 50365—2005。

（4）其他相关国家、行业标准和规范

1)《中国节水技术政策大纲》（国家发改委 2005.04.21）；

2)《综合能耗计算通则》GB/T 2589—2008；

3)《单位产品能源消耗限额编制通则》GB/T 12723—2013。

4)《节能中长期专项规划》国家发改委 2004；

5)《节水型企业评价导则》GB/T 7119—2006；

6)《低压配电设计规范》GB 50054—2011；

7)《供配电系统设计规范》GB 50052—2009；

8)《电力工程电缆设计规范》GB 50217—2007；

9)《通用用电设备配电设计规范》GB 50055—2011；

10)《工业金属管道设计规范》GB 50316—2000；

11)《城市热力管网设计规范》CJJ 34—2002（2008 版）；

12)《工业设备及管道绝热工程设计规范》GB 50264—2013；

13)《建筑给水排水设计规范》GB 50015—2013（2009 年版）；

14)《室外给水设计规范》GB 50013—2006；

15)《室外排水设计规范》GB 50014—2006（2014 年版）；

16)《压缩空气站设计规范》GB 50029—2014；

17)《20kV 及以下变电所设计规范》GB 50053—2013。

3. 其他

（1）工程项目相关设计文件。

（2）评估委托书或相关合同、任务书及相关附件。

（3）节能工艺、技术、装备、产品等推荐目录，国家明令淘汰的用能产品、设备、生产工艺等目录。

（4）项目环境影响评价、土地预审等相关资料、项目申请报告、可行性研究报告等立项资料。

4. 注意事项

（1）选用的评估依据要遵循与拟建项目"相关、适用"的原则列示编制依据。要按照"由高到低"的层次列示法律、法规、规章、国家标准、行业标准和其他规范等各种编制依据。

（2）项目所在地对拟建项目所属行业有要求的，应当列示。

（3）与项目无关的依据不必列入。

（4）与项目有关的依据不能遗漏。

（5）已更新的依据、标准必须更新。

应选用已公布的行业"十二五"发展规划。

3.2.2 项目概况介绍

1. 建设单位基本情况

建设单位名称、性质、地址、邮编、法人代表、项目联系人及联系方式，企业运营总体情况。

2. 项目基本情况

项目名称、建设地点、项目性质、建设规模及内容，项目工艺方案、总平面布置，主要经济技术指标、项目进度计划等（改扩建项目需对项目原基本情况进行说明）。

3. 项目用能概况

主要供、用能系统与设备的初步选择，能源消耗种类、数量及能源使用分布情况（改扩建项目需对项目原用能情况及存在的问题进行说明）。

（1）供配电系统

1）确定供电电压等级：根据具体项目电源供应及实际情况确定合理的供电电压等级。

2）建设项目的电力负荷等级：根据国家现行规范的要求确定具体项目的负荷分级。

3）电力负荷估算：根据项目的条件，进行变压器容量估算。本阶段一般住宅、公共建筑等民用建筑项目采用单位指标法估算变压器容量（见表3-1）；工业项目一般采用单位产品耗电量法或需要系数法估算变压器容量（见表3-2）。

负荷估算（单位指标法）　　　　　　　　　　　　　表 3-1

序号	用电负荷分项名称	房间或场所位置	建筑面积（m^2）	变压器装置指标（$V \cdot A/m^2$）	占用变压器容量（$kV \cdot A$）	合计占用变压器容量（$kV \cdot A$）	拟定选用变压器台数及容量（$kV \cdot A$）
1							
2							
3							

注：基本计算公式：$S = KN/1\,000$。其中：S 为计算的视在功率（$kV \cdot A$）；K 为单位指标（$V \cdot A/m^2$）；N 为建筑面积（m^2）。

负荷估算（需要系数法）　　　　　　　　　　　　　表 3-2

用电设备组别	设备功率（kW）	需要系数 K_x	功率因数 $\cos\phi$	正切值 $\tan\phi$	有效功率（kW）	无效功率（kvar）	视在功率（$kV \cdot A$）
功率损耗							
总计							
补偿后功率因数							
变压器总容量							
变压器平均负载率							
单台变压器容量							

注：基本计算公式：有功功率 $P_c = K_x \cdot P_e$；无功功率 $Q_c = P_c \cdot \tan\phi$；视在功率 $S_c = \sqrt{P_c^2 + Q_c^2}$。
其中：P_e 为用电设备组的设备功率，不包括备用设备（kW）；K_x 为需要系数；$\cos\phi$ 为功率因数；$\tan\phi$ 为用电设备功率因数角相对应的正切值。

4）变配电所位置、数量及变压器的装机容量。根据负荷估算结果，确定并说明变配电所数量、位置及各变配电所内变压器的台数和容量；明确本项目的低压供电半径、无功功率补偿方式及补偿要求、变压器负载率、谐波治理措施。

5）备用电源和应急电源的设置与容量。根据项目负荷情况估算实际备用电源及应急电源容量，确定供电电源的形式、种类和供电时间要求。

（2）照明系统及控制方案

1）拟建建筑的照度标准及功率密度值。项目按照《建筑照明设计标准》GB 50034—2013 中规定的各种场所照度标准、照明功率密度等参数，给出本项目建筑主要部位照明功率密度值，见表 3-3。

建筑照明功率密度值　　　　　　　　　　表 3-3

房间或场所	参考平面	维持平均照度	照明功率
实际名称	及其高度	标准照度值（lx）	现行值（W/m²）

2）光源、镇流器、灯具选择原则。光源参数（功率、光通量、显色指数、色温、寿命等）根据主要房间使用功能分别说明。

3.2.3 项目能源供应情况评估

（1）项目所在地能源供应条件及能源情况。

项目所在地能源供应条件，包括项目所在地能源供应的品种、主要参数、数量及容量限制条件等；项目能源情况，包括项目拟选用能源的落实情况，可能出现的问题及风险分析。

电气专业应对项目周边的供电规划情况作相应的说明，并对本项目市政电源的取向、回路数作相应的说明。

（2）项目能源消费对当地能源消费的影响。

分析项目能源消费对当地能源消费增量及总量的影响。根据项目所在地阶段性规划及年度节能目标，进行能源消费总量和供应水平预测（如单位地区生产总值能耗或单位工业增加值能耗目标）、国民经济发展预测（GDP 增速预测值）等。将该项目能源消费量与所在地能源消费增量及总量进行对比，分析判断项目新增能源消费对所在地能源消费的影响。

建筑及基础设施项目能源消费增量对所在地完成节能目标的影响；工业项目分析项目能源消费量、单位产值能耗、单位产品（量）能耗等指标对所在地完成节能目标的影响。

（3）项目建设是否符合区域能源总量控制的要求，是否有利于规划节能目标的实现。

分析项目建成运营后是否有利于当地节能降耗工作的推动和促进作用。

（4）电力能源的供应情况。

（5）供配电系统的情况。

（6）供配电系统监测、计量系统的评估等。

3.2.4 项目用能情况评估

（1）项目能源消费种类、来源及消费量分析评估。

常用的能源品种：电力、市政热力、区域热力、天然气、液化石油气、原煤、生物质型煤和生物质。电力几乎是所有项目都需要的能源品种，用于动力设备、空调、照明及电梯等。热力包括市政热力，区域热力。市政热力指热电厂余热；区域热力指集中供热的锅炉房；介质包括蒸汽和热水，应明确介质参数。原煤、生物质型煤及生物质等应明确低位发热量。

1）项目电气专业能源耗能估算一般包括照明能耗、插座电器能耗和电梯能耗。3 种表格的结构相同，表 3-4 为照明能耗估算表。

2）全年能源消耗折算情况

根据项目的能源年消耗量及各种耗能工质与标准煤的折算系数，可计算出项目年综合能耗，表 3-5 为项目能源消耗表。

照明能耗估算表 表 3-4

用途	面积（m²）	用电指标（W/m²）	同时系数	有效功率（kW）	每天工作小时数（h）	年工作天数（d）	平均有功负荷系数	耗电量（万 kWh）

注：能耗计算公式：$W_p = K_p \times P_j \times T_n$。其中：$W_p$ 为能耗（kWh）；K_p 为年平均有功负荷系数，作为估算 K_p 值可取 0.7～0.75；P_j 为设备计算容量（kW）；T_n 为年实际运行小时数（h）。

项目能源消耗表 表 3-5

序号	能源品种	来源	单位	折算系数	实物量	当量值（t 标准煤）
1	电力	市政电网	万 kW·h	1.229t 标准煤/万 kWh		
2	天然气	市政气网	万 m²	12.143t 标准煤/万 m²		
3	热力	市政热网	百万 kJ	0.034t 标准煤/百万 kJ		
合计						

注：计算参照《综合能耗计算通则》GB/T 2589—2008 的规定。

（2）能源加工、转换、利用情况（可采用能量平衡表）分析评估。

概括描述项目的能源利用、加工和转换过程，主要包括采暖、空调及生活热水的冷热源、工艺设备用能的品种及来源。对效果相同的多种用能方案应进行能源利用的效率性比较分析。一般民用项目不做分析评估。

工业项目能源加工、转换、利用情况详见表 3-6。

<h2>项目能量平衡表（单位：tce）</h2>

表 3-6

项目		购入存储			加工转换				输送分配	最终使用						
能源名称		实物量	等价量	当量值	发电站	制冷站	其他	合计	输送分配	主要生产	辅助生产	采暖	照明	运输	其他	合计
供入能源	电力															
	合计															
有效能源	电力															
	合计															
回收利用																
损失能量																
合计																
能量利用率																
企业能量利用率																

注：1. 本表中未计入新鲜水、氮气、氩气、一级氧气等耗能工质。

2. 表中数据来源于可行性研究报告。

3. 本表中数据能耗折算标准煤均采用《综合能耗计算通则》GB/T 2589—2008 中的换算系数，1kWh 换算为 0.1229kgce，1tce 换算为 29307MJ。

4. tce 的含义为吨标准煤，kgce 的含义为千克标准煤。

5. 企业能量利用率为：$\eta_{cc}=Q_{c1}/Q_{c2}$。其中：η_{cc} 为企业能量利用率；Q_{c1} 为企业有效能量；Q_{c2} 为企业消耗总能量。

（3）能效水平分析评估。包括单位产品（产值）综合能耗、可比能耗，主要工序（艺）单耗，单位建筑面积分品种实物能耗和综合能耗，单位投资能耗等。如表 3-7 所示。

1）单位产品综合能耗

单位产品综合能耗＝综合能耗/产品产量

2）万元产值能耗

万元产值能耗＝综合能耗/工业总产值

<h3>单位指标分品种能源消耗表</h3>

表 3-7

能耗指标名称	分品种能源消耗						综合能耗 （t 标准煤）
	电力 （万 kWh）	天然气 （万 m³）	热力 （GJ）	原煤 （t）	汽油 （t）	其他	
单位建筑面积能耗							
万元产值能耗							
单位产品能耗							
工艺工序能耗							

3）项目能耗分析（见表3-8）

能耗指标对比分析表 表3-8

能耗指标（单位）	国内先进水平	国际水平	项目水平
项目综合能耗（tce）			
单位建筑面积能耗（tce/m²）			
单位产品能耗（tce）			
工艺工序能耗（tce）			
万元投资能耗（tce/万元）			

4）能源消耗汇总表（见表3-9）

能源消耗汇总表（民用建筑项目） 表3-9

用能项目	电力 (MWh/a)	燃气 (万 m³/a)	燃油 (t/a)	燃煤 (t/a)	蒸汽 (MWh/a)	热水 (MWh/a)	能源消耗折合标准煤 (t/a)	生活用水 (万 m³/a)	中水 (万 m³/a)	备注
采暖通风										
空调制冷										
给水排水										
电梯										
照明										
消防动力										
智能化										
其他										
总计										

注：其他包括变压器的电能损耗和厨房、洗衣房设备、电开水器、舞台机械、机械车床等设备的能耗。

（4）改扩建项目需对项目原用能情况及存在的问题进行说明。原有未进行节能考虑的项目，针对存在的问题应明确说明具体改进方法。

根据项目的具体情况予以说明。

3.2.5 项目节能潜力评估

1. 节能措施

（1）节能技术措施。生产工艺、动力、建筑、给水排水、暖通与空调、照明、控制、电气等方面的节能技术措施，包括节能新技术、新工艺、新设备应用，余热、余压、可燃气体回收利用，建筑围护结构及保温隔热措施，资源综合利用，新能源和可再生能源利用等。

电气专业的节能技术措施：

1）选用 D，yn11 型结线低损耗 SCB10 型以上节能型干式变压器，合理确定变压器负载率，将变压器的经常负载率控制在 65％左右，使其在经济状态下运行，采用合理的配电方式，减少线损，同时合理选择配电级数减少配电环节。

2）变电所位置设置在地下层设备用房，尽可能深入负荷中心，低压供电半径控制在200m左右，降低压降，并减少电能损耗。

3）功率因数的补偿采用集中补偿和分散就地补偿相结合的方式，变电所低压集中补偿后，功率因数不小于0.95。荧光灯、金卤灯等就地补偿。采用合理的方式抑制和治理谐波，减少UPS电源、EPS电源及变频器等电子设备对低压配电系统造成的谐波污染，降低对自身及上级电网的影响，并降低自身损耗，提高电网质量。大容量无变频控制的异步机可就地无功补偿。

4）合理选择线缆截面，调整负荷分配，尽量使运行时的三相负荷平衡，以减少变压器的零序损耗。

5）采用新型节能工艺流程，工艺设计采用先进的节能装备，简化工艺流程，合理地确定系统之间的储备系数，降低电能消耗指标。

6）项目所选用工艺机电设备的负荷率必须达到国家节能设计规范要求，提高设备利用率。

7）对于大容量风机及水泵负荷，有变风量、变流量要求的设备采用变频器控制运行状态。对于大中型建筑内各种建筑设备系统，如给水排水系统、采暖通风系统、冷却水系统、冷冻水系统等通过建筑设备监控系统（BAS）来实现就地远程控制，以达到最优运行方式和节约电能效果。

8）根据电源允许中断时间，合理选择备用电源、应急电源，以免在电能和经济方面造成浪费。

9）严格按照国家规范确定建筑物照明的功率密度，合理选择不同配光曲线的灯具，且合理布置照明灯具数量及位置。所有金属卤化物灯应采用节能型电感镇流器，降低能耗。荧光灯、金属卤化物灯单灯功率因数不应小于0.92。照明节能设计就是在保证不降低作业面视觉要求，不降低照明质量前提下，力求减少照明系统中光能的损失，从而最大限度地利用光能，拟采用的节能措施有以下几种：

①充分利用自然光，这是照明节能的重要途径之一。在照明设计中，电气设计人员应与建筑专业设计人员配合，做到充分合理地利用自然光，使之与室内人工照明有机结合，从而大大节约人工照明电能。

②严格按照《建筑照明设计标准》GB 50034—2013中规定各种场所的照明标准、视觉要求、照明功率密度等参数，有效地控制单位面积灯具安装功率，在满足照明质量的前提下，选用光效高、显色性好的光源及配光合理、安全高效的光源及灯具。地下车库、办公室采用高效发光的荧光灯（三基色T8、T5管），室内采用开敞式灯具。室外照明及泛光照明等拟采用高压钠灯、金属卤化物灯等高效气体放电光源。

③采用低能耗的光源用电附件。荧光灯管、紧凑型荧光灯拟采用电子镇流器（低噪声、谐波含量小）。

④根据建筑物各功能、标准和使用等具体情况，对照明进行合理有效的分散、集中、手动、自动控制。

10）照明控制方式采取集中与分散相结合的控制方式。

①住宅除电梯厅外，楼梯间、走道照明采用声光控制方式，以减少开灯时间，降低照明能耗（频繁控制的场所，光源可采用白炽灯）。应急照明具有应急时强制点亮的措施。

②公共场所按房屋使用功能的不同，采用相应的照明控制方式。例如：大堂、办公室、地下车库等场所因使用功能的需要，白天开灯时间长，当上述场所设有外窗时，照明灯具的布置应对应使用功能按临窗区域及其他区域合理分组，并采取分组控制，以充分利用自然采光。各功能分区应按不同情景的照明需要配置功能完善的调光控制设备。

③对建筑物的走廊（道）、楼梯间等照明，一般采用带感光探测器的手动或声控延时开关进行控制。

④入口大堂、大空间厅室等场所采用分区和分组集中控制。

⑤道路照明、景观照明、节日照明采用分类和分区控制方式，并采用光控程序控制、时间控制等智能技术进行实时控制。景观照明和节日照明应具备平日、一般节日、重大节日开灯控制模式。

⑥道路照明灯具主干道采用节能型灯具，其他非主干道，如草坪灯、园灯等可采用太阳能光伏发电 LED 灯具。对主干道道路照明（包括景观照明），采用感光探测器自动控制、多段可编程时序控制、人工控制相结合的方式，在满足使用功能的前提下，实现最大程度的节电，同时应与楼宇监控系统密切配合，达到对照明控制系统的有效监控。

11) 电梯的节能措施

①在运行措施上，3 台及以上电梯宜采用群控管理，根据不同时间段的顾客流，自动自行调度控制，达到既能减少候梯时间，最大限度地利用现有交通能力，又能避免数台电梯同时响应同一召唤造成空载运行，浪费电力。在客流量很小的"空闲状态"，空闲轿厢中有一台在待命，其他所有轿厢被分散到整个运行行程上，为使各层站的候车时间最短，将从所有分布在整体服务区中的最近一站调度发车，不需要运行的轿厢自动关闭，避免空载运行。合理运用电梯的运行模式，分时间段控制，在一段时间内无厅外召唤时，自动切断照明、风扇电源，以达到节能的目的。

②加强电梯运行时间管理，实行专人负责开关电梯。自动扶梯及自动人行道应具有节能拖动及节能控制装置，并设置传感器，以控制自动扶梯与自动人行道的启停。

12) 电热设备的控制：对公共服务场所的电热水器可配备带有可编程时间控制器的电控箱，不使其不分昼夜处于长期保温加热状态，可按工作人员的实际需要，合理设置对电热水器进行分时控制。

13) 建筑设备纳入建筑设备监控系统（BAS），对空调、水泵、电梯等设备的运行采用直接数字式集中监测控制系统（DDC 系统）实行实时监测和自动控制，对冷热源、换热机组等进行监测，优化运行台数，从而达到节约能源的目的。

14) 加装交流滤波装置、改变谐波源的配置、加装串联滤波器等均为减小谐波影响的技术措施，各工程应根据谐波的达标水平、效果、经济性和技术成熟程度等综合比较后采取相应的谐波治理措施。

15) 选用绿色、环保且经国家认证的电气产品。在满足国家规范及供电行业标准的前提下，选用高性能变压器及相关配电设备，并选用高品质电缆、电线降低自身损耗。

16) 合理采用太阳能光伏电源系统、风力发电系统、自然光导或反光系统。

注：根据项目具体的情况决定采用以上部分或全部的节能措施。

（2）节能管理措施。节能管理制度和措施，能源管理机构及人员配备，能源统计、监测及计量仪器仪表配置等。

1）项目建成后，委托专业的物业管理公司建立能源计量管理体系，形成文件，并保持和持续改进其有效性。配备专人负责能源计量器具的管理，负责能源计量器具的配备、使用、检定（校准）、维修、报废等管理工作，以确保项目的节能措施达到预期的节能效果。建立、保持和使用文件化的程序，规范能源计量人员行为、能源计量器具管理和能源计量数据的采集、处理和汇总。

2）说明项目设置电能计量的原则和具体位置。

3）说明计量装置检验用标准器准确度等级（见表3-10）。所有计量表的计量范围、参数内容、计量精度等满足法定要求。其功能，如数据采集方式、通信接口形式、通信协议等应满足项目能量计量管理系统的要求。

能源计量检测仪器配备一览表　　　　　　　　　　　　表 3-10

计量级别	仪表名称	精确度等级	装置位置
用能单位	电度表	0.5级	有商业计度要求的电源进线
次级用能单位	电度表	1级	无商业计度要求的变电所出线
用能设备	电度表	1级	需要内部经济核算的用电设备

2. 单项节能工程

未纳入建设项目主导工艺流程和拟分期建设的节能工程，详细论述工艺流程、设备选型、单项工程节能量计算、单位节能量投资、投资估算及投资回收期等。

根据具体工业项目情况进行论述。

3. 节能措施效果评估

节能措施节能量测算，单位产品（建筑面积）能耗、主要工序（艺）能耗、单位投资能耗等指标国际国内对比分析，设计指标是否达到同行业国内先进水平或国际先进水平。

4. 节能措施经济性评估

节能技术和管理措施的成本及经济效益测算和评估。

根据项目的能耗情况，对节能产品初次投资费用和节电产品节约电费资金的对比，做一个预测和评估。

5. 变配电系统的节电措施

泵类、风机、空压机等设备的节能措施。

3.2.6　项目节能措施评估

（1）节能评估结论。

（2）节能评估建议。

3.2.7　存在的问题和建议

（1）供配电系统存在的问题和改进建议；

（2）设备动力系统存在的问题和改进建议；

（3）照明系统存在的问题和改进建议；

（4）电力能耗监测及计量系统存在的问题和改进建议；

（5）能源管理系统存在的问题和改进建议。

针对具体项目情况进行论述。如：建议设置完善的能源管理系统（EMS），将能源管理系统采集的能耗数据实时传送，定期由本项目的节能管理部门进行分析研究，不断优化运行管理方式。运行中监测到主要用能设备状态异常时，通过能源管理系统及时反馈处理，及时解决问题。

必要的附表、附图，如在总平面图中示意本项目的开闭所及变配电所的位置、内设变压器的台数和供电容量、馈电对象等。

3.2.8 其他

1. 采用变配电系统的监测控制系统

对建筑内的供配电系统进行监视及实施节能控制。该系统通过收集电气设备的全套数据，经过监测、分析和控制配电系统，合理地利用电能源，降低电气设备的成本，提高配电系统的性能，以达到节能的目的。

2. 采用智能照明控制系统

照明光源以清洁明快为原则进行设计，采用高效的灯具、镇流器及控制器。灯具与太阳光和室内空间的颜色相协调，并满足节能的要求。对环境、立面照明进行光通量及光照范围的控制，减少光污染。室内照明采用设有控制装置的昼光照明系统，将昼光照明系统与人工照明系统相结合，在尽量节省照明能耗的同时维持所需的工作照明和环境照明。

3. 采用建筑能源管理系统（BEMS）

对空调通风系统、给水排水系统、室内温度、相对湿度、CO_2 浓度、照度、窗户开启状态、辐射板控制、照明开关、调光、户外遮阳板、室内百叶控制和风速等进行自动化集中管理。通过先进的建筑技术集成化设计和结构设计，控制运行、监测及管理等各个环节，实现生态环保和能源高效率。BEMS 系统通过传感器、变送器、控制器等设备，使其能在各种协议和网络结构上运行，这样，随时可更新、扩展和维护系统且不会影响建筑物良好的运行状态，所有的现场控制器以对等的方式通过 BAC net/IP 与网络相连，中央管理器将具有高水平的控制策略。

4. 采用节能型照明器具

照明光源以清洁明快为原则进行设计，采用高效的、发射率高的灯具和节能型镇流器，光源采用光通量大的、寿命长的节能型光源。特别要注意镇流器的选型、能耗和谐波量。例如：选用节能型荧光灯。T8 荧光灯与 T12 荧光灯相比，平均光效高出 60.8%；T5 荧光灯与 T12 荧光灯相比，平均光效高出 93.5%。

5. 采用性能先进的电气节能设备

大力发展低损耗、低噪声、标准化、小型化、智能化、少维护、环保型、节能型的性能价格比高的电气设备（例如，选用节能变压器，推荐 SCB10 系列配电变压器，节约空载损耗约 10%；建议采用 YX2 系列电动机，节能约 13%）。

6. 采用合理的电缆电线

注意线缆的选型规格和线路的铺设方式等，控制线路的损耗。

7. 选用节能电梯

扁平聚氨酯复合钢带的专利技术，性能可靠，与传统电梯相比可节约高达 75% 的能耗。与传统齿轮电梯相比,灵活的钢带设计使主机体积减小了 70%,运行效率提高了 50%。更加紧凑高效的主机节约了宝贵的建筑空间,同时降低了运营成本。

节能电梯应具备以下条件:

(1) 必须符合《电梯制造与安装安全规范》GB 7588—2003 的规定;电梯电能节约率应大于 30%。

(2) 节能电梯应具有成熟的技术和知识产权。

(3) 节能电梯应具备可扩展功能;控制系统应为微机控制。

(4) 节能电梯具备维护成本低,维护方便,停电时不需到机房就可进行救援的特点。

(5) 节能电梯应为小机房或无机房电梯,可节省设计时间、节省土建时间以及土建费用。

8. 整治建筑中电源的高次谐波

产生高次谐波的原因:整流设备、变频器、恒温设备、电焊机、电弧炉、变压器、中频炉、通信系统基站、电梯、电脑、UPS 不间断电源、冷气机、中央空调、荧光灯、节能灯、微波炉、复印机等设备产生的谐波。

高次谐波的危害:加速电容器老化,甚至使电容器爆炸;导致继电保护器误动作;影响电动机效率和正常运行,缩短电动机寿命;增加变压器和线路损耗;影响和干扰测量控制仪器,特别是影响医疗仪器和通信系统正常工作;三次谐波导致中性线电流过大,引起电缆发热甚至火灾。

整治电源的高次谐波的具体做法:可采用变压器的不同方式联结、有源电力滤波器和无源电力滤波器三种做法。可采用总补偿、部分补偿和局部补偿三种方式。(1) 总补偿就是根据容量计算,对每台变压器低压母线进行集中谐波治理,每台变压器低压母线安装 300A 有源电力滤波器;(2) 部分补偿就是在二级配电系统前设置有源电力滤波器;(3) 局部补偿就是在末端设备(例如:变频电动机、整流器、直流电机、中频感应加热设备等)前设置有源电力滤波器。

9. 设置独立或并网的太阳能光伏发电系统

太阳能光伏发电系统的设计需要考虑如下因素:

(1) 应考虑太阳能光伏发电系统使用的地区和位置的日光辐射情况;

(2) 应考虑太阳能光伏发电系统每天工作的小时数;在没有日光照射的阴雨天气,系统需连续供电多少天;

(3) 应考虑太阳能光伏发电系统需要承载的总功率,系统所输出电压等级,确定直流电还是交流电;

(4) 应考虑负载的情况(明确纯电阻性、电容性还是电感性,启动电流的大小等)。

10. 建议采用节能型 LED 灯

第一代:白炽灯;第二代:荧光灯;第三代:LED 节能灯。

第一代照明革命:白炽灯(利用钨丝加热发光,属于热辐射光源)。

第二代照明革命:荧光灯及节能灯(利用汞蒸气和荧光粉发光,属于气体放电光源)。

第三代照明革命:LED 节能灯(利用半导体发光,属于固态光源)。LED 灯:寿命(5 万~10 万 h)是白炽灯的 10 倍,价格也是 10 倍;节能 80%,适应环境强(−40~+

85℃）。存在的主要问题：（1）散热技术；（2）发光驱动电路；（3）蓝光对人体黑色素分泌有影响，从而影响睡眠。有关数据：全球照明用电量占19%，利用LED灯可节约40%能耗，每年减少$CO_2$5.55亿t。预测2020年80%的照明将被LED照明所代替。

11. 建筑智能化专业的节能设计

（1）火灾自动报警及消防联动控制系统。

（2）紧急广播及公共广播系统。

（3）建筑设备监控系统。

（4）安全防范系统（含视频安防监控系统、入侵报警系统、出入口控制系统、电子巡查系统）。

（5）停车场管理系统。

（6）IC卡系统。

（7）通信网络系统（含综合布线系统、卫星电视及有线电视系统、电话程控交换机、计算机网络设备）。

（8）综合信息管理系统（含综合信息管理的软件与硬件、触摸屏信息查询系统、公共显示系统）。

（9）智能化集成系统。

3.3 中国建筑电气节能设计的要点

3.3.1 中国民用建筑之居住建筑电气节能设计的要点

1. 住宅小区供配电系统节能设计要点

（1）变配电室应尽可能设置在电气负荷中心，其电力变压器宜设置在靠近电气负荷侧，有条件的住宅小区，其电力变压器宜采用分布式设置；

（2）采用S系列节能变压器，有条件时，宜采用SBH15型非晶合金变压器；

（3）变压器要确保可以调节次级输出电压，要根据负载的实际波动情况，确保最高负载时，供电系统的末端不低于AC220±5%即可，以避免低负荷运行工况时，用电设备供电电压过高而造成能耗过高；

（4）应严格控制变压器的带载率，应确保变压器的三相电流平衡；

（5）变电站与住宅小区内各单体建筑之间的距离应尽可能相近。

2. 住宅建筑供配电系统节能设计要点

（1）配电系统的电缆或封闭母线选型应充分考虑压降，其电压降不得超过5%，对于节能示范项目推荐采用2%的标准；

（2）对于高层住宅建筑宜采用封闭母线作为竖向主供电的配电系统；

（3）合理选择配电线路路径及电线电缆截面、线路的敷设方案，降低配电线路损耗，减少线路长度和线路压降，降低线路损耗。

3. 住宅小区动力设施节能设计要点

（1）所有的动力设施均要充分考虑住宅建筑项目峰谷负荷波动大的特点，所有设施尽可能采用变频供电方式，以解决低负荷运行时能耗过高的问题；

（2）对于给水系统应将高低区分开供水，尽可能利用市政供水压力，给低区系统供水；

（3）对于压力给水系统，尽可能采用无负压给水设施，以利用市政供水的压头，来降低供水系统的能耗；

（4）对于压力给水系统，宜设置一定容积的压力罐，以解决住宅建筑项目低用水量运行工况时，其变频水泵低效运行的问题。

4. 照明系统节能设计要点

（1）对于照明灯具应采用节能灯具，其公共照明灯具的功率因数要达到 0.9 以上，应该严格限制电子镇流器的谐波，其总谐波畸变率不得超过相关规范的要求；

（2）对于住宅小区的景观照明控制系统，应采用模式控制方式，应确保设置深夜模式和照度自动控制措施；

（3）对于建筑物内的公共照明控制，宜采用灯具末端设置声光控自动控制方式，对于应急照明系统应采用带消防强制点亮功能的声光控开关，考虑到其灯具均为带有电子镇流器的节能灯具，其声光控开关还必须采用可控制电感性负载的类型产品；

（4）电气照明设计应严格满足《建筑照明设计标准》GB 50034—2013 所对应的照度标准、照明均匀度、统一眩光值、光色、照明功率密度值等相关标准值的综合要求。

（5）照明控制根据建筑物特点、功能、标准、使用要求，对照明系统进行分散、集中、自动、手动、分区等合理有效的控制，条件允许时宜采用智能照明控制系统。

（6）正确选用节能光源、高效灯具及节能型电感或电子镇流器，大量采用直管荧光灯照明的商业及办公楼建筑项目应采用高效节能型电感镇流器。

5. 其他

（1）根据建筑物性质，通过负荷计算，合理确定各配电所的位置、容量，尽量做到高压供电线路深入负荷中心。

（2）合理选择供电电压。

（3）正确采用无功功率补偿措施，设置并联电容器补偿装置，提高自然功率因数。宜在各级配电的合理位置集中补偿，容量较大、负荷稳定且长期运行的用电设备的无功功率宜单独就地补偿。

（4）对谐波含量较大且谐波分量集中于某一波次的工程项目，应采取相应的抑制措施，抑制谐波，减少谐波电流损耗。

（5）合理选择变配电设备，选择高效节能型低损耗电气设备，以减少设备本身的能源消耗。

（6）对负载变化频繁、大功率的风机和水泵等电力设备，合理选用变频控制、软启动控制等控制装置，降低电动机启动电流，减小对电网的冲击。

（7）合理选择应急电源，从节能的角度首选柴油发电机组。

（8）应根据建筑物物业管理要求、各相关专业的监控要求以及项目投资等实际要求，确定建筑设备监控系统的内容、范围和标准。

（9）合理设置分项计量及能耗监测系统装置，全面掌握建筑物能耗数据。

（10）大型公共建筑应分别对照明、空调、电梯及其他动力设备进行用电分项计量。

（11）合理利用太阳能光伏发电、风力发电、风光互补发电等可再生能源。

3.3.2 中国民用建筑之商业建筑电气节能设计的要点

1. 变配电系统节能设计要点

（1）变配电室应尽可能设置在电气负荷中心，其电力变压器宜设置在靠近电气负荷侧，电力变压器的供电半径不宜超过民用电气设计规范的要求；

（2）采用 S 系列节能变压器，有条件时，宜采用 SBH15 型非晶合金变压器；

（3）变压器要确保可以调节次级输出电压，要根据负载的实际波动情况，确保最高负载时，供电系统的末端不低于 AC220±5％即可，以避免低负荷运行工况时，用电设备供电电压过高而造成能耗过高；

（4）应严格控制变压器的带载率，应确保变压器的三相电流平衡。

2. 供配电系统节能设计要点

（1）配电系统的电缆或封闭母线选型应充分考虑压降，其电压降不得超过 5％，对于节能示范项目推荐采用 2％的标准；

（2）宜采用封闭母线作为竖向主供电的配电系统；

（3）供配电系统宜设置电力监测系统。

3. 动力设施节能设计要点

（1）对于给水系统应将高低区分开供水，尽可能利用市政供水压力，给低区系统供水；

（2）对于压力给水系统，尽可能采用无负压给水设施，以利用市政供水的压头，来降低供水系统的能耗；

（3）对于压力给水系统，宜设置一定容积的压力罐，以解决建筑项目低用水量运行工况时，其变频水泵低效运行的问题；

（4）风机、水泵宜设置变频器，以解决设计选型工况与实际运行工况差异所造成的风机、水泵无效运行，如设备运行工况峰谷工况差异较大时，应采用闭环自动控制；

（5）对于自动扶梯应设置变频控制装置，以解决无人时的变速运行要求。

4. 照明系统节能设计要点

（1）对于照明灯具应采用节能灯具（对显色性要求较高的商业照明区域除外），照明灯具的功率因数要达到 0.9 以上，应该严格限制电子整流器的谐波，其总谐波畸变率不得超过相关规范的要求；

（2）照明设计应采用专业的照明设计方法，应使用专业照明设计软件进行灯具的选型和设计，严格控制基础照度水平，并应考虑商业专柜照明对环境总体照度的贡献度；

（3）对于建筑物内应急疏散楼梯间和疏散通道的照明控制，宜采用灯具末端设置声光控自动控制方式，应采用带消防强制点亮功能的声光控开关，考虑到其灯具均为带有电子镇流器的节能灯具，其声光控开关还必须采用可控制电感性负载的类型产品。

5. 智能化控制系统

（1）应设置建筑设备监控系统，其建筑设备监控系统的监控范围应包括中央空调系统（包括冷热源系统、空调末端设备等）；

（2）智能化控制系统应采用集散控制系统，采用分级分层控制；

（3）所有设备的智能化自动控制应符合设备专业工艺控制要求。

3.3.3　中国民用建筑之文化/体育建筑电气节能设计的要点

1. 变配电系统节能设计要点

（1）变配电室应尽可能设置在电气负荷中心，其电力变压器宜设置在靠近电气负荷侧，电力变压器的供电半径不宜超过民用电气设计规范的要求；

（2）采用 S 系列节能变压器，有条件时，宜采用 SBH15 型非晶合金变压器；

（3）变压器要确保可以调节次级输出电压，要根据负载的实际波动情况，确保最高负载时，供电系统的末端不低于 AC220±5％即可，以避免低负荷运行工况时，用电设备供电电压过高而造成能耗过高；

（4）应严格控制变压器的带载率，应确保变压器的三相电流平衡。

2. 供配电系统节能设计要点

（1）配电系统的电缆或封闭母线选型应充分考虑压降，其电压降不得超过 5％，对于节能示范项目推荐采用 2％的标准；

（2）宜采用封闭母线作为主供电的配电系统；

（3）供配电系统宜设置电力监测系统。

3. 动力设施节能设计要点

（1）所有的动力设施均要充分考虑建筑项目非活动期间电气负荷低的特点，所有设施尽可能采用变频供电方式，以解决低负荷运行时能耗过高的问题；

（2）对于给水系统应将高低区分开供水，尽可能利用市政供水压力，给低区系统供水；

（3）对于压力给水系统，尽可能采用无负压给水设施，以利用市政供水的压头，来降低供水系统的能耗；

（4）对于压力给水系统，宜设置一定容积的压力罐，以解决建筑项目低用水量运行工况时，其变频水泵低效运行的问题；

（5）考虑到项目活动期间和非活动期间设施负荷变化较大的情况，其空调及通风系统应采用变风量控制，其设施电机供电系统应配置变频器；

（6）风机、水泵宜设置变频器，以解决设计选型工况与实际运行工况差异所造成的风机、水泵无效运行，如设备运行工况峰谷工况差异较大时，应采用闭环自动控制；

（7）对于自动扶梯应设置变频控制装置，以解决无人时的变速运行要求。

4. 照明系统节能设计要点

（1）对于照明灯具应采用节能灯具，其公共照明灯具的功率因数要达到 0.9 以上，应该严格限制电子镇流器的谐波，其总谐波畸变率不得超过相关规范的要求；

（2）照明设计应采用专业的照明设计方法，应使用专业照明设计软件进行灯具的选型和设计，严格控制照度水平，确保照度和照明功率密度在相关设计规范内；

（3）对于照明控制系统，应采用智能照明控制系统；

（4）智能照明控制系统应采用模式控制方式，其灯具的分组设置应符合模式控制方案，其控制模式至少应包括活动模式、布展或活动准备模式、保洁模式等；

（5）对于建筑物内应急疏散楼梯间和疏散通道的照明控制，宜采用灯具末端设置声光控自动控制方式，应采用带消防强制点亮功能的声光控开关，考虑到其灯具均为带有电子镇流器的节能灯具，其声光控开关还必须采用可控制电感性负载的类型产品。

5. 智能化控制系统

（1）应设置建筑设备监控系统，其监控范围应包括中央空调系统（包括冷热源系统、空调末端设备等）；

（2）智能化控制系统应采用集散控制系统，采用分级分层控制；

（3）所有设备的智能化自动控制应符合设备专业工艺控制要求。

3.3.4 中国民用建筑之卫生建筑电气节能设计的要点

1. 变配电系统节能设计要点

（1）变配电室应尽可能设置在电气负荷中心，其电力变压器宜设置在靠近电气负荷侧，电力变压器的供电半径不宜超过民用电气设计规范的要求；

（2）采用 S 系列节能变压器，有条件时，宜采用 SBH15 型非晶合金变压器；

（3）变压器要确保可以调节次级输出电压，要根据负载的实际波动情况，确保最高负载时，供电系统的末端不低于 AC220V±5％即可，以避免低负荷运行工况时，用电设备供电电压过高而造成能耗过高；

（4）应严格控制变压器的带载率，应确保变压器的三相电流平衡。

2. 供配电系统节能设计要点

（1）配电系统的电缆或封闭母线选型应充分考虑压降，其电压降不得超过 5％，对于节能示范项目推荐采用 2％的标准；

（2）宜采用封闭母线作为主供电的配电系统；

（3）供配电系统宜设置电力监测系统。

3. 动力设施节能设计要点

（1）所有的动力设施均要充分考虑建筑项目非工作时间电气负荷低的特点，所有设施尽可能采用变频供电方式，以解决低负荷运行时能耗过高的问题；

（2）对于给水系统应将高低区分开供水，尽可能利用市政供水压力，给低区系统供水；

（3）对于压力给水系统，尽可能采用无负压给水设施，以利用市政供水的压头，来降低供水系统的能耗；

（4）对于压力给水系统，宜设置一定容积的压力罐，以解决建筑项目低用水量运行工况时，其变频水泵低效运行的问题；

（5）风机、水泵宜设置变频器，以解决设计选型工况与实际运行工况差异所造成的风机、水泵无效运行，如设备运行工况峰谷工况差异较大时，应采用闭环自动控制；

（6）对于自动扶梯应设置变频控制装置，以解决无人时的变速运行要求。

4. 照明系统节能设计要点

（1）对于照明灯具应采用节能灯具，其公共照明灯具的功率因数要达到 0.9 以上，应该严格限制电子镇流器的谐波，其总谐波畸变率不得超过相关规范的要求；

（2）照明设计应采用专业的照明设计方法，应使用专业照明设计软件进行灯具的选型和设计，严格控制照度水平，确保照度和照明功率密度在相关设计规范内；

（3）对于公共区域的照明控制系统，应采用智能照明控制系统；

（4）智能照明控制系统应采用模式控制方式，其灯具的分组设置应符合模式控制方案，其控制模式至少应包括正常工作模式、保洁模式、非正常工作模式、深夜模式等；

（5）对于建筑物内应急疏散楼梯间和疏散通道的照明控制，宜采用灯具末端设置声光控自动控制方式，应采用带消防强制点亮功能的声光控开关，考虑到其灯具均为带有电子镇流器的节能灯具，其声光控开关还必须采用可控制电感性负载的类型产品。

5. 智能化控制系统

（1）应设置建筑设备监控系统，其建筑设备监控系统的监控范围应包括中央空调系统（包括冷热源系统、空调末端设备等）；

（2）B级以上的计算机（数据）机房应设置环控系统，环控系统所监控的范围至少应包括机房的专用空调系统、新风系统等；

（3）智能化控制系统应采用集散控制系统，采用分级分层控制；

（4）所有设备的智能化自动控制应符合设备专业工艺控制要求；

（5）对于风机盘管＋新风空调系统，宜采用联网型温控器；

（6）如果中央空调系统采用VRV空调系统，则应采用设备自带的控制系统。

3.3.5 中国民用建筑之交通建筑电气节能设计的要点

1. 变配电系统节能设计要点

（1）变配电室应尽可能设置在电气负荷中心，其电力变压器宜设置在靠近电气负荷侧，电力变压器的供电半径不宜超过民用电气设计规范的要求；

（2）采用S系列节能变压器，有条件时，宜采用SBH15型非晶合金变压器；

（3）变压器要确保可以调节次级输出电压，要根据负载的实际波动情况，确保最高负载时，供电系统的末端不低于AC220V±5％即可，以避免低负荷运行工况时，用电设备供电电压过高而造成能耗过高；

（4）应严格控制变压器的带载率，应确保变压器的三相电流平衡。

2. 供配电系统节能设计要点

（1）配电系统的电缆或封闭母线选型应充分考虑压降，其电压降不得超过5％，对于节能示范项目推荐采用2％的标准；

（2）宜采用封闭母线作为主供电的配电系统；

（3）供配电系统宜设置电力监测系统。

3. 动力设施节能设计要点

（1）所有的动力设施均要充分考虑建筑项目夜间运行期间电气负荷低的特点，所有设施尽可能采用变频供电方式，以解决低负荷运行时能耗过高的问题；

（2）对于给水系统应将高低区分开供水，尽可能利用市政供水压力，给低区系统供水；

（3）对于压力给水系统，尽可能采用无负压给水设施，以利用市政供水的压头，来降低供水系统的能耗；

（4）对于压力给水系统，宜设置一定容积的压力罐，以解决建筑项目低用水量运行工况时，其变频水泵低效运行的问题；

（5）风机、水泵宜设置变频器，以解决设计选型工况与实际运行工况差异所造成的风机、水泵无效运行的问题，如设备运行工况峰谷工况差异较大时，应采用闭环自动控制；

（6）考虑到项目高峰运行期间、非高峰运行期间和夜间运行期间设施负荷变化较大的情况，其空调及通风系统应采用变风量控制，其设施电机供电系统应配置变频器；

（7）对于自动扶梯应设置变频控制装置，以解决无人时的变速运行要求。

4. 照明系统节能设计要点

（1）对于照明灯具应采用节能灯具，其公共照明灯具的功率因数要达到 0.9 以上，应该严格限制电子镇流器的谐波，其总谐波畸变率不得超过相关规范的要求；

（2）照明设计应采用专业的照明设计方法，应使用专业照明设计软件进行灯具的选型和设计，严格控制照度水平，确保照度和照明功率密度在相关设计规范内；

（3）对于公共区域的照明控制系统，应采用智能照明控制系统，对于可利用室外自然照明的区域可采用调光方式，并与遮阳百叶联动控制；

（4）智能照明控制系统应采用模式控制方式，其灯具的分组设置应符合模式控制方案，其控制模式至少应包括高峰运行模式、非高峰运行模式、保洁模式、夜间运行模式和深夜运行模式等；

（5）对于建筑物内应急疏散楼梯间和疏散通道的照明控制，宜采用灯具末端设置声光控自动控制的方式，应采用带消防强制点亮功能的声光控开关，考虑到其灯具均为带有电子镇流器的节能灯具，其声光控开关还必须采用可控制电感性负载的类型产品。

5. 智能化控制系统

（1）应设置建筑设备监控系统，其建筑设备监控系统的监控范围应包括中央空调系统（包括冷热源系统、空调末端设备等）；

（2）B 级以上的计算机（数据）机房应设置环控系统，环控系统所监控的范围至少应包括机房的专用空调系统、新风系统等；

（3）智能化控制系统应采用集散控制系统，采用分级分层控制；

（4）所有设备的智能化自动控制应符合设备专业工艺控制要求；

（5）对于风机盘管＋新风空调系统，应设置联网型温控器，对于其他项目则宜采用联网型温控器；

（6）如果中央空调系统采用 VRV 空调系统，则应采用设备自带的控制系统；

（7）大型公共建筑宜采用系统集成技术，其系统集成的目的是为了各个控制子系统的运行数据共享，以达到整个机电设施系统最佳运行工况的要求。

3.3.6 中国工业建筑电气节能设计的要点

1. 变配电系统节能设计要点

（1）变配电室应尽可能设置在电气负荷中心，其电力变压器宜设置于靠近电气负荷侧，电力变压器的供电半径不宜超过民用电气设计规范的要求；

（2）采用 S 系列节能变压器，有条件时，宜采用 SBH15 型非晶合金变压器；

（3）变压器要确保可以调节次级输出电压，要根据负载的实际波动情况，确保最高负载时，供电系统的末端不低于 AC220V±5％即可，以避免低负荷运行工况时，用电设备供电电压过高而造成能耗过高；

（4）应严格控制变压器的带载率，应确保变压器的三相电流平衡。

2. 供配电系统节能设计要点

（1）配电系统的电缆或封闭母线选型应充分考虑压降，其电压降不得超过 5%，对于节能示范项目推荐采用 2% 的标准；

（2）对于高层建筑宜采用封闭母线作为竖向主供电的配电系统；

（3）供配电系统宜设置电力监测系统。

3. 动力设施节能设计要点

（1）所有的动力设施均要充分考虑建筑项目非工作时间电气负荷低的特点，所有设施尽可能采用变频供电方式，以解决低负荷运行时能耗过高的问题；

（2）对于给水系统应将高低区分开供水，尽可能利用市政供水压力，给低区系统供水；

（3）对于压力给水系统，尽可能采用无负压给水设施，以利用市政供水的压头，来降低供水系统的能耗；

（4）对于压力给水系统，宜设置一定容积的压力罐，以解决建筑项目低用水量运行工况时，其变频水泵低效运行的问题；

（5）风机、水泵宜设置变频器，以解决设计选型工况与实际运行工况差异所造成的风机、水泵无效运行，如设备运行工况峰谷工况差异较大时，应采用闭环自动控制；

（6）对于有加班需求的项目，应设置加班空调系统，加班空调系统应能满足空调低负荷而系统高效运行的技术要求；

（7）对于 VAV 空调系统，其层楼 VAV 空调机组的风机应为变频风机，其风机电机应能满足 15～50Hz 宽频调节的技术要求；

（8）对于自动扶梯应设置变频控制装置，以解决无人时的变速运行要求；

（9）对于运行速度大于或等于 4m/s 其载重量大于或等于 1250kg 的载客电梯，宜设置制动能量回收系统。

4. 照明系统节能设计要点

（1）对于照明灯具应采用节能灯具，其公共照明灯具的功率因数要达到 0.9 以上，应该严格限制电子镇流器的谐波，其总谐波畸变率不得超过相关规范的要求；

（2）照明设计应采用专业的照明设计方法，应使用专业照明设计软件进行灯具的选型和设计，严格控制照度水平，确保照度和照明功率密度在相关设计规范内；

（3）对于公共区域的照明控制系统，应采用智能照明控制系统，对于办公区域宜采用智能照明控制系统，有条件时，对于可利用室外自然照明的区域可采用调光方式，并与遮阳百叶联动控制；

（4）智能照明控制系统应采用模式控制方式，其灯具的分组设置应符合模式控制方案，其控制模式至少应包括工作模式、午休模式、保洁模式、非工作模式、深夜模式等；

（5）对于建筑物内应急疏散楼梯间和疏散通道的照明控制，宜采用灯具末端设置声光控自动控制方式，应采用带消防强制点亮功能的声光控开关，考虑到其灯具均为带有电子镇流器的节能灯具，其声光控开关还必须采用可控制电感性负载的类型产品。

5. 智能化控制系统

（1）应设置建筑设备监控系统，其建筑设备监控系统的监控范围应包括中央空调系统

（包括冷热源系统、空调末端设备等）；

（2）B级以上的计算机（数据）机房应设置环控系统，环控系统所监控的范围至少应包括机房的专用空调系统、新风系统等；

（3）智能化控制系统应采用集散控制系统，采用分级分层控制；

（4）所有设备的智能化自动控制应符合设备专业工艺控制要求；

（5）对于风机盘管＋新风空调系统，如项目设置有加班空调运行模式，应设置联网型温控器，对于其他项目则宜采用联网型温控器；

（6）如果中央空调系统采用VRV空调系统，则应采用设备自带的控制系统；

（7）大型公共建筑宜采用系统集成技术，其系统集成的目的是为了各个控制子系统的运行数据共享，以达到整个机电设施系统最佳运行工况的要求。

6. 其他

（1）通过负荷计算，合理确定各配电所的位置，尽量做到高压供电线路深入负荷中心。

（2）合理选择变压器容量及型号：变压器容量一般按变压器负荷率为75％～85％选择较为经济合理；选用高效节能型变压器，提高电能转换率，降低变压器本身的运行能耗。

（3）合理选择配电线路路径及电线电缆经济截面，在满足电压损失和短路热稳定的前提下，根据年最大负荷运行时间（T_{max}）来确定导线截面选择标准。当 $T_{max}<4000h$ 时，按导线载流量选择导线截面；当 $4000h \leqslant T_{max}<7000h$ 时，宜按电缆经济电流密度选择导线截面；当 $T_{max} \geqslant 7000h$ 时，应严格按电缆经济电流密度选择导线截面。对长期处于工况运行状态的导线，其导线截面建议放大一级。

（4）正确采用无功功率补偿措施，采用变配电所集中补偿与车间分散补偿相结合的方式，根据工厂负荷设备容量及性质分散设置就地补偿电容。

（5）对谐波含量较大且谐波分量集中于某一波次的工程项目，应采取相应的抑制措施，抑制谐波，减少谐波电流损耗。

（6）合理选择电动机型号，对于200kW以下电动机优选低压电机，对于355kW以上电动机优选高压电机，对于200～355kW的电动机，需要对其进行综合评估以选择合适的电压和功率。

（7）对负载变化频繁、大功率的风机和水泵等电力设备，采用变频调速控制、软启动等控制措施，降低电动机启动电流，减少对电网的冲击。

（8）工厂照明设计应严格满足《建筑照明设计标准》GB 50034-2013所对应的照度、显色指数、光效、照明均匀度、统一眩光值、照明功率密度值等相关标准值的综合要求。

（9）照明设计应根据工业建筑特点、工艺设备布置和操作人员工作面的不同要求，采用一般照明与局部照明相结合的方式。

（10）工厂照明应根据工厂结构特点选择合适的节能光源、高效灯具及节能型电感或电子镇流器。高压钠灯、金属卤化物灯应配用节能型电感镇流器；气体放电光源应采用单灯电容补偿的方式，将功率提高至0.9以上。

（11）根据工业建筑物厂房实际用电需求，按照时控、光控、自动/手动控制等多种组合方式，合理进行照明灯具的控制，条件允许时宜采用智能照明控制系统。

（12）应根据大型工业厂房、物流园区的物业管理要求、各相关专业的监控要求以及项目投资等实际要求，确定建筑设备监控系统的内容、范围和标准。

（13）合理设置分项计量及能源监测系统装置，全面掌握建筑物能耗数据。

（14）合理利用太阳能光伏发电、风力发电、风光互补发电等可再生能源。

4 建筑电气与智能化节能常见问题

4.1 建筑电气系统节能常见问题

4.1.1 变配电系统节能常见问题

问题1：建筑电气节能设计应着重把握哪些原则？

答：电气节能设计既不能以牺牲建筑功能、损害使用需求为代价，也不能盲目增加投资、为节能而节能。因此，笔者认为，建筑电气节能设计应着重把握以下原则：

（1）满足建筑物的功能。

主要包括：满足建筑物不同场所、部位对照明照度、眩光、色温、显色指数等的不同要求；满足舒适性空调所需要的温度、湿度、新风量等；满足特殊工艺要求，如体育场馆、医疗建筑、酒店、餐饮娱乐场所一些必需的电气设施用电，展厅、多功能厅等的工艺照明及电力用电等。

（2）考虑实际经济效益、投资回收期和投资回报率

节能应考虑国情以及实际经济效益，不能因为追求节能而过高地消耗投资，增加运行费用，而是应该通过比较分析，合理选用节能设备及材料，使增加的节能方面的投资，能在几年或较短的时间内用节能减少下来的运行费用进行回收。

（3）节省无谓消耗的能量。

节能的着眼点，应是节省无谓消耗的能量。设计时首先找出哪些方面的能量消耗是与发挥建筑物功能无关的，再考虑采取什么措施节能。如变压器的功率损耗、电能传输线路上的有功损耗，都是无用的能量损耗；又如量大面广的照明容量，宜采用先进的调光技术、控制技术使其能耗降低。

总之，电气节能设计应把握"满足功能、经济合理、技术先进"的原则，多管齐下，从多方面采取节能措施，将节能技术合理应用到实际工程中。

问题2：如何选择变压器既经济合理，又达到节能要求？

答：变压器节能的实质就是：降低其有功功率损耗、提高其运行效率。

变压器的有功功率损耗如下式表示：

$$\Delta P_b = P_o + P_k \beta^2$$

式中　ΔP_b——变压器有功损耗，kW；

　　　P_o——变压器的空载损耗，kW；

　　　P_k——变压器的有载损耗，kW；

　　　β——变压器的负载率。

式中 P_o 为空载损耗又称铁损，它由铁芯的涡流损耗及漏磁损耗组成，其值与硅钢片的性能及铁芯制造工艺有关，而与负荷大小无关，是基本不变的部分。

因此，变压器应选用 SCB10、SCR10、SG10、SCB11 等节能型变压器，它们都是选用高导磁的优质冷轧晶粒取向硅钢片和先进工艺制造的新系列节能变压器。由于"取向"处理，使硅钢片的磁场方向接近一致，以减少铁芯的涡流损耗；45°全斜接缝结构，使接缝密合性好，可减少漏磁损耗。

目前，一种新型的节能变压器——非晶合金变压器应运而生，它采用非晶合金带材替代传统硅钢片铁芯，更可使变压器的空载损耗降低 60%～80%，具有很好的节能效果。其初次投资增加的成本 5 年就可以回收，经济性非常显著。

非晶合金材料的生产具有很高的科技难度，为电网改造和产业升级提供了可能；同时，非晶合金变压器本身也是一种环保型产品。

以上节能型变压器因具有损耗低、质量轻、效率高、抗冲击、节能显著等优点，而在近年得到了广泛的应用，所以，设计应首选低损耗的节能变压器。

上式中，P_k 是传输功率的损耗，即变压器的线损，它取决于变压器绕组的电阻及流过绕组电流的大小。因此，应选用阻值较小的铜芯绕组变压器。对 $P_k\beta^2$，用微分求它的极值，可知当 $\beta=50\%$ 时，变压器的能耗最小。但这仅仅是从变压器节能的单一角度出发，而没有考虑综合经济效益。

由于 $\beta=50\%$ 的负载率仅减少了变压器的线损，并没有减少变压器的铁损，因此节能效果有限；且在此低负载率下，由于需加大变压器容量而多付的变压器价格，或变压器增大而使出线开关、母联开关容量增大引起的设备购置费，再计及设备运行、折旧、维护等费用，累积起来就是一笔不小的投资。由此可见，取变压器负载率为 50% 是得不偿失的。

综合考虑以上各种费用因素，且使变压器在使用期内预留适当的容量，笔者认为，变压器的负载率 β 应选择在 45%～65% 为宜。这样既经济合理，又物尽其用。另一方面，由于变压器在满负荷运行时，其绝缘层的使用年限一般为 20a，20a 后通常会有性能更优的变压器问世，这样就有机会更换新的设备，从而使变压器总趋技术领先水平。

设计时，合理分配用电负荷、合理选择变压器容量和台数，使其工作在高效区内，可有效减少变压器总损耗。

当负荷率低于 30% 时，应按实际负荷换小容量变压器；当负荷率超过 80% 并通过计算不利于经济运行时，可放大一级容量选择变压器。

当容量大而需要选用多台变压器时，在合理分配负荷的情况下，尽可能减少变压器的台数，选用大容量的变压器。例如，需要装机容量为 2000kV·A，可选 2 台 1000kV·A，不选 4 台 500kV·A。因为前者总损耗比后者小，且综合经济效益优于后者。

对分期实施的项目，宜采用多台变压器方案，避免轻载运行而增大损耗；内部多个变电所之间宜敷设联络线，根据负荷情况，可切除部分变压器，从而减少损耗；对可靠性要求高、不能受影响的负荷，宜设置专用变压器。

在变压器设计选择中，如能掌握好上述原则及措施，则既可达到节能目的，又符合经济合理的要求。

问题 3：怎样合理设计供配电系统及线路，以实现节能目的？

答：（1）根据负荷容量及分布、供电距离、用电设备特点等因素，合理设计供配电系统和选择供电电压，可达到节能目的。供配电系统应尽量简单可靠，同一电压供电系统变配电级数不宜多于两级。

（2）按经济电流密度合理选择导线截面，一般按年综合运行费用最小原则确定单位面积经济电流密度。

（3）由于一般工程的干线、支线等线路总长度动辄数万米，线路上的总有功损耗相当可观，所以，减少线路上的损耗必须引起设计足够重视。由于线路损耗 $\Delta P \propto R$，而 $R = \rho L/S$，则线路损耗 ΔP 与其电导率 ρ、长度 L 成正比，与其截面积 S 成反比。为此，应从以下几方面入手：

1）选用电导率 ρ 较小的材质做导线。铜芯最佳，但又要贯彻节约用铜的原则。因此，在负荷较大的一类、二类建筑中采用铜导线，在三类或负荷量较小的建筑中可采用铝芯导线。

2）减小导线长度 L。主要措施有：

①变配电所应尽量靠近负荷中心，以缩短线路供电距离，减少线路损失。低压线路的供电半径一般不超过 200m，当建筑物每层面积不少于 10000m² 时，至少要设两个变配电所，以减小干线的长度；

②在高层建筑中，低压配电室应靠近强电竖井，而且由低压配电室提供给每个竖井的干线，不应产生"支线沿着干线倒送电能"的现象，尽可能减少倒送电能的支线；

③线路应尽可能走直线，少走弯路，以减小导线长度；其次，低压线路应不走或少走回头线，以减少来回线路上的电能损失。

3）增大线缆截面积 S：

①对于比较长的线路，在满足载流量、动热稳定、保护配合、电压损失等条件下，可根据情况再加大一级线缆截面。假定加大线缆截面所增加的费用为 M，由于节约能耗而减少的年运行费用为 m，则 M/m 为回收年限，若回收年限为几个月或一两年，则应加大一级导线截面。一般来说，当线缆截面积小于 70mm²，线路长度超过 100m 时，增加一级线缆截面可达到经济合理的节能效果。

②合理调剂季节性负荷、充分利用供电线路。如将空调风机、风机盘管与一般照明、电开水等计费相同的负荷，集中在一起，采用同一干线供电，既可便于用一个火警命令切除非消防用电，又可在春、秋两季空调不用时，以同样大的干线截面传输较小的负荷电流，从而减少了线路损耗。

在供配电系统的设计中，积极采取上述各项技术措施，就可有效减少线路上的电能损耗，达到线路节能的目的。

问题 4：为什么提高系统功率因数可节能？如何提高功率因数？

答：设输电线路导线每相电阻为 R（Ω），则三相输电线路的功率损耗为：

$$\Delta P = 3I^2 R \times 10^{-3} = \frac{P^2 R}{U^2 \cos^2 \varphi} \times 10^3$$

式中　ΔP——三相输电线路的功率损耗，kW；

　　　　P——电力线路输送的有功功率，kW；

　　　　U——线电压，V；

　　　　I——线电流，A；

cosφ ——电力线路输送负荷的功率因数。

由上式可以看出，在系统有功功率 P 一定的情况下，cosφ 越高（即减少系统无功功率 Q），功率损耗 ΔP 将越小，所以，提高系统功率因数、减少无功功率在线路上的传输，可减少线路损耗，达到节能的目的。

在线路的电压 U 和有功功率 P 不变的情况下，改善前的功率因数为 cosφ_1，改善后的功率因数为 cosφ_2，则三相回路实际减少的功率损耗可按下式计算：

$$\Delta P = \left(\frac{P}{U}\right)^2 R\left(\frac{1}{\cos^2\varphi_1} - \frac{1}{\cos^2\varphi_2}\right) \times 10^3$$

另外，提高变压器二次侧的功率因数，由于可使总的负荷电流减小，故可减少变压器的铜损，并能减少线路及变压器的电压损失。当然，另一方面，提高系统功率因数，使负荷电流减小，相当于增大了发配电设备的供电能力。

减少供用电设备无功消耗，提高自然功率因数，其主要措施有：

（1）正确设计和选用变流装置，对直流设备的供电和励磁，应采用硅整流或晶闸管整流装置，取代变流机组、汞弧整流器等直流电源设备。

（2）限制电动机和电焊机的空载运转。设计中对空载率大于 50% 的电动机和电焊机，可安装空载断电装置；对大、中型连续运行的胶带运输系统，可采用空载自停控制装置；对大型非连续运转的异步笼型风机、泵类电动机，宜采用电动调节风量、流量的自动控制方式，以节省电能。

（3）条件允许时，采用功率因数较高的等容量同步电动机代替异步电动机，在经济合算的前提下，也可采用异步电动机同步化运行。

（4）荧光灯选用高次谐波系数低于 15% 的电子镇流器；气体放电灯的电感镇流器，单灯安装电容器就地补偿等，都可使自然功率因数提高到 0.85～0.95。

（5）用静电电容器进行无功补偿。

按全国供用电规则规定，高压供电的用户和高压供电装有带负荷调整电压装置的电力用户，在当地供电局规定的电网高峰负荷时功率因数应不低于 0.9。

当自然功率因数达不到上述要求时，应采用电容器人工补偿的方法，以满足规定的功率因数要求。实践表明，每千乏补偿电容每年可节电 150～200kWh，是一项值得推广的节电技术。特别是对于下列运行条件的电动机要首先应用：

1）远离电源的水源泵站电动机；

2）距离供电点 200m 以上的连续运行电动机；

3）轻载或空载运行时间较长的电动机；

4）YZR、YZ 系列电动机；

5）高负载率变压器供电的电动机。

无功补偿设计原则为：

1）高、低压电容器补偿相结合，即变压器和高压用电设备的无功功率由高压电容器来补偿，其余的无功功率则需按经济合理的原则对高、低压电容器容量进行分配；

2）固定与自动补偿相结合，即最小运行方式下的无功功率采用固定补偿，经常变动的负荷采用自动补偿；

3）分散与集中补偿相结合，对无功容量较大、负荷较平稳、距供电点较远的用电设备，采用单独就地补偿；对用电设备集中的地方采用成组补偿，其他的无功功率则在变电所内集中补偿。

有必要指出的是，就地安装无功补偿装置，可有效减少线路上的无功负荷传输，其节能效果比集中安装、异地补偿要好。

还有一点，对于电梯、自动扶梯、自动步行道等不平稳的断续负载，不应在电动机端加装补偿电容器。由于负荷变动时，电动机端电压也变化，使补偿电容器没有放完电又充电，这时电容器会产生无功浪涌电流，使电动机易产生过电压而损坏。

另外，如星三角启动的异步电动机也不能在电动机端加装补偿电容器，因为它启动过程中有开路、闭路瞬时转换，使电容器在放电瞬间又充电，也会使电动机过电压而损坏。

问题5：何谓谐波、其产生源及危害如何？怎样抑制、治理谐波？

答： 在电力系统中，总是希望交流电压和交流电流呈正弦波形。当正弦波电压施加在线性无源元件电阻、电感和电容上时，仍为同频率的正弦波；但当正弦波电压施加在非线性电路上时，电流就变为非正弦波，非正弦电流在电网阻抗上产生压降，会使电压波形也变为非正弦波。

对于非正弦周期电压、电流，可分解为傅里叶级数，其中频率与工频（50/60Hz）相同的分量称为基波，频率为大于基波频率的任一周期性分量称为谐波，谐波次数为谐波频率与基波频率的整数比。

谐波产生源包括铁磁性设备（发电机、电动机、变压器等）、电弧性设备（电弧炉、点焊机等）、电子式电力转换器、整流换流设备 [整流器 AC/DC、逆变器 DC/AC；变频器（变频空调、变频水泵）、软启动器；气体放电灯镇流器；可控硅调光设备；UPS、EPS、计算机等]。

谐波对公用电网是一种污染，其危害主要体现在：

（1）谐波使公用电网中的元件产生了附加的谐波损耗，降低了发电、输电及用电设备的使用效率，大量的三次谐波电流流过中线时，会使线路过热甚至发生火灾（气体放电灯镇流器主要产生三次谐波）。

（2）谐波影响各种电气设备的正常工作。引起电动机附加损耗、产生机械振动、噪声和过电压，使变压器局部严重过热；使电容器和电缆等设备过热、绝缘老化、寿命缩短。

（3）谐波会引起公用电网中局部的并联谐振和串联谐振，从而使谐波放大，这就使上述危害大大增加，甚至引起严重事故。

（4）谐波会导致继电保护和自动装置的误动作，并会使电气测量仪表计量不正确。

（5）谐波会对邻近的通信系统产生干扰，引起噪声、降低通信质量，甚至导致信息丢失，使通信系统无法正常工作。

抑制、治理谐波的措施包括：在电力系统内设置高低压调谐滤波器、谐波滤波器（无源式、有源式 Maxsine）、中性线三次谐波滤波器、TSC 晶闸管控制的调谐滤波器等。其应用条件与场所为：

（1）调谐滤波器：适用于谐波负载容量小于 200kVA 情况，电容器加串接电抗器组成调谐滤波器，不可使用单纯电容器作无功补偿。

（2）无源谐波滤波器：适用于配电系统中具有相对集中的大容量（200kVA 或以上）

非线型、长期稳定运行的负载情况。

（3）有源谐波滤波器：适用于配电系统中具有大容量（200kVA或以上）非线型、变化较大负载（如断续工作的设备等），用无源滤波器不能有效工作的情况。

（4）有源、无源组合型谐波滤波器：适用于配电系统中既有相对集中、长期稳定运行的大容量（200kVA或以上）非线型负载，又有较大容量的、经常变化的非线型负载情况。还可选用D，yn11变压器供电，为三次谐波提供环流通路。

目前，采用有源谐波滤波器（APF）是一个重要趋势。APF也是一种电力电子装置，其基本原理是：从补偿对象中检测出谐波电流，由补偿装置产生一个与该谐波电流大小相等而极性相反的补偿电流，从而使电网电流只含基波分量。这种滤波器能对频率和幅值都变化的谐波进行跟踪补偿，且补偿特性不受电网阻抗的影响。

问题6：冷、热、电三联供系统的节能技术特点有哪些？

答： 三联供系统（CCHP——Combined Cooling，Heating and Power）属于分布式能源，是在热电联产基础上，为了进一步开发利用夏季多余的热力，利用发电后产生的低品位余热制取冷量，自20世纪80年代后期发展起来的冷、热、电联产系统。三联供系统的一次能源可以来自燃煤、柴油或天然气等，对于铁路、城市建筑而言，以天然气为主要一次能源是最有应用价值的一种形式。

天然气冷热电三联供系统，是指以天然气为燃料，带动燃气轮发电机或内燃发电机等发电设备运行，其中一少半的能源转换为电力；而系统排出的占据更多比例的废热，通过余热锅炉或者余热直燃机等余热回收利用设备，向用户供热；通过吸收式制冷机（常用溴化锂制冷机组）制冷供冷。

经过能源的梯级利用，使能源利用效率从常规发电系统的40%左右可提高到80%左右，当系统配置合理时，既可节省一次能源，又可使发电成本低于电网电价，综合经济效益显著。

而且，以天然气为一次能源的三联供系统相对于燃煤、燃油发电，是一种清洁的发电方式，可取得有害物质减排效果，有着非常积极的环保意义。

三联供系统按照供应范围，大致可分为区域型（DCHP）和楼宇型（BCHP）两种。区域型系统主要是针对各种成片的负荷区所建设的独立的冷热电能源供应中心，采用容量较大的机组，并考虑冷热电供应的外网设备；楼宇型系统则是附设在主体建筑物内，一般仅需要容量较小的机组，不需要考虑外网建设。

问题7：供配电系统在哪些环节有节能的要求？

答： 建筑供配电系统是电力系统的组成部分，从一定意义上说，建筑供配电系统就是一个小型的电力系统，因为它和电力系统一样，一般也是由接入系统、供电、发电、变电、输电、配电、用电等电能处理环节组成。供电就是建筑物以合适的电压等级、电源配置、回路数量等条件接受城市电力系统送来的电能；发电就是建筑物在必要的时候自行发电，主要作为备用电源，其常见形式为柴油发电机组；变电就是把建筑物与电力系统对接的高电压，如10kV，变换为满足用电设备对工作电压的要求，一般为220V/330V；输电就是借助于电线电缆等把电能从源发地传送到用电设备；配电就是建筑物内高压和低压回路的分配，相对于输电线路而言，其任务是根据系统要求在配电节点上把一个回路变为两个或两个以上的多个回路；用电就是把电能转换为其他形式的能量（光能、机械能等）。

在这些电能处理的每个环节，为最终达到共同的用电目的，都要消耗一定数量的电能，也就是说，各个环节都有无谓能耗的问题，因此，各个环节也都有节能的客观需要。

问题 8：供配电系统的基本节能措施是什么？

答：供配电系统是由供电、发电、变电、输电、配电、用电等电能处理环节组成，每个环节都有无谓能耗的问题，因此各个环节也都有节能的客观需要。为了达到节能目的，理解在不同的电能处理环节中具有共性的基本节能措施，对供配电系统节能设计思路及其最终效果是大有益处的。

所谓的节能措施一般分为基于先进的技术手段的节能，即技术节能，和人为设定的节能行为，即行为节能。供配电系统节能所研究的不是行为节能，比如"随手关灯"、"在冬季采暖和夏季空调期不宜频繁开窗或长时间开窗"等，而是着力研究如何基于技术手段挖掘能效潜力的技术节能，比如"高光效光源"、"照明声光控制"、"风机变频调速"等。技术节能可以分为旨在减少和控制能耗的能效节能和旨在持续改进能效的管理节能，其中旨在减少能耗的为被动能效节能。这种节能是基于元器件的能效选型，特点是元器件选定后其能耗不变。例如，选定节能型变压器后，客观上被动地减少了系统损耗，而且这种损耗是固定不变的。由于被动能效节能是针对特定设备选型，因此也称之为设备节能；而旨在控制能耗的是在已确定投入的电气设备状态下，在运行过程中自觉采取的节能行为，因此称为主动能效节能。由于它是在运行过程中产生的节能效果，因此同时也被称为运行节能。综上所述，基于能效细分的供配电系统基本节能措施如图 4-1 所示。图中管理节能是基于技术手段，旨在发现不合理的用电现象及其过程，以便持续改进能效的节能管理措施。

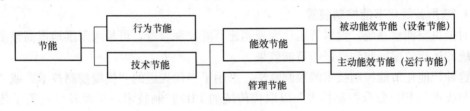

图 4-1　节能措施细分层次示意

4.1.2　动力设备系统节能常见问题

问题 1：动力设备系统的节能设计有哪些要点需把握？

答：

1. 选用高效率电动机

提高电动机的效率和功率因数，是减少电动机的电能损耗的主要途径。与普通电动机相比，高效电动机的效率要高 3%～6%，平均功率因数高 7%～9%，总损耗减少 20%～30%，因而具有较好的节电效果。所以在设计和技术改造中，应选用 Y、YZ、YZR 等新系列高效率电动机，以节省电能。

另一方面要看到，高效电机价格比普通电机要高 20%～30%，故采用时要考虑资金回收期，即能在短期内靠节电费用收回多付的设备费。一般符合下列条件时可选用高效电机：

(1) 负载率在 0.6 以上；

(2) 每年连续运行时间在 3000h 以上；

(3) 电机运行时无频繁启、制动（最好是轻载启动，如风机、水泵类负载）；

(4) 单机容量较大。

2. 选用交流变频调速装置

推广交流电机调速节电技术，是当前我国节约电能的措施之一。采用变频调速装置，使电机在负载下降时，自动调节转速，从而与负载的变化相适应，即提高了电机在轻载时的效率，达到节能的目的。

目前，用普通晶闸管、GTR、GTO、IGBT 等电力电子器件组成的静止变频器对异步电动机进行调速已广泛应用。在设计中，根据变频的种类和需调速的电机设备，选用适合的变频调速装置。

3. 选用软启动器设备

比变频器价格便宜的另一种节能措施是采用软启动器。软启动器设备是按启动时间逐步调节可控硅的导通角，以控制电压的变化。由于电压可连续调节，因此启动平稳，启动完毕，则全压投入运行。软启动器也可采用测速反馈、电压负反馈或电流正反馈，利用反馈信息控制可控硅导通角，以达到转速随负载的变化而变化。

软启动器通常用在电机容量较大、又需要频繁启动的水泵设备中，以及附近用电设备对电压的稳定要求较高的场合。因为它从启动到运行，其电流变化不超过三倍，可保证电网电压的波动在所要求的范围内。但由于它是采用可控硅调压，正弦波未导通部分的电能全部消耗在可控硅上，不会返回电网。因此，它要求散热条件较好、通风措施完善。

4. 选用智能化节能控制装置

对中央空调水系统，设置智能化变频调速节能控制装置，可最大限度地提高整个空调水系统的运行效率，收到良好的节能效果。

这种智能化节能控制技术的控制算法，采用了当代先进的"模糊控制技术"或"模糊控制与改进的 PID 复合控制技术"以取代传统的 PID 控制技术，从而较好克服了传统的 PID 控制不适应中央空调系统时变、大滞后、多参量、强耦合的工况特点，能够实现空调水系统安全、高效的运行。同时，在充分满足空调末端制冷（热）量需求的前提下，通常可使水泵的节能率达到 60%～80%；通过对空调水系统的自动寻优控制，可使空调主机的节能率达到 5%～30%，为用户实现较显著的节能收益。其节能效果，优于传统分散式变频调速节能控制装置（变频器＋动力柜），更是工频动力柜无可比拟的。

与此同时，设计时应积极选用具有节电效果的新系列低压电器，以取代功耗大的老产品，例如：

(1) 用 RT20、RT16（NT）系列熔断器取代 RT0 系列熔断器；

(2) 用 JR20、T 系列热继电器取代 JR0、JR16 系列热继电器；

(3) 用 AD1、AD 系列新型信号灯取代原 XD2、XD3、XD5 和 XD6 老系列信号灯；

(4) 选用带有节电装置的交流接触器。大中容量交流接触器加装节电装置后，接触器的电磁操作线圈的电流由原来的交流改变为直流吸持，既可省去铁芯和短路环中绝大部分的损耗功率，还可降低线圈的温升及噪声，从而取得较高的节电效益，每台平均节电约 50W，一般节电率高达 85%以上。

问题 2：高电压等级供电为什么节能？

答：线路在输送功率和距离为一定的条件下，电压越高则电流越小。根据电工基础，功率损耗与电流的平方成正比，所以电流减小，功率损耗以平方级别降低，加之导线截面相应减小线损随之明显减少。由此可见，供电系统的电压等级直接影响供电系统电能处理环节的能耗，因此，当有条件且适合时，供电电源应选择较高电压等级，这是供电系统节能措施之一。

通常民用建筑的供电电压由不得设计单位，常常是被地区电网电压所决定。但设计人员还是经常为了是采用低压供电还是 10kV 供电而困惑，不仅如此，对于大型公共建筑空调制冷主机往往用电量很大，这时是选用低压电动机还是选用中压电动机，中压电动机额定电压是选 10kV 还是 6kV 也经常纠结不已。因此只是了解高压供电有利于节能是不够的。

问题 3：如何确定高压供电还是低压供电？

答：一般地，输送的功率小、距离短时用较低的电压，在民用建筑中常用 220V/380V 低压供电；输送的功率大、距离长时较高电压，在民用建筑中常用 10kV 中压供电。表4-1列出各级线路的送电能力。

电力线路合理输送功率和距离 表 4-1

额定线电压 （kV）	线路结构	输送功率 （kW）	输送距离 （km）
0.38	架空线	100 以下	0.25 以下
0.38	电缆线	175 以下	0.35 以下
6	架空线	2000 以下	10～5
6	电缆线	3000 以下	8 以下
10	架空线	3000 以下	15～8
10	电缆线	5000 以下	10 以下
35	架空线	2000～10000	50～20
110	架空线	10000～50000	150～50
220	架空线	100000～150000	300～200

通常在确定最合适的线路电压时，除现行设计规范另有规定外，大部分都是基于线路和用电设备的节能要求。利用表 4-1 即可拟定供电电压规划性方案。为深化方案可进一步考虑：有条件时，当建筑物的计算容量达到 200kVA，就可以采用高压供电，这是低限，也就是说低于 200kVA，如果采用高压供电，不但难于达到节能目的，反倒综合经济指标差了。当然，如果附近无低压电源时，计算容量为 160kVA 也可采用高压供电；当供电容量大于 500kW，供电距离大于 250m 时就应采用高压供电，这是高限，也就是说，这时再不采用高压供电不仅不能保证供电质量，而且线路损失增大，不节能，有色金属消耗投资增多，不经济。

问题 4：如何选择高压电动机的电压等级？

答：对于大型公共建筑的空调制冷主机都配有大功率高压电动机可供备选，而且往往是高低压电动机两种规格重叠，是选高压还是低压。不仅如此，高压电动机还有 3～

10kV 不等的电压等级。通常 380V 低压电动机上限为 280kW，高压电动机下限一般在 220kW 左右，因此，大于 220kW 的电动机，可选择高压电动机以利节能。当不计及电源情况时，6kV 有明显优势，民用建筑一般为 10kV 供电工程，选用 6kV 高压电动机，需要设置 10/6kV 主变压器，高压系统大为复杂，土建费用、损耗、维护费用等均相应增加。当综合计及这些因素后，10kV 电动机更具有较好的经济性。更为重要的是，电动机电流比 380V 小了 20 多倍，相应线路损耗明显降低。

问题 5：10kV 供电回路与节能有何关系？

答： 建筑物 10kV 供电工程经常采用两路电源，每一路电源按建筑物的 100％ 负荷容量选择电缆，运行时两路电源各带 50％ 容量。这样的供电系统，两回线路互为 100％ 备用，不仅安全可靠，而且大大地减少了线路损耗。

问题 6：高电压等级供电的发展前景如何？

答： 近几年兴起的城市综合体，其建筑面积不再是几万或十几万平方米，而是几十万甚至上百万或百来万平方米，用电量急剧增加，按照上述 10kV 两路电源供电方案已不能满足要求，有的工程设计虽已作改进，例如三路电源进线，两用一备，但还是显得线路负荷紧张，而且长期带 100％ 负荷运行，对节能相当不利。2007 年国家电网下达了"关于推广 20kV 电压等级的通知"，《标准电压》GB/T 156－2007 也已经将 20kV 列入标准电压。我国的江苏省、浙江省等地也制定了相关 20kV 标准，在民用建筑已有实际采用 20kV 的供电工程案例，这些都对规范、促进 20kV 电压等级的应用提供了宝贵经验。

20kV 电压等级相对于 10kV 电压等级具有很大的优越性。首先是电能输送容量大大提高；其次是输送相同的功率，采用相同截面的输电线，在保证电压质量条件下，输送距离可以比 10kV 远 1 倍，即供电范围（面积）增加了 3 倍，显然，可以有效减少变电站和线路布点密度，大大节约土地资源占用；再次是明显降低线路损耗，在输送相同功率条件下，由于电压增高 1 倍，线路电流可减少 50％，当线路截面不变时，线路电能损耗可降低 75％，相当可观！

4.1.3 其他

（一）变电系统设备节能常见问题

变电系统就是把建筑物与电力系统对接的高电压，如 10kV，变换为满足用电设备对工作电压的要求，一般为 220V/380V。

问题 1：什么是节能型变压器？

答： 变电系统节能最核心的就是变压器的选择。

选择变压器首先要选择节能型变压器，节能型变压器是空载、负载损耗相对小的变压器，其空载损耗和负载损耗应符合《三相配电变压器能效限定值及能效等级》GB 20052－2013 的节能评价值。一般地，根据行业标准的要求，某一型号或系列的变压器，新型号的自身功耗应比前一型号低 10％。例如：S10 型应比 S9 型的空载、负载损耗低 10％。

问题 2：变压器分接头对节能有何作用？如何选择？

答： 众所周知，电力系统的有载调压点一般不设在 10kV 电压等级，因此，选择 10/0.4kV 三相变压器的电压分接头±2×2.5％对减小建筑物的电压偏差是必需的。因为变压器的一次侧接于电力系统，由于系统电压的波动，会使二次电压发生变化，不仅影响用电设备的正常运行，还会加大用电设备的能耗。电压过高，用电设备对电源的无功需求和有功需求增加，尤其是无功需求增加比例更大，使设备及线路电流及其损耗增加；电压偏低，大部分用电设备功能下降，部分需要保持有功功率输出不变的用电设备，则电流增大，同样带来设备与线损增加。

电压偏低，虽然大部分用电设备主要表现为功能下降，似乎不带来损耗增量，但这里要特别强调的是节能理念，即：提倡节能不是不用能，而是要在不降低生活品质的条件下最大限度地提高能源的利用效率，换言之，要"在正确的时间空间正确使用能源。"大家常见的"energy saving"是"节能"的通用词，主要泛指节省能源，但节省的能源不是"省"下来或"存"起来不用。《公共建筑节能设计标准》GB 50189-2005 和《建筑节能工程施工质量验收规范》GB 50411—2007 等国家规范的"节能"英文权威译词为"Energy efficiency"，其含义是能源效率、能源效能，由此可见"节能"的核心内涵是能效。由此可见，电压偏低也是节能理念所不容的。因此，必须根据系统电压的变化进行有效调压。

改变变压器抽头，就是改变绕组的匝数，也就是改变变压器的变比。根据变压器的工作原理，当忽略变压器的内部阻抗压降时，则：

$$U_1 / U_2 = N_1 / N_2 = K$$

式中　U_1、U_2——分别为变压器一、二次端电压；

　　　N_1、N_2——分别为变压器一、二次绕组的匝数；

　　　　　K——变压器的变压比。

变压器分接头在一次 10kV 侧，改变变压器一次绕组的匝数，其变压比 K 也随之改变，又由于 $U_2 = U_1 / K$，因此二次低压侧电压也就发生变化，这就起到调压作用。

那么，怎样调节分接头才能达到预期的目的呢？举例说明，当冬季运行时，电压偏高，为了降低低压系统 U_2 的电压水平，可以把变压器抽头从"0％"调到"+2.5％"（注意：不是从"0％"调到"-2.5％"）。这是因为根据 $U_2 = U_1 / K$，当冬季运行负荷轻，系统电压 U_1 偏高时，可相应提高 K（N_1 / N_2）值，即增加一次侧绕组的匝数 N_1，使 U_2 基本不变或有所降低。例如：当一次电压升为 10.25kV，致使二次电压 U_2 提高为 10.25/(10/0.4)=0.41kV。如果把分接头调到 10000+(2.5％×10000)=10250，这时变压比 $K = U_1/U_2 = 10250/400 = 25.625$，$U_2 = 10.25/25.625 = 0.4$kV，从而相对降低了低压侧的电压水平（从 0.41kV 降低到 0.40kV），其电压偏高的状况得到改善。

问题 3：变压器 D，yn11 接线组别对节能有何贡献？

答：变压器选择 D，yn11 的接线组别对节能有利。因为 D，yn11 接线与 Y，yn0 变压器相比，其显著特点是三次及其整数倍以上的高次谐波激磁电流在接成三角形的原边（10kV 侧）形成环流，有利于抑制高次谐波电流对 10kV 侧的流入，从而减少因高次谐波引起的线路额外损耗，这在建筑物低压系统中接有电力电子等非线性元件日益广泛的情况下，10kV 侧采用三角形接线也是节能措施之一。

问题 4：按负荷率 50％选择变压器容量就能节能吗？

答：众所周知，变压器的运行最高效率是当铜损等于铁损所对应的负荷率 50％左右，但这仅是一理论数值，而且不同变压器其值均不一致。工程上在选择变压器容量时其负荷率往往是按照计算负荷与变压器的额定容量相比的，而计算负荷是基于热效应原理规定为负荷曲线上半小时平均负荷的最大值，用来选定电气设备，确保其温升不超过最高限定值。我们暂且不论计算负荷计算结果的精准性，就说这一"半小时最大的平均负荷"能持续几个"半小时"，如果维持不久，那么负荷率就有可能低于50％。也就是说，实际运行负荷不会一直为计算负荷的静态值，而肯定是随时间不断变化的动态值。因此按照计算负荷与变压器额定容量相比得出的负荷率是一个静止的参考数值，而实际的运行负荷率是动态的，从而变压器的效率也是不确定的，因此以计算负荷值取50％的负荷率来选定变压器的容量，就能实现变压器运行节能效益是不可能的。既然不可能，变压器容量就应重点结合供电的安全可靠性来选择，一般为85％。诚然，变电所管理必须关注变压器负荷率为50％左右的节能运行方式。

问题5："变压器容量不要过大"的本意何在？

答：变压器容量除按负荷率来选择外，还应考虑单台容量不要过大。这里的"容量不要过大"的本意不是简单地化整为零，也不是把一台变压器变为两台变压器再把它们集中布置在同一个变电所内，也不同于同一个变电所内多台变压器可按季节性负荷退出部分变压器运行的情况，而是要多台小容量变压器分散布置，其节能原理就是要在供电区域内变低压高电流供电为高压（10kV）低电流供电，把线路损耗减下来。例如，闽电营销〔2010〕1231号，福建省电力有限公司业扩供电方案编制规范（试行）8.4.1条就规定"为提高供电可靠性，降低损耗，较大规模的住宅小区内的公用变压器应遵循小容量、多布点、靠近负荷中心的原则进行配置，……干式变压器的单台容量选择不宜超过800kVA。"

问题6：如何从节能角度进行变电所选址？

答：多台小容量变压器分散布置涉及变电所选址问题，变电所选址应从节能的角度进行安排。首先，变电所应深入负荷中心，这是供电系统节能设计的一项基本原则。这样可使电缆电线等有色金属用量及线路上的电能损耗降至最低。实际上影响变压器的选址因素是很多的，如进线方向、防火要求、防洪要求、运输条件等都对变电所选址有影响，有时不得不偏离负荷中心。但是，应当明确，任何偏离负荷中心的位置不仅对投资，而且对电能损耗都将产生不利的后果。

其次，变电所配置应符合供电半径的要求。有文献指出：低压线路的干线供电半径一般不宜超过250m。这里的250m供电半径应理解为针对供电规划而言的，是一个控制性量化指标。可以这样说，在方圆250m范围内规划一个变电所，但不等于说某个变电所因按总体配置，其供电范围略大于250m就是不合理甚至不行，所以是"不宜"超过250m。因此，为了定量把控"不宜"尺度，有必要针对单个用电设备或设备组提出最大供电电气距离的定量指标，用于评价按供电半径规划的变电所其实际供电电气距离的合理性。基于节能，经过严格的考虑后，将"电缆供电的380V用电容量"降低一档次，这一指标为：单个用电设备或设备组最大容量不大于150kW时，最大供电电气距离为350m。

（二）发电系统设备节能常见问题

发电系统就是建筑物在必要的时候自行发电，主要作为备用电源，其常见形式为柴油发电机组。为了节能也采用光伏发电系统。

问题 7：选用柴油发动机如何考虑节能？

答：过去，设计人员都认为，因地区大电力网在主网电压上部是并网的，所以用电部门无论从电网取几回电源进线，也无法得到严格意义上的两个独立电源。因此根据旧版《供配电系统设计规范》GB 50052—1995 对"两个电源"的供电范围要求，动辄在一级负荷用电单位自建备用柴油发电机组作为独立的第二电源。新版《供配电系统设计规范》GB 50052—2009 对一级负荷的供电要求从"两个电源"变"双重电源"相对宽松，更具操作性。依据 2009 版《供配电系统设计规范》只要满足"双重电源"，一级负荷用电单位不需再设置自建柴油发电机组作备用电源。所以，认准并用对用好"双重电源"，不要习惯地配置自备柴油发电机组，这样不仅节约建筑空间，而且"不必用则不用"就是最大的节约能源。当然，在边远地区市政电源可能还达不到"双重电源"标准，或当地电源比较脆弱，供电连续性差，则理应配置自备柴油发电机组作为补充，这时柴油发电机组应以低燃油耗量为重要指标，提高机组的发电效率。如果柴油发电机组仅是为应急而设置，则选用时应以安全可靠快速启动为先决条件。

问题 8：选用 UPS 和 EPS 如何考虑节能？

答：一直以来，建筑工程普遍采用 UPS 或 EPS 作为一级负荷中特别重要的负荷的应急电源。众所周知，UPS 常采用在线式，其整流器、充电器、逆变器持续在线运行工作，电能利用率不高；而 EPS 只在市电中断时才转为逆变供电，电能利用率相对于 UPS 较高。鉴于电能利用率的不同，对 UPS、EPS 的选用理当区别对待，仅当对电源质量要求高和对切换时间要求极高时才使用 UPS，如计算机系统。而仅是要求供电的持续性，对电源质量要求不太高，对逆变切换时间要求也不高时，则应选用 EPS，如特级体育场馆的火灾应急照明。尽管两者的选用有所区别，但毕竟它们都是非线性器件，属于谐波骚乱源，因此都应在电源侧采取高次谐波治理措施。除此之外，根据《供配电系统设计规范》GB 50052—2009 第 3.0.3 条第 1 款规定，一级负荷中特别重要的负荷供电"除应由双重电源供电外，尚应增设应急电源，严禁将其他负荷接入应急供电系统"。也就是说，应急电源是专为一级负荷中特别重要的负荷增设的，它们是成双成对出现和存在的。据此，凡不是一级负荷中特别重要的负荷或者不是对电源质量要求苛刻、不是极为强调逆变切换时间的就不应采用 EPS 或 UPS，因为它们共有的常年在线的蓄电池都是耗能元件，不必用而用了，不仅多此一举而且还产生无谓能耗。

问题 9：建筑物为什么选择光伏发电系统？

答：作为发电系统，在建筑物有限平台上，太阳能的光伏发电系统比起水能、生物质能、风能和海洋能等其他可再生能源是最为方便可行的。从资源量看，太阳能是取之不尽、用之不竭的可再生能源，可利用量巨大；从分布性看，相对于其他能源来说，太阳能对于地球上绝大多数地区具有存在的普遍性，可就地取用；从清洁性看，太阳能开发利用时几乎不产生任何污染，加之其储量的无限性，是人类理想的替代能源。因此只要有可能，就要建立太阳能光伏发电系统。这里强调应采用即发即用形式，也就是说，白昼发的电量应全部被建筑物当下的用电负荷平衡掉，而不把其电能储存在蓄电池里在夜里消费。由于公共建筑尤其是大型公共建筑，白昼的用电负荷较大，因此，比起住宅建筑，公共建筑更加具备建立太阳能光伏发电系统的客观条件。

（三）输电系统设备节能常见问题

输电系统就是借助于电线电缆等把电能从源发地传送到用电设备。用户所消费的电能是电力系统中发电厂生产供给的。鉴于细分供配电系统的需要，把传输电能中间过程的变电环节单列为变电系统独立的节能措施，输电系统仅为电线电缆的节能问题。

对于输电系统的节能，无论是高压还是低压，最忌讳输电线路的迂回，应该尽量避免。

问题 10：按经济条件选择导线的节能意义是什么？

答：电力电缆截面的选择是电气设计的主要内容之一，正确选择电缆截面除了应按技术条件外还应按经济条件，《电力工程电缆设计规范》GB 50217—2007 第 3.7.1 条提出了选择电缆截面的技术性和经济性的要求，因此在实际工程中，设计人员不应只单纯从技术条件选择，还应考虑选择电缆截面的经济性要求，即用经济电流选择电缆截面。所谓经济电流是寿命期内，投资和导体损耗费用之和最小的适用截面（区间）所对应的工作电流（范围）。也就是说，按经济电流选择电线电缆时，不仅要计算初始投资，还要考虑经济寿命期内导体损耗费用。过去，当我国经济发展尚处于初期阶段，在经济短缺的条件下，工程建设往往较注重初期投资的控制而忽略长期运行的经济性。当下，我国经济进入高速发展阶段，有资料指出，根据我国情况，如果能全面推广按经济电流选择电线电缆截面的方法，将减少 35%～42% 的线路损耗，节能减排的意义十分重大。

问题 11：按经济电流选择导线方法是否适用于低压系统？

答：经济电流在 10kV 及以下电线电缆的应用，也经历了一段变化过程。早在 1983 年 11 月的首版，原名为《工厂配电设计手册》及 1994 年 12 月的第二版，更名为《工业与民用配电设计手册》提出的按经济电流密度方法都是用来校验电缆截面，而不是直接用于选择电线电缆，而且还提出 10kV 及以下配电线路一般不按经济电流密度校验电线电缆截面。2005 年 10 月第三版的《工业与民用配电设计手册》改变了这一观念，提到："国际电工委员会（IEC）按经济电流选择电线电缆截面的原理，制定了'电力电缆的线芯截面最佳化'标准，即 IEC 287 - 3 - 2/1995。这个方法适用于中、低压电缆线路。"《电力工程电缆设计规范》GB 50217—2007 也明确要求，不仅 10kV 而且 10kV 以下电力电缆截面"尚宜按电缆的初期投资与使用寿命周期的运行费用综合经济的原则选择"。这里经济电流不再是仅用于校验电缆，而是直接用来选择电线电缆；对适用的电压等级，经济电流也不再仅适用于高压，而是同时"适用于中、低压电缆线路"。

问题 12：低压导线按经济电流选择的节能意义何在？

答：无论是设计手册还是设计规范，其对经济电流的适用性范围从仅适用于高压扩大为同时"适用于中、低压电缆线路"的变化说明了按经济电流选择电线电缆截面观念的进步。多年来我国经济持续高速增长，尤其是建筑业发展迅猛，新建建筑竣工面积逐年攀升，面对量大面广逐年增长的低压线路如果继续只按载流量紧凑地选择电缆截面，大量的线损是不争的事实，其引发的环境影响已不可忽视。现今地球"温室效应"日益严重，尤以火力发电的 CO_2 排放影响占有相当大成分，在这一形势下，需着眼于努力降低损耗、减少以火电厂为主的电源增长带来温室效应的加剧，这就需要考虑电缆的经济截面。对建筑物而言，用户即便采用高压供电，电源也大都取自就近的 10kV 配电所。由此可见，建筑物输电系统只有少部分高压电缆，而大部分的还是低压电线电缆，因此，建筑物量大面广的低压电缆电线按照经济电流选择截面十分必要。至于经济截面比按载流量选择截面增大后，降低年损耗的同时会引起初投资的增加，从我国宏观经济条件来看，现已能适应。

问题 13：经济电流密度与什么因素关联紧密？

答：电缆经济电流密度受电缆成本、贴现率、电价、使用寿命、年最大负荷利用小时数等诸多因素影响。《电力工程电缆设计规范》GB 50217—2007 附录 B 给出经济电流密度计算方法，其中表达式（B. 0. 2-3）为：

$$J = \sqrt{\frac{A}{F \times \rho_{20} \times B \times [1 + \alpha_{20}(\theta_m - 20)] \times 1000}}$$

式中 ρ_{20}、B、α_{20}、θ_m 都是已知常数，而 A、F 为中间辅助变量，虽然变量包括了多个需要数理统计或调查研究的参数，但综合分析不难发现，经济电流密度 J 与 A 值开方成正比，A 是与电缆投资线性相关的辅助量，A 的增加表明电缆投资增加，J 便随之增大，即采用较小截面是经济的；J 与 F 值开方成反比，F 是年最大负荷利用小时数 T_{max} 和电价 P 的中间辅助量，F 增大相当于运行时间加长或电价增加，J 应该减小，J 减小就是要使截面加大使损耗费用减小才经济。而在投资、年最大负荷利用小时数和电价三个要素中，唯有年最大负荷利用小时数 T_{max} 与负荷运行有关。所谓最大负荷利用小时数 T_{max} 就是负荷始终等于最大负荷，经过 T 小时后它所送出的电能恰好等于负荷的全年实际用电量。因此可从技术上得出定性结论：当年最大负荷利用小时数 T_{max} 足够大时，按照经济电流密度选择较大电缆截面才有节能效益。换句话说，某一回路常年不运行或运行时间很短，按照经济条件选择电线电缆是没有意义的。

问题 14：按经济电流选择导线的准则是什么？

答：10kV 及以上供电线路由于汇集了低压系统的分散负荷，其负荷曲线相对平滑，电线电缆截面应不小于按经济电流选择的截面。

低压系统用电设备相对分散，需要考虑配电回路的年最大负荷利用小时数。下列以年最大负荷利用小时数标准作为按经济电流选择低压电线电缆准则可供参考。年最大负荷利用小时数小于 3000h 时，可不考虑经济截面；年最大负荷利用小时数大于等于 3000h 但小于 6000h 时，电线电缆截面宜不小于按经济电流选择的截面；年最大负荷利用小时数大于等于 6000h 时，电线电缆截面应不小于按经济电流选择的截面。（注：全年小时数是8760h）

这里最为关键的是设计计算的年最大负荷值及其数理统计的被利用小时数。它们是否与电缆的实际运行情况一致，决定了按经济电流条件选用的电线电缆的节能效果。有关行业或建筑物的年最大负荷利用小时统计数提供如下，可供参考。城市生活用电为 2500h，其中商业、办公建筑 4000h，宾馆类建筑 6000h；一班制工业 2000h，二班制工业 4000h，三班制工业 6000h。另外，有些低压配电回路，其年最大负荷利用小时数是显而易见的，如地下车库等其他基本照明回路、安防设备用电以及其他不分昼夜、不分季节的配电回路都是最大负荷利用小时数接近于全年小时数。还有些回路负荷电流很大，且负荷曲线平稳，虽然它的利用小时数不是最大，但很确定，比如宾馆的空调制冷用电回路就是这种情况。像这类借助常理通过负荷分析就能很容易地判断出电气设备的运行状态的配电回路，应当理直气壮地按经济电流密度选用电线电缆，并要求这些回路独立配线，不与其他电缆运行状况不确定的回路混搭。

问题 15：按经济电流选择导线应注意什么？

答： 值得注意的是，按经济条件选用电缆切勿背离技术条件，有时按经济电流密度选出的电线电缆截面比按技术条件选出来得小。因此，当需要评价电缆的运行损耗是否符合节能要求时，准确的表述应是，电线电缆截面应不小于按经济电流选择的截面。

问题 16：是否有可直接引用的经济电流密度可资用？

答： 虽然《电力工程电缆设计规范》GB 50217—2007 附录 B 给出了电缆经济电流密度的表达式（B.0.2-3），但实际应用中操作性不强，为便于应用，经整编有关资料，将 6 ~10kV 和 0.6/1.0kV 电缆的经济电流范围进行归纳，如表 4-2、表 4-3 所示。

6~10kV 交联聚乙烯绝缘电缆的经济电流范围（单位：A）　　　　表 4-2

线芯材料	截面 (mm²)	低电价区（0.3元/kWh）			中电价区（0.4元/kWh）			高电价区（0.52元/kWh）		
		$T_{max}=$ 2000h	$T_{max}=$ 4000h	$T_{max}=$ 6000h	$T_{max}=$ 2000h	$T_{max}=$ 4000h	$T_{max}=$ 6000h	$T_{max}=$ 2000h	$T_{max}=$ 4000h	$T_{max}=$ 6000h
铜芯	35	62~87	46~66	36~51	57~80	42~59	32~45	53~75	38~54	29~41
	50	87~123	66~93	51~72	80~113	59~83	45~64	75~105	54~76	41~58
	70	123~170	93~128	72~100	113~156	83~115	64~88	105~145	76~105	58~80
	95	170~222	128~167	100~130	156~204	115~150	88~115	145~190	105~137	80~104
	120	222~279	167~210	130~164	204~257	150~188	115~145	190~239	137~172	104~131
	150	279~347	210~261	164~203	257~319	188~234	145~180	239~297	172~214	131~163
	185	347~438	261~330	203~257	319~403	234~296	180~227	297~376	214~270	163~206
	240	438~558	330~421	257~328	403~514	296~377	227~290	376~478	270~344	206~262
	300	558	421	328	514	377	290	478	344	262

0.6/1.0kV 低压电缆的经济电流范围（单位：A）　　　　表 4-3

线芯材料	截面 (mm²)	低电价区（0.3元/kWh）			中电价区（0.4元/kWh）			高电价区（0.52元/kWh）		
		$T_{max}=$ 2000h	$T_{max}=$ 4000h	$T_{max}=$ 6000h	$T_{max}=$ 2000h	$T_{max}=$ 4000h	$T_{max}=$ 6000h	$T_{max}=$ 2000h	$T_{max}=$ 4000h	$T_{max}=$ 6000h
铜芯	1.5	5	4	~3	~3	~3	~3	~4	~3	2
	2.5	5~8	4~6	3~5	3~7	3~5	3~4	4~7	3~5	2~4
	4	8~12	6~9	5~8	7~11	5~8	4~6	7~10	5~7	4~6
	6	12~19	9~14	8~11	11~18	8~13	6~10	10~17	7~12	6~9
	10	19~31	14~24	11~19	18~29	13~21	10~16	17~27	12~20	9~15
	16	31~50	24~37	19~29	29~46	21~34	16~26	27~43	20~31	15~23
	25	50~73	37~55	29~43	46~68	34~50	26~38	43~63	31~45	23~34
	35	73~104	55~78	43~61	68~96	50~70	38~54	63~89	45~64	34~49
	50	104~147	78~111	61~86	96~135	70~99	54~76	89~126	64~91	49~69
	70	147~202	111~153	86~119	135~186	99~137	76~105	126~173	91~125	69~95
	95	202~265	153~200	119~156	186~244	137~179	105~138	173~227	125~163	95~125
	120	265~333	200~251	156~196	244~307	179~225	138~173	227~285	163~205	125~156
	150	333~414	251~312	196~243	307~381	225~279	173~215	285~354	205~255	156~194
	185	414~523	312~394	243~307	381~481	279~353	215~271	354~448	255~323	194~246
	240	523~666	394~502	307~391	481~613	353~450	271~346	448~571	323~411	246~313
	300	666	502	391	613	450	346	571	411	313

（四）配电系统设备节能常见问题

配电系统就是建筑物内高低压回路的分配，相对于输电线路而言，其任务是根据供配电系统的要求在配电节点上把一个回路变为两个或两个以上的多个回路。本配电系统环节重点为低压配电系统的节能措施。

问题 17：组织配电回路的一般原则是什么？

答： 如何组织电源的回路分配，总原则是：按照负荷性质分门别类组织配电回路，例如：按照消防、非消防、一级负荷、三级负荷、动力收费、照明收费等分别组成独立回路。除此之外，还应满足节能的需要。

问题 18：如何按经济电流要求组织配电回路？

答： 按满足经济电流选择电线电缆的有利条件是，回路年最大负荷利用小时数在3000h 及以上，而且该小时数的数理统计数据较为确定。由于低压用电设备分散，部分配电回路的最大负荷利用小时数难于统计，但有些回路，其年最大负荷利用小时数却是显而易见的，如地下车库等其他基本照明回路、安防设备用电以及其他不分昼夜、不分季节的配电回路都是最大负荷利用小时数接近于全年小时数。像这类负荷回路借助常理就能很容易地判断出运行状态并判定其年最大负荷利用小时数，在组织配电时应将其安排独立回路，不与其他运行状况不确定的设备混搭。

问题 19：如何按用电分项计量要求组织配电回路？

答： 用电分项计量是《民用建筑节能条例》（国务院令第 530 号）的规定，住房和城乡建设部于 2008 年 6 月 24 日印发的《国家机关办公建筑和大型公共建筑能耗监测系统建设相关技术导则》（建科［2008］114 号）把用电分为 4 项来计量，这 4 项电量包括照明插座用电、空调用电、动力用电和特殊用电，而且要求该电量分项是必分项。同时"导则"要求，可根据建筑物用电系统的实际情况再将电量 4 分项灵活细分子项。照明插座用电可细分为照明和插座用电、走廊和应急照明用电、室外景观照明用电，共 3 个子项；空调用电可细分为冷热站用电、空调末端用电，共 2 个子项；动力用电可细分为电梯用电、水泵用电、通风机用电，共 3 个子项；特殊用电可细分为信息中心、洗衣房、厨房餐厅、游泳池、健身房或其他特殊用电。

用电分项计量本身不是以直接减少或控制能耗为目的的系统，而是基于技术手段进行管理节能的一项内容，其目的在于通过长期监测建筑物的电能利用现状，发现不合理的用电现象及其过程，以便持续改进电能效率，实现预期的节能目标。

基于设置用电分项计量的基本目的，按用电分项计量组织配电回路的要求应当是，负荷归类准确，回路设置合理。只有这样，才能通过监测，客观评价建筑物的电能利用现状，真正发现不合理的用电现象及其过程，找到改进电能效率的针对性对策。因此在供配电系统的配电环节为达到预期的节能目标应当配合用电分项计量的管理要求，按照"导则"的用电分项，识别梳理建筑物用电设备的所属类型，将相同分项的用电负荷以最少回路数合理归并。

问题 20：如何安排单相回路降低三相负荷不平衡？

答： 尽量采用三相供电，降低三相低压配电系统的不对称度是低压配电的节能措施之一。在建筑物中单相用电设备及其负荷性质不同是客观存在的，实际运行中，单相用户的用电情况不同，各相负载不平衡是不可避免的，所以，由此引发的三相低压配电系统的不对称以及其带来的能耗增量也是不可避免的。低压配电系统的任务首先是尽量在三相线路中均匀分配单相用电；其次是当单相线路电流大于 60A 时应化整为零重新组织配电系统方案，改用三相四线制供电，使三相低压负荷尽量对称，以此降低低压系统无谓能耗。

（五）用电系统设备节能常见问题

用电系统就是把电能转换为其他形式的能量（光能、机械能等）的系统。

建筑电气用电系统主要分为动力设备节能和照明设备节能，其中动力设备一般由给水排水、暖通和建筑等相关专业完成节能选型，建筑电气专业不参与动力设备的节能选型，这部分设备节能问题本书从略。照明设备节能问题详见第 4.3 节，照明运行节能问题详见第 4.2 节。

（六）供配电系统运行节能常见问题

供配电系统运行节能系指基于技术手段尤其是智能化技术在已确定投入的供配电系统电气设备状态下，在系统运行过程中自觉主动地采取控制能耗的节能行为，它有别于用电设备节能选型的被动作为，是一种主动能效节能。例如无功补偿、谐波治理等都可通过控制技术乃至智能化技术来达到供配电系统的运行节能。这部分的节能问题详见第 4.2 节相关内容。

4.2 建筑电气控制节能技术常见问题

4.2.1 建筑供配电系统中控制节能技术的常见问题

问题 1：供配电系统中节能控制的基本原则是什么？

答：节能控制应以提高能效和降低能耗为建筑节能目标，综合应用信息通信、计算机网络、自动化控制等智能化技术，对建筑内的空调、给水排水、照明和机械动力等各类用能机电设备系统的运行实施能效管理和节能监控的系列技术措施。

问题 2：供配电系统中节能智能化系统怎样配置？

答：建筑节能智能化系统的配置，应根据各类建筑的使用功能、建筑规模、能耗特征及建筑物业管理方式等状况，采取能达到建筑有效节能的系列智能化技术措施，并确定相应的节能控制的具体可控范围和控制精度要求等，以实现有效降低能耗前提下的更大化经济能耗控制和使用效率。

问题 3：供配电系统中节能控制的前提条件是什么？

答：供配电系统的节能控制，首先是在保证建筑电力系统安全、可靠、经济、合理的运行前提下，通过各种最先进的控制技术和方法，来实现供配电系统中的节能控制。

问题 4：供配电系统中节能控制主要靠什么方式实现？

答：供配电系统节能一般采用建筑设备管理系统和电能管理专用系统两种方式实现，通过建筑设备管理系统可实现对供配电系统的中压开关与主要低压开关的状态监视及故障报警，中压与低压主母排的电压、电流及功率因数测量，电能计量，变压器温度检测及超温报警，备用及应急电源的手动/自动状态、电压、电流及频率监测，主回路及重要回路的谐波监测与记录。此方式适用于对一般中、小型建筑工程的供配电系统实施电能管理及实现节能控制。侧重于采用电能管理系统的技术方式，这是适合综合型建筑所采取的技术方式，系统通过通信接口以通用的通信协议方式与建筑设备管理系统实现数据交换。

问题 5：供配电系统中节能控制要求有哪些？

答：主要有以下方面：

（1）系统应对供配电设备保护及运行工况、供配电系统的经济化运行的环节进行实时监控；

（2）系统应对变配电系统确保实现可靠供电的各种备用电源自动投入和负荷切换，实现监控；

（3）系统应对变配电系统适合各种运行方式的连锁及实现信息共享的节能控制等状况进行监控；

（4）系统应对建筑设备管理的计划用电和负荷管理提供可操作的实时工况监控。

问题 6：供配电系统中的节能功效主要体现在哪些方面？

答：供配电系统对负荷管理及调整功能，包括系统内用电负荷按重要性进行划分、依据既定的系统管理需要设定负荷管理方案、按负荷管理方案进行用电负荷投切等。系统应根据计算和预测工具，实行优化操作参数并组合，实现设备优化使用。系统的节能功效如下：

（1）系统应形成具有网络化、单元化及组态化的电力节能控制模式，实现对建筑供配电系统节能、安全、高效的综合管理；

（2）系统应实现测量并显示设备的状态参数设置、控制设备分合闸、提供运行报表及进行计算、统计和分析功能等；

（3）系统应具有根据建筑供配电系统运行记录和对运行记录分析采取对节能控制的负载调整及管理等措施；

（4）系统应具有根据建筑计划用电和负荷管理要求，对现场机电设备实施节能控制的负载管理及调整等措施；

（5）系统应具有根据计算和预测工具，优化操作参数并组合实现电能优化使用。

问题 7：供配电系统技术要求有哪些？

答：主要有以下方面：

（1）系统应汇集系统保护、运行监测、设备控制及信息通信等技术于一体，实现建筑供配电系统与建筑的设备管理系统、发电机系统等的数据交换。

（2）系统构成包括现场设备监控层、控制层和通信层。

（3）系统的现场设备监控层应对现场设备的遥测、遥信、遥控和故障记录等进行监控。系统的现场设备监控层包括 35kV 或 10kV 电压级综合数字继电器、0.4kV 的电压级智能数字测控仪表、ATSE 自动切换装置、变压器温控仪、PLC、直流屏、模拟屏及发电机测控装置等。

（4）系统的控制层应对监控主机与现场设备监控层的各种设备运行状态进行监视，实施节能策略的控制，为建筑能效综合管理系统实现互联创造条件。系统的控制层宜包括控制主机、备用机、UPS 不间断电源、打印机等。

（5）系统的通信层应实现系统的控制层对现场设备监控层设备的遥测、遥信及遥控功能的互联与建筑设备管理系统的数据交换。系统的通信层宜包括网络交换机、通信接口等。

问题 8：供配电系统中节能控制要求有哪些？

答：为加强对供配电系统的经济运行管理，需建立以管理计算机、通信网络、网络组件、现场采集仪表为主要部件的能源统计平台；实现对用电数据及用电参数的采集。通常需采集的参数为电压、电流及功率因数测量，电能计量，电能质量参数、系统的运行状态、故障状态、现场环境参数等状态；通过传输网络把采集数据上传至管理计算机，对数据进行存储分析，根据国家及行业的运行定额和最优水平、以往数据、目标数据等计算分析，自动建立合理运行策略，实现有目的、有依据的节能运行管理。

问题 9：供配电系统中对无功补偿有什么要求？

答：无功补偿设置在变压器的低压侧，应采用分相补偿或混合补偿。对于三相不平衡或采用单相配电的供配电系统，优先采用分相无功自动补偿装置；当采用混合补偿时其分相补偿容量不应小于总容量的 40%。无功自动补偿应采用智能型免维护成套自动补偿装置，具备过零自动投切的功能，并有抑制谐波和涌流措施。

问题 10：供配电系统中怎样最大限度提高功率因数？

答：由于功率因数的高、低直接影响着电能的利用率，提高功率因数便成为供配电系统的重要组成部分；通常情况下都是加装无功补偿装置来实现对电网功率因数的提高，采用的是回路投切电容的方式，很难起到完全补偿无功电流的作用。这样可以通过加装电力电子元件和智能运算器构成的静止无功补偿器（SVG）来达到完全的补偿，从而实现最优化的无功补偿方案，最大限度地提高功率因数。

问题 11：供配电系统中产生谐波的根源及消除方法？

答：在现代建筑中，大量的电子镇流器、计算机、变频器等设备成为产生谐波的根源，造成电网中的谐波严重超标。谐波使电网产生了附加的谐波损耗，降低了发电、输电及用电设备的效率，大量的三次谐波流过中性线时会使线路过热甚至发生火灾、危害设备的运行等。这样就需加装有源滤波器来吸收电网的谐波，以减少和消除谐波的干扰，把奇次谐波控制在允许的范围内，保证电网和各类设备安全可靠的运行。

问题 12：供配电系统中对谐波治理有哪些要求？

答：在民用建筑进线处或变配电所低压侧，应有谐波测量仪表，检测用户向电网注入的谐波量；注入电网谐波量不得超过国家标准《电能质量　公用电网谐波》GB/T 14549—1993 规定的允许值，超过标准值时应对谐波源的性质、谐波参数等进行分析，并应采取相应的谐波抑制及谐波治理措施；供配电系统中谐波电流含量较大的用电设备，应在其配电处就地设置滤波装置，或要求此设备供应配套谐波治理装置。

问题 13：如何能有效实现建筑设备的节能控制？

答：针对建筑设备的节能控制，提供强弱电一体化的设计解决方案，改变了传统的设计方法，克服了建筑设备管理系统强、弱电分开设计所存在的缺陷，在强调强、弱电一体化的基础上，充分考虑电气设备节能，不但使设计、设备选型、安装调试均实现一体化，而且大大降低了用户的投资成本及运营成本，简化了运营管理程序，提高了工作效率。

问题 14：节能控制系统中如何实现系统能效管理？

答：系统采用分布式架构、模块化设计，以系统设备能效跟踪控制为核心，以基础能源统计和管理为手段，将建筑内各系统耗能设备运行信息、能耗数据、故障信息及环境参数进行跟踪、统计分析，从而为用户提供能效管理决策，并通过系统内嵌的能源监管平台，将用能单位能耗统计数据汇总显示。

问题 15：节能控制系统中如何根据系统工艺进行控制设计？

答：根据各系统工艺要求进行软、硬件结合的专业控制设计，各子系统采用专用智能控制器，并可实现组网，控制程序的编写应参照控制工艺并全面考虑各子系统的匹配，并制定详细的控制工艺流程图。

问题 16：建筑用各类检测元件的应用及安装注意事项有哪些？

答：检测反馈元件，主要包括各种温湿度、照度、压力、压差、流量变送器及空气质量检测器等，所选元件应精度准确，并符合工艺要求和系统要求。室外检测元件的安装应距控制室较近，并能较准确的代表室外环境参数，并应设置专用的防护箱体。室内检测元件应安装在最能代表系统所需的控制取样点附近。

问题 17：建筑电气节能设计应遵循的原则有哪些？

答：电气节能设计既不能以牺牲建筑功能、损害使用需求为代价，也不能盲目增加投资、为节能而节能。因此，电气节能设计应遵循以下原则：

（1）适用性：以最佳的供配电设计方法为建筑设备运行提供必需的动力，满足建筑物用电设备对于负荷容量、电能质量与供电可靠性等方面的要求。

（2）实际性：合理选用节能设备及材料并充分考虑实际经济效益，使节能增加的投资能在较短的时间内用节能减少下来的运行费用收回。

（3）节能性：采取必要的措施减少或消除与发挥建筑物功能无关的消耗，比如电气设备自身的电能消耗，传输线路上的电能消耗等。

问题 18：供配电系统节能技术措施主要体现在哪些方面？

答：供配电系统节能技术措施，主要体现在变压器的选择、线路的选择、电气设备的选择和功率因数的提高、降低变压器的负载损耗以及谐波的治理等方面。

问题 19：对变配电所深入负荷中心和供电半径有哪些要求？

答：变配电所应深入负荷中心，超高层建筑宜在建筑避难层设置供电的分变配电所。低压（220V/380V）供电半径不宜超过 250m，受条件限制且总容量小于 150kW 时可适当放宽但不得超过 250m；末级配电箱供电半径宜控制在 30～50m 内，超过时应另设终端配电箱。

问题 20：对低压配电系统的分项计量有哪些要求？

答：在低压进线第一级配电或变配电所低压侧，应按照分项计量的原则要求（照明插座、空调、动力及特殊用电）分回路配电。在进线第一级配电或变电所低压侧能对建筑物进行总的电气分项计量。

问题 21：供配电系统中对低压配电的级数有何要求？

答：供配电系统宜简单实用，低压进线总配电箱至用电设备处配电级数不应超过三级，或由变压器低压侧至最末一级终端配电箱处配电级数不应超过三级。

问题 22：三相照明配电系统对相负荷平均值有何要求？

答：民用建筑的三相照明配电系统，其最大相负荷不应超过三相负荷平均值的115%，最小相负荷不应低于三相负荷平均值的 85%。

4.2.2 照明系统中控制节能技术的常见问题

问题1：照明系统中节能控制的组成有哪些？

答：照明节能控制是一种智能照明节能调控装置，它是集电磁技术、智能化控制技术、数据控制技术于一体，在可控和平缓的方式下进行智能调节，使输出电压稳定在设定的额定值范围之间，实现公共照明系统的工作电流与亮度需求的理想结合，达到节电和优化供电目的。

问题2：照明节能控制的基本原则是什么？

答：应根据建筑物的建筑特点、建筑功能、建筑标准、使用要求等具体情况，对照明系统进行分散、集中、手动、自动、经济实用、合理有效的控制。

问题3：照明系统中节能控制方式有哪些？

答：主要包括照明开关控制、调光控制、定时控制、声光控制、人体感应控制、传感器控制、智能照明控制等多种控制方式。

问题4：建筑物功能照明节能控制有哪些措施？

答：功能照明节能控制有如下措施：

（1）体育场馆比赛场地应按比赛要求分级控制，大型场馆宜做到单灯控制。

（2）候机厅、候车厅、港口等大空间场所应采用集中控制，并按天然采光状况及具体需要采取调光或降低照度的控制措施。

（3）影剧院、多功能厅、报告厅、会议室及展示厅等宜采用调光控制。

（4）博物馆、美术馆等功能性要求较高的场所应采用智能照明集中控制，使照明与环境要求相协调。

（5）宾馆、酒店的每间（套）客房应设置节能控制开关。

（6）大开间办公室、图书馆等宜采用智能照明控制系统，在有自然采光的区域宜采用恒照度控制，靠近外窗的灯具随着自然光线的变化，自动点燃或关闭该区域内的灯具，保证室内照明的均匀和稳定。

问题5：走廊、门厅等公共场所照明节能控制有哪些措施？

答：节能控制有如下措施：

（1）公共建筑如学校、办公楼、宾馆、商场、体育场馆、影剧院、候机厅、候车厅的走廊、楼梯间、门厅等公共场所的照明，宜采用集中控制，并按建筑使用条件和天然采光状况采取分区、分组控制措施。

（2）住宅建筑等的楼梯间、走道的照明，宜采用节能自熄开关，节能自熄开关宜采用红外移动探测加光控开关，应急照明应有应急时强制点亮的措施。

（3）旅馆的门厅、电梯大堂和客房层走廊等场所，采用夜间定时降低照度的自动调光装置。

（4）医院病房走道夜间应采取能关闭部分灯具或降低照度的控制措施。

问题6：如何按灯光布置形式和环境条件选择合适的照明控制方式？

答：应根据照明部位的灯光布置形式和环境条件选择合适的照明控制方式：

（1）房间或场所装设有两列或多列灯具时，宜按分组控制，所控灯列与侧窗平行；电化教室、会议厅、多功能厅、报告厅等场所，按靠近或远离讲台分组。

（2）天然采光良好的场所，有条件时可按该场所照度自动开关灯光或调光；个人使用的办公室，可采用人体感应或动静感应等方式自动开关灯。

（3）对于小开间房间，可采用智能化面板开关控制，每个照明开关所控光源数不宜太多，每个房间灯的开关数不宜少于 2 个（只设置 1 只光源的除外）。

问题 7：功能复杂、照明环境要求较高的建筑物如何选择照明控制方式？

答：功能复杂、照明环境要求较高的建筑物，宜采用专用智能照明控制系统，该系统应具有相对的独立性，宜作为 BA 系统的子系统，应与 BA 系统有接口。建筑物仅采用 BA 系统而不采用专用智能照明控制系统时，公共区域的照明宜纳入 BA 系统控制范围。

问题 8：智能照明控制系统的控制原理是什么？

答：智能照明控制系统是一个总线型式或局域网式的智能控制系统，所有的单元器件均内置微处理器和存储单元，由通信总线连接成网络，每个单元均设置成唯一的单元地址，并通过软件设定其功能，输入单元将采集的信号反馈到监控计算机，输出单元控制各回路负载。

问题 9：智能照明控制系统的主要功能有哪些？

答：智能照明控制系统的主要功能有以下几个方面：

（1）智能照明控制系统是全数字、模块化、分布式总线型控制系统，将控制功能分散给各功能模块，中央处理器、模块之间通过网络总线进行通信，可靠性高，控制灵活。

（2）系统根据某一区域的功能、每天不同时间的用途和室外光亮度自动控制照明。并可进行场景预设，由 BA 系统或分控制器通过调光模块、调光器自动调用。

（3）照明控制系统分为独立子网式系统、特定于房间或大型的联网系统。

（4）联网系统具有标准的串行端口，可以容易地集成到 BA 系统的中央控制器，或与其他控制系统组网。

问题 10：智能照明控制系统的应用范围是什么？

答：智能照明控制系统可对白炽灯、荧光灯等多种光源调光，对各种场合的灯光进行控制，满足各种环境对照明控制的要求。

问题 11：智能照明控制系统由哪些部件组成？

答：由调光模块、开关模块、控制面板、液晶显示触摸屏、智能传感器、PC 接口、监控计算机（大型网络需网桥连接）、时钟管理器、手持式编程器等部件组成。所有单元器件（除电源外）均内置微处理器和存储单元，由信号线（双绞线或光纤等）连接成网络。每个单元均设置唯一的单元地址并用软件设定其功能，通过输出单元控制各照明回路负载。

问题 12：智能照明控制系统数据传输方式有几种？

答：智能照明控制系统数据传输方式，在国际上尚无统一的标准，目前主要有光纤传输方式、双绞线传输方式、电力载波传输方式和无线射频传输方式等。这四种传输方式的数据传输速率、传输的可靠程度有较大区别，应根据各种传输方式的基本特点和适用范围合理地选择。

问题 13：智能照明控制方式有哪些？

答：智能照明常用控制方式一般有场景控制、集中控制、群组组合控制、定时控制、光感探头控制、就地控制、远程控制、图示化监控、应急处理、日程计划安排等。

问题 14：智能照明控制方式的主要功能及应用场所有哪些？

答： 智能照明控制方式的主要功能及应用场所如下：

（1）场景控制：用户预设多种场景，按动一个按键，即可调用需要的场景。多功能厅、会议室、体育场馆、博物馆、美术馆、高级住宅等场所常采用此种方式。

（2）群组组合控制：一个按钮，可设定对多个配电箱（跨区）中的照明回路进行开关控制，即一键可控制整个场所的照明开关。

（3）定时控制：根据预先设定的时间，触发相应的场景，使其打开或关闭。适用于地下车库等大面积场所。

（4）天文时钟：输入当地的经纬度，系统自动推算出当天的日出日落时间，根据这个时间来控制照明场景的开关。特别适用于夜景照明、道路照明。

（5）光感探头控制：根据光感探头探测到的照度，控制照明场所内相关灯具的开启或关闭。常在写字楼、图书馆等场所应用，靠近外窗的灯具可采用光感探头根据天然光的亮度进行开关，以节约用电。

（6）就地控制：一般情况下，控制过程自动进行，在某些情况下，可使用控制面板来强制调用需要的照明场景模式。

（7）远程控制：通过互联网（Internet）对照明控制系统进行远程监控，能实现对系统中的各个照明控制箱的照明参数进行设定、修改；对照明状态进行监视、控制。

（8）图示化监控：用户可以使用电子地图功能，对整个控制区域的照明进行直观的控制。可将整个建筑的平面图输入系统中，使用各种不同的颜色来表示该区域当前的状态。

（9）应急处理：在接收到安保系统、消防系统的警报后，能自动将指定区域照明全部打开。

（10）日程计划安排：可设定每天不同时间段的照明场景状态，并将场景调用情况记录、打印输出，方便管理。

问题 15：大酒店如何实现智能照明控制节能？

答： 主要有以下方面：

（1）大堂的灯光一般均由智能照明控制系统自动控制管理，系统根据大堂运行时间自动调整灯光效果；在接待区安装可编程控制面板，根据接待区域各种功能特点和不同的时间段，一般预设 4 种或 8 种灯光场景；工作人员也可进行手动编程，方便地选择或修改灯光场景；系统应充分利用自然光，实现日照自动补偿；当天气阴沉或夜幕降临时，大堂的主照明将逐渐自动调亮；当室外阳光明媚时，系统将自动调暗灯光，使室内保持要求的亮度，同时，可延长灯具寿命 2～4 倍，可保护昂贵的灯具和难安装区域的灯具。

（2）西餐厅、酒吧厅、咖啡厅等一般采用多种可调光源，通过智能化控制使之始终保持最柔和、最优雅的灯光环境。可分别预设 4 种或 8 种灯光场景，也可由工作人员进行手动编程，方便地选择或修改灯光场景。

（3）宴会厅一般需预设多种灯光效果场景，以适应不同场合的灯光需求，并可配备遥控器，供值班经理等使用，使之能远距离控制大型宴会厅的灯光效果。

（4）大型中餐厅可利用智能照明控制系统的固有功能，随意分割或合并控制区域，方便控制及调整就餐空间。

（5）会议室是酒店的一个重要组成部分，采用智能化控制系统对各照明回路进行调光控制，实现预先设定的多种灯光场景，使得会议室在不同的使用场合都能具有合适的灯光效果。工作人员还可以根据需要，选择手动或自动的定时控制。

会议室的灯光控制系统宜与投影设备相连，当需要播放投影时，灯光能自动地缓慢地调暗；关掉投影仪后，灯光又会自动地柔和地调亮到合适的效果。

（6）地下车库照明平时一般由中央控制主机控制，处于自动控制状态。车辆进出频繁时，照明全开。白天，由于有日光，可适当降低照度，降低能耗；车辆较少时只开车道灯，如需观察车辆，可就地开启局部照明，经延时后关闭；停车区域采用智能移动探测传感器，当有人或车移动时开启相应的局部照明，车停好后或人、车离开后延时关闭，当有车移动时可以通过主机显示出来，方便保安和管理人员的管理；一般还在车库入口管理处内安装控制面板开关，手动控制车库的照明灯光。

问题 16：体育场馆如何实现智能照明控制节能？

答： 主要有以下方面：

（1）体育场馆主赛场照明应设置多种亮灯模式，例如"业余训练"、"国内比赛"，"国际比赛"、"TV 转播国内比赛"、"TV 转播国际比赛"等任意亮灯模式，应能根据需要灵活地实现各种比赛要求。观众席也宜实现多种不同的灯光场景。

（2）系统需能自动调节各种场地灯光开启的先后顺序，避免由于同时点亮而引起的启动大电流冲击供电系统。

（3）系统操作应简单、直观，使用者只需在控制面板上操作按键，就能自动进入该键对应的预置状态。

（4）系统一般设置多地控制操作点，灯控室能控制主场地和观众席的灯光，场地便于操作处能控制"业余训练"等平时运营需要的灯光。

问题 17：写字楼（办公区）如何实现智能照明控制节能？

答：（1）采用智能化控制系统后，可使照明系统工作在全自动状态。通过配置的"智能时钟管理器"预先设置若干基本工作状态，通常为"白天"、"晚上"、"清扫"，"安全"、"周末"、"午饭"等，根据预设的时间自动的在各种状态之间切换。

（2）各个办公室都应配有手动控制面板，可以随时调节房间的工作状态和合适的灯光效果。

问题 18：影剧院如何实现智能照明控制节能？

答：（1）电影院和剧场应利用智能控制系统预先存储的场景及时和方便地调用灯光效果，以适应不同场合的灯光需求，供工作人员任意选择。

（2）工作人员可通过可编程控制面板或遥控器按键调用所需的某一灯光场景。

（3）在灯光控制室、放映室或舞台侧宜配备液晶显示控制器，工作人员通过操作控制器控制每路灯光，随时存储和调用各种灯光场景。

问题 19：照明系统怎样实现末端节能？

答： 在各楼层配电箱处设置正弦波小系统节电装置，通过智能算法达到高效节能、稳定电压、提高功率因数、三相平衡、保护灯具等目的。

问题 20：大型办公区域怎样实现节能控制？

答： 大型办公区域配置智能照明开关模块，对办公区域的照明灯具进行自动控制，通过内置时钟根据预设的模式实现各种工作模式自动切换；配置照明监控屏，可随时更改预设的工作模式以达到满意的灯光效果。

问题 21：公共区域怎样实现节能控制？

答：公共区域配置自带照度及人体探测器的 LED 灯，实现人来灯亮、人走灯灭的效果。

问题 22：多功能厅怎样实现节能控制？

答：多功能厅配置调光模块，配合安装的照度探测器实现多种模式、多种照度的反馈控制。根据设定照度和实际照度实现反馈控制；配置照明监控屏，可随时更改预设的工作模式，既可达到良好的灯光效果，又可达到最大的节能效果。

问题 23：商业照明怎样实现节能控制？

答：商业照明配合人员流量传感器及照度传感器，实现根据人员流量和照度情况自动调节工作模式，从而达到最大限度节能目的及良好的照度效果。

问题 24：智能照明控制系统按哪些条件进行节能控制？

答：主要根据某一区域的功能、不同时间、室外光亮度及该区域的用途来自动控制照明。

问题 25：如何对不同区域的照明进行节能控制？

答：通过独立式或大型的系统联网由监控计算机来控制不同的房间和区域；照明设备安装在配电箱（柜）中，由传感器和控制面板组成的外部设备网络来操作运行。

问题 26：在照明设计中常用的节能方法有哪几种？

答：（1）严格控制照明用电指标。

（2）优选光通利用系数较高的照明设计方案。

（3）采用高效灯具。

（4）合理的灯具安装方式。

（5）合理有效的照明控制方式。

4.2.3 电动机中控制节能技术的常见问题

问题 1：电动机控制通过什么方法实现节能？

答：交流电动机通过控制其端电压、转矩、转速、功率因数、传动效率实现节能；直流电动机通过控制其输出转矩、电压、速度实现节能。

问题 2：电动机节能控制原则有哪些？

答：（1）电动机功率的选择，应根据负载特性和运行要求，使之工作在经济运行范围内。

（2）异步电动机采用调压节能措施时，需经综合功率损耗、节约功率计算及启动转矩、过载能力的校验，在满足机械负载要求的条件下，使调用的电动机工作在经济运行范围内。

（3）对机械负载经常变化又有调速要求的电气传动系统，应根据系统特点和条件，进行安全、技术、经济、运行维护等综合经济分析比较，确定其调速运行方案。

（4）在安全、经济合理的条件下，异步电动机宜采取就地补偿无功功率，提高功率因数，降低线损。

（5）当采用变频器调速时，电动机的无功电流不应穿越变频器的直流环节，不可在电动机处设置补偿功率因数的并联电容器。

（6）交流电气传动系统应在满足工艺要求、生产安全和运行可靠的前提下，使系统中的设备、管网及负荷相匹配，提高电能利用率。

（7）功率在50kW及以上的电动机，应单独配置电压表、电流表、有功电能表，以便监测与计量电动机运行中的有关参数。

问题3：电动机常用的节能措施及适用场合？

答： 常用的节能措施及适用场合有以下方面：

（1）在新建、扩建、改建项目中，应选择高效节能的电动机。

（2）功率在200kW及以上的电动机，宜采用高压电动机。

（3）当系统短路容量或变压器容量相对较小时，大容量交流异步电动机宜采用恒频变压软启动器启动，改善启动特性。在电动机空载或轻载时还可根据功率因数的大小，控制晶管的导通角，提高功率因数，达到节电效果。

（4）在技术改造、节能改造的项目中，当电动机处于"大马拉小车"状态且电动机的绕组接线条件允许时，可将电动机定子绕组由"△"改为"Y"形接法。

（5）在技术改造、节能改造项目中，可将异步电动机同步化运行，提高系统功率因数。

（6）电动机通过调速控制实现节电。

问题4：电动机调速控制节电有哪些措施？

答： 改变交流电动机的定子频率、磁极对数、转差率可调节电动机的转速；异步电动机的电磁转矩与定子相电压的平方成正比，同步角速度与定子相电压的平方成正比，所以，调整电动机的端电压也可以调速；通过传动机械负载的离合器也可以调速。拖动恒转矩负载的直流电动机通过调电机电压调速，拖动恒功率负载的直流电动机通过调励磁调速。

问题5：风机、水泵控制通过什么原理达到节能？

答： 风机风量、泵流量的改变与转速成正比；风机风压、泵扬程的改变与转速的平方成正比；风机、泵的轴功率改变与转速、风机风量、泵流量的三次方成正比；风机、泵的轴功率在速度不变时与风机风压、泵扬程成正比。由于风机、泵的电动机的容量是按最大风量及风压、流量及扬程确定的，与空调系统实际需要存在较大的可调整空间，所以系统的设备需要按照风量、风压、流量、扬程等调节电动机的转速，从而改变电动机的输出转矩和输出功率，以达到节能效果。

问题6：风机、水泵控制有哪些节能措施？

答： 主要有以下节能措施：

（1）设定控制液位、时间，控制泵的启停。

（2）调节风机、泵类风门（挡板）和阀门，控制风量、流量。对于风机类、泵类负载，当流量在90％～100％范围内变化时，通过风门控制器、阀门控制器控制风门（挡板）和阀门的开度，与电动机调速的节能效果相近，不必采取电动机调速措施。

（3）通过调速的节能方法有：电动机定子调压；电动机变换极对数；在转子回路连续调节等效电阻；采用变频调速、静止串级调速、内反馈串级调速；采用电磁调速电动机调速系统；恒压供水系统的变频调速；冷冻水变流量供水系统的变频调速；控制风机转速调节冷却风量；风机盘管的风机电动机调速。

问题 7：如何实现电动机定子调压？

答：交流异步电动机定子调压一般采用双向晶闸管调整电压实现无级调速，为转差功率消耗型的调速系统；由于风机、泵类负载转差功率损耗系数均较小，较适用于要求风量、流量在 50％～100％范围内变化、平滑启动、短时低速运行的风机、泵类负载。电风扇、风机盘管风机等采用单相交流异步电动机，一般采用串电阻调整电动机定子电压的有级调速方法。

问题 8：如何实现电动机变换极对数？

答：风机是按满足风量的最大需求选用的，但实际运行并不固定在最大风量的运行状态。例如：地下车库送排风风机、兼作火灾时排烟的风机，平时排风量不大，只在汽车尾气浓度超过定值和火火时排烟才需要加大或在最大排风量的工况下运行，所以采用接触器切换来改变变极电动机定子绕组接线，获得多个不同转速，改变风量，使风机平时低速运转。电动机变换极对数调速方法适用于风量、流量在 50％～100％范围内变化的场合。

问题 9：如何实现电动机在转子回路连续调节等效电阻？

答：线绕转子异步电动机在转子回路连续调节等效电阻，用转子电阻斩波调速法改变晶闸管的通断比率，实现无级调速节能；转子电阻斩波调速法是一种低效调速方法，适用于风机、泵类负载风量、流量在 50％～100％范围内变化。电动机低速运转比关小阀门开度的耗电还节省得多。

问题 10：如何实现变频调速、静止串级调速、内反馈串级调速？

答：当风量、流量变化大于 50％～100％范围时，宜采用高效率的变频调速或静止串级调速、内反馈串级调速，不宜采用变压、转子回路串电阻、电磁转差离合器等低效率调速方法。静止串级调速、内反馈串级调速均属静止低同步串级调速，转差功率只能从转子输出，在同步转速以下调速，取代转子串电阻调速，适用于大功率风机、泵类的变速驱动。供水泵类负载的控制普遍采用以压力或流量、速度为参量的双闭环控制系统。

问题 11：如何采用电磁调速电动机调速系统？

答：电磁调速电动机调速系统由鼠笼型异步电动机、电磁转差离合器、测速发电机及晶闸管控制装置组成。电磁调速电动机适宜风量、流量在 50％～100％范围内变化的小型风机、泵类负载的节能。YCTD 系列低电阻端环电磁调速电动机较 YCT 系列电磁调速电动机效率高 10％以上，宜选用 YCTD 系列低电阻端环电磁调速电动机。但此调速方案节能效果较差，且要求运行环境相对洁净。

问题 12：如何实现恒压供水系统的变频调速？

答：民用建筑用水量波动大，夜间几乎不用水，用水高峰时需多台水泵同时运行。供水系统宜采用一台泵调速的多泵恒压供水系统，可替代水塔、高位水池、无塔上水等供水方式。

问题 13：冷冻水变流量供水系统的变频调速怎样实现？

答：空调系统中，冷冻水的供给应随系统对冷量的需要而改变。若冷冻水泵恒速供水，会在冷量消耗少时造成浪费，所以冷冻水泵的电动机应随冷量需求量的变化改变转速，节约电能，在变流量冷冻水供水系统中，宜采用变频调速，控制冷冻水的流量。

问题 14：如何采用控制风机转速来调节冷却风量？

答： 中央空调系统风柜风机通过调速调节冷却风量，调速的方法一般采用串电阻调节电动机定子电压的有级调速、变频无级调速、直流电动机（无刷直流电动机）无级调速等。

问题 15：风机盘管的风机怎样使电动机调速？

答： 小容量直流电动机较单相异步电动机具有启动转矩大、调速性能好等优点，被广泛应用于驱动风机盘管的风机，风机盘管风机采用无刷直流电动机驱动，大大减少了维护工作量，改善了运行环境，利用调电枢电压实现无级调速，较单相异步电动机改变端电压的有级调速，具有显著的节电效果。

问题 16：怎样实现智能变频节能技术？

答： 智能变频节能技术，电动机在运行过程中很难达到满功率运行，且需根据运行状况进行自动调节实现良好的运行效果，这样需安装以变频器、智能控制器、现场传感器为主的节能控制系统，采集各控制点工艺参数及相关环境参数，实时调节变频器的运行状态，可最大限度进行节能，单纯的只安装变频器并不能产生很好的节能效果和运行效果。

问题 17：中央空调主机怎样实现节能？

答： 中央空调主机系统通过综合采集各控制点工艺参数和室内外环境参数，根据系统实际负荷量及末端冷热源需要，实时跟踪控制末端和循环系统运行效率，优化调整主机的运行周期，实现对系统各个环节运行能效的全面控制，使系统始终保持在高能效比的工况下运行。变频器作为执行机构，与智能控制总柜共同组成中央空调节能控制系统，智能控制总柜实时发送指令至节能控制柜进行能效控制。

问题 18：新风机组怎样实现节能？

答： 新风机组通过采集房间温湿度以及 CO_2 浓度与设定值进行比较，自动调整新风机的开停及运行能效。

问题 19：空调末端怎样实现节能？

答： 空调末端控制系统由房间空调控制器（综合末端控制器）根据采集的相关参数与实际参数进行对比，实时调整阀门的开停以及风机的运行，并与控制总柜进行通信，控制总柜将整个空调系统设备的运行情况进行汇总，计算实际负荷量，以此调整系统各设备的运行效率。

问题 20：软启动在节能方面的表现有哪些？

答： 软启动在节能方面的表现主要为降压启动，实现启动过程中的节能，在运行过程中没有节能效果。

问题 21：直接启动在节能方面的表现有哪些？

答： 直接启动、组合电气启动无论在启动过程中还是运行过程中都没有节能效果。但在小功率电机控制中，通过与智能控制器相配合，可实现分时段运行，同时也会产生节能效果。

问题 22：电动机节能还应包含什么？

答： 在电动机节能控制中，要做到节能、保护、远程、能耗统计、减少管理为一体的控制思想。控制器通过总线上传至监控计算机，实现远程控制和远程数据展示。

问题 23：电机节能控制器的控制原理是什么？

答：控制器（类似软启动器）开始时采用电压/频率为恒定值的变频方式启动电机，当电机启动完成达到稳态后进入节能控制。控制过程中根据交流采样器采集到的电机定子端的电压和电流确定电机的功率因数、转差和负载转矩的大小，由功率因数判断电机是否节能，如不节能则根据负载大小和转速确定损耗最小的定子端电压和频率（由算法得出），继而由控制器输出相应比值的脉冲波控制电机节能。

问题 24：智能电机控制器是怎样降低电机电压而达到节电的目的？

答：电机的电压和电流的相位角是随负荷的变化而改变的。负载情况下，电机的电流滞后于电压30°，空载情况下，电流滞后于电压80°。智能控制器100次/s检测电机的电压和电流，通过比较确定两者的相位差，进而确定负载量。然后，通过半导体开关的通断随时"切削"电压，只允许电源电压部分供给电机。通过切削电压波形而降低电机电压从而使得电机定子中的电流下降，这样，许多损耗，如铜损、磁损、铁损都相应地降低了，电机的功率因数就提高了。

问题 25：影响电动机损耗大小的主要因素是什么？怎样降低损耗才能达到节能的目的？

答：电动机的损耗大小与电压的高低和负载率有关。当运行电压低时，电机的铁损减少，而在负载率一定的情况下，运行电压低时，电机的定子铜损、转子铜损和杂散损耗综合增大；在运行电压不变的情况下，负载率越高，上述3种损耗的总和越大，而只有当运行电压为恰当值时，电机的总损耗最小。

问题 26：改善电机启动控制方面有哪些有效措施？

答：目前对于电机节能控制技术的研究应用较多，其中有不少成功方法，列举一些改善电机启动控制方面的措施：

（1）改善电机的机械特性曲线，使其尽量能够平稳平滑地实现电机转矩的提升过程；

（2）尽量减小电机启动的瞬间电流；

（3）电动机启动装置控制要尽量简化，便于实现节能目标。

问题 27：传统的电机软启动装置是否真的实现了电机的节能应用？

答：传统的电机软启动只是依靠电机接线方式的改变来减小启动瞬间的电流，从而减小电机部件受到冲击，但这样的软启动是从保护电机内部元件的角度出发的，并没有真正实现电机的节能控制。

问题 28：新型的软启动控制系统是怎样对电机实现节能控制的？

答：新型的软启动节能控制系统，主要依靠对电机启动阶段的电压和电流进行实时监测和采集，并将采集数据与最优控制数据进行对比，从而实现对电机输出特性的闭环控制，以达到节能的目的。

问题 29：传统的中央空调风机水泵的控制方式有何缺点？怎么才能做到最佳节能控制？

答：传统的中央空调控制方式即通过改变压缩机机组、水泵、风机台数达到调节温度的目的，设备长时间全关或全闭，轮流运行，浪费电能，电机直接工频启动，冲击电流大，严重影响设备使用寿命，温控效果不佳。只有采用变频器才能做到最佳节能。

问题 30：中央空调采用变频器控制对电机的运行有何影响？

答： 变频器可软启动电机，大大减小冲击电流，降低电机轴承磨损，延长轴承寿命；调节水泵风机流量、压力可直接通过更改变频器的运行频率来完成，可减少或取消挡板、阀门；系统耗电大大下降，噪声减小；若采用温度闭环控制方式，系统可通过检测环境温度，自动调节风量，随天气、热负荷的变化自动调节，温度变化小，调节迅速。

4.2.4 变压器中控制节能技术的常见问题

问题 1：当前哪种变压器比较节能，其节能效果怎样？

答： 当前非晶合金变压器比较节能，其空载损耗一般不到用硅钢片制作的变压器的 30%。

问题 2：变压器怎样自动调节输出电压？

答： 变压器可根据不同时段、不同应用场合，实现输出电压的自动调节；减少因负载减少造成的电压过度提高，影响用电效率和用电设备寿命。

问题 3：供配电系统中如何使三相负荷平衡？

答： 由于建筑中的用电负荷分时段、分区域运行，往往在运行过程中造成三相不平衡，势必会加重线路损耗、变压器损耗；为尽量使三相负荷达到平衡，在用电的出线端通过加装三相平衡装置，以提高三相负荷的平衡度，减少三相不平衡对供配电系统的影响。

问题 4：变压器集中监控什么状态？

答： 加强用电统计和变压器状态监控，保证安全运行。

问题 5：对于多台变压器并联运行的建筑应采用何种运行控制方式作为节能措施？

答： 根据负荷变化进行自动投切的控制装置，在控制方式中引入模糊控制的方法，使得投切策略不是简单地根据测量到的实时负荷进行投切，而是在考虑一系列综合因素后，将投切点模糊化，同时在软件中限定一定时间内连续投切的时间间隔及投切的次数。

问题 6：对于小区内多台变压器进行具体投切都有哪几种策略？

答： 多台变压器进行具体投切有以下策略：

（1）以每天的瞬时负载功率为主，时间和温度为辅的规则来判断是否投切。每天开关投切次数不应该超过 4 次。

（2）根据小区日负荷曲线和年负荷曲线，选取一天中某一特定时刻的瞬时负荷为代表，当这一时间点的瞬时负荷值连续若干天超过并联运行设定值时，将变压器组并联运行，反之，单台运行。

（3）根据小区年负荷曲线，将一年时间分为四段，分段参考，夏季和冬季并联运行，春季和秋季单台运行，节假日期间并联运行。

问题 7：一些面向变压器运行开发设计的节能运行控制系统应该具备哪些功能？

答： 节能运行控制系统应该具备以下功能：

（1）电力参数监测：传感器负责监测变压器状态参数和电力参数；

（2）数据运算与管理：控制系统中心通过程序算法对传感器监测传输的电气参数进行记录、运算和存储等，自动识别变压器工作状态并给出自动投切指令；

（3）自动控制变压器运行效益：根据对电气参数的监测与运算识别出当前变压器的运行效率及运行损耗，结合目标值合理控制电气参数，使变压器始终在经济运行区间内。

（4）变压器运行故障诊断：依托数据库的强大数据管理功能对变压器运行过程中的简单故障进行智能识别，并给出准确的故障类型和故障恢复建议。

问题8：变压器节能运行控制系统软件的基本运行流程是什么？

答：软件系统分为数据显示、数据管理、数据操作以及用户设置等几个功能模块。数据显示功能将与变压器工作相关的电气参数直观显示，同时以曲线方式显示变压器运行能耗及损耗；数据管理模块用于对数据定期存储并更新；数据操作模块则用于实现用户对变压器工作状态的调整；用户设置模块则是用户对软件系统的基本操作习惯的设置。

问题9：变压器智能控制器的内部控制算法需考虑哪些问题？

答：变压器的模糊控制算法决策时应重点考虑低压侧负荷，兼顾温度和时间；在合闸之前应进行储能，达到一定的能力后才能有效合闸；投切后检测开关状态可以检验投切操作是否可靠执行；系统控制出现严重失误时进行报警。

问题10：何种场合宜选用专用变压器？

答：空调等季节性负荷用电，医疗设备专用负荷，剧场、赛事等专用负荷。

4.3 建筑电气照明节能常见问题

4.3.1 民用建筑（居住建筑、公共建筑）照明节能常见问题

问题1：照明节能设计的一般规定有哪些？

答：照明节能设计就是在保证不降低作业面视觉要求、不降低照明质量的前提下，力求最大限度地减少照明系统中的光能损失，最大限度地采取措施用好电能、太阳能。通过选择合理的照明标准，选用合适的光源及高效节能灯具，采用合理的灯具安装方式及照明配电系统，并根据建筑的使用条件和天然采光状况采用合理有效的照明控制装置来实现。

问题2：照明节能的基本原则是什么？

答：照明节能所遵循的原则是必须在保证有足够的照明数量和质量的前提下，尽可能节约照明用电，这才是照明节能的唯一正确原则。照明节能主要是通过采用高效节能产品、提高质量、优化照明设计等手段达到受益的目的。

问题3：照明节能设计原则有哪些方面？

答：照明节能设计原则有五个方面：

（1）应在提高整个照明系统效率，保证照明质量的前提下，节约照明用电；

（2）照明设计应满足《建筑照明设计标准》GB 50034—2013所对应的照度标准，照明均匀度、统一眩光值、光色、照明功率密度值（简称LPD）、能效指标等相关标准值的综合要求；

（3）在民用建筑中所要求的照度值，可以根据照明要求的档次来选择照度标准值，档次要求高的允许提高一级，档次要求低的允许降低一级，以利于节能；

（4）建筑照度标准值应从节能方面考虑，贯彻按实际需求来选择照度标准值的高低，不宜追求和攀比高照度水平；

（5）照明设计时，应选择合适的照明方式。

问题 4：照明节能设计有哪些措施？

答：主要考虑以下措施：

（1）应根据国家现行标准、规范要求，满足不同场所的照度、照明功率密度、视觉要求等规定；

（2）应根据不同的使用场合选择合适的照明光源，在满足照明质量的前提下，尽可能地选择高光效光源；

（3）在满足眩光限制的条件下，应优先选用效率高的灯具以及开启式直接照明灯具，一般室内的灯具效率不宜低于 70%，并要求灯具的反射罩具有较高的反射比；

（4）在满足灯具最低允许安装高度及美观要求的前提下，应尽可能降低灯具的安装高度，以节约电能；

（5）合理设置局部照明，对高大空间区域，在高处采用一般照明方式，对于有高照度要求的地方，宜设置局部照明；

（6）应选择电子镇流器或节能型高功率因数电感镇流器，公共建筑内的荧光灯单灯功率因数不应小于 0.9，气体放电灯的单灯功率因数不应小于 0.85，并应采用能效等级高的产品；

（7）照明配电系统设计应减少配电线路中的电能消耗；

（8）主照明电源线路尽可能采用三相供电，以减少电压损失，并应尽量使三相照明负荷平衡，以免影响光源的发光效率；

（9）设置具有光控、时控、人体感应等功能的智能照明控制装置；

（10）充分合理地利用自然光、太阳能源等。

问题 5：照明节能指标如何确定？

答：主要由以下三个方面确定：

（1）房间和场所应采用一般照明的照明功率密度值（LPD）作为照明节能的评价指标；

（2）不同种类的建筑及场所有不同的照明功率密度对应值，计算房间或场所一般照明的照明功率密度值时，应计算其灯具光源及附属装置的全部用电量；

（3）各类建筑所对应的照明功率密度值不应大于规范的规定要求；当房间或场所的照度值高于或低于规定的对应照度时，其照明功率密度值应按比例提高和折减。

问题 6：减少照明配电线路中电能损耗的具体措施有哪些？

答：选用电阻率较小的线缆；设计合理的照明配电系统以减少线缆长度；通过适当加大线缆的截面积，以降低线路的阻抗。

问题 7：节能光源的选用原则有哪些？

答：节能光源的选用原则主要有以下几个方面：

（1）照明光源的选择首先应符合国家现行有关标准的规定；

（2）应根据不同的使用场合，选用合适的照明光源，所选用的照明光源应具有尽可能高的光效，以达到照明节能的效果；

（3）照明设计时，应尽量减少白炽灯的使用量，一般情况下，室内外不应采用普通白炽灯，在特殊情况下需采用时，其额定功率不应超过 100W；

（4）选择荧光灯光源时，应使用 T8 荧光灯和紧凑型荧光灯，有条件时应采用更节电的 T5 荧光灯；

（5）一般照明场所不宜采用荧光高压汞灯，不应采用自镇流荧光高压汞灯；

（6）在适合的场所应推广使用高光效、长寿命的高压钠灯、金属卤化灯及无极灯。

问题 8：如何选择合适的照明方式？

答：照明主要分为一般照明、分区照明、混合照明、加强照明、间接照明等多种照明方式。

（1）当工作位置密集时，可采用单独的一般照明方式，但照度不宜太高，一般不超过 500lx；

（2）当工作位置的密集程度不同，或仅为其中某一区域时，可采用分区照明的方式，要求高的工作区采用较高的照度，而非工作区可采用较低的照度，但两者的照度比不宜大于 3：1；

（3）对于照度要求高，但作业密度又不大的场所，应选用混合照明方式，即用局部照明来提高作业面的照度，以节约能源；

（4）在高大的房间和场所，可采用一般照明和加强照明相结合的方式，在上顶部设一般照明，下部柱、墙装设壁灯照明，比单独的一般照明更节能；

（5）当采用高强度气体放电灯时，由于光通量大、发光体积小，在低空间易产生照明不均匀和眩光，可利用灯具将光投向顶棚，再从顶棚反射到工作面上，这种间接照明方式既解决了存在的问题，又提高了照明质量，也是一种节电的照明方式。

问题 9：选用高效率节能灯具有哪些具体措施？

答：主要有以下具体措施：

（1）在满足眩光限制和配光要求条件下，荧光灯灯具效率不应低于：开敞式的为 75%、带透明保护罩的为 65%、带磨砂或棱镜保护罩的为 55%、带格栅的为 60%；高强度气体放电灯灯具效率不应低于：开敞式的为 75%、格栅或透光罩的为 65%、常规道路照明灯具为 70%、泛光照明灯具为 65%；

（2）根据使用场所条件，采用控光合理的灯具，如蝙蝠翼式配光灯具、块板式高效灯具等，块板式灯具可提高灯具效率 5%～20%；

（3）选用光通量维持率好的灯具，如涂二氧化硅保护膜、反射器采用真空镀铝工艺和蒸镀银光学多层膜反射材料以及采用活性炭过滤器等，以提高灯具效率；

（4）选用光利用系数高的灯具，使灯具发射出的光通量最大限度地落在工作面上，利用系数值取决于灯具效率、灯具配光、室空间比和室内表面装修色彩等；

（5）尽量选用不带附件的灯具，灯具所配带的格栅、棱镜、乳白玻璃罩等附件引起光输出的下降，灯具效率降低约 50%，电能消耗增加，不利于节能，因此最好选用开敞式直接型灯具；

（6）采用照明与空调一体化灯具，此灯具在夏季时可将灯所产生的热量排出 50%～60%，以减少空调制冷负荷 20%；在冬季利用灯所排出的热量，以降低供暖负荷；利用此灯具，大约可节省能源 10%。

问题 10：节能荧光灯的选用方法是什么？

答：节能荧光灯的选用主要考虑以下几个方面：

（1）荧光灯主要适用于层高 4.5m 以下的房间，如办公室、商店、教室、图书馆、公共场所等；

（2）荧光灯应以直管荧光灯为主，并应选用细管径型（$d \leqslant 26mm$），有条件时应优先选用直管稀土三基色细管径荧光灯（T8、T5），以达到光效高、寿命长、显色性好的品质要求；

（3）在要求照度相同条件下，宜采用紧凑型荧光灯取代白炽灯；

（4）双端荧光灯能效限定值及能效等级要求应符合《普通照明用双端荧光灯能效限定值及能效等级》GB 19043—2013 的规定；单端荧光灯能效限定值及节能评价值要求应符合《单端荧光灯能效限定值及节能评价值》GB 19415—2013 的规定。

问题 11：金属卤化物灯的选用方法是什么？

答：金属卤化物灯的选用主要考虑以下几个方面：

（1）室内空间高度大于 4.5m 且对显色性有一定要求时，宜采用金属卤化物灯；

（2）体育场馆的比赛场地因对照明质量、照度水平及光效有较高的要求，宜采用金属卤化物灯；

（3）一般照明场所不宜采用荧光高压汞灯，不应采用自镇流荧光高压汞灯，可用金属卤化物灯替代荧光高压汞灯，以取得较好的节能效果；

（4）商业场所的一般照明或重点照明可采用陶瓷金属卤化物灯，该灯比石英金属卤化物灯具有更好的显色性、更长的寿命、更高的光效；

（5）金属卤化物灯的光效和寿命与其安装方式、工作位置有关，应根据工作时照明的水平或垂直位置，选择合适的类型；

（6）光源对电源电压的波动敏感，电源电压变化不宜大于额定值的 10%；

（7）金属卤化物灯宜按三级能效等级选用；

（8）除 1500W 以外的规格，产品 2000h 光通维持率不应低于 75%。

问题 12：高压钠灯的选用方法是什么？

答：高压钠灯的选用主要考虑以下几个方面：

（1）高压钠灯的发光特性与灯内的钠蒸气压有关，标准高压钠灯光效高，显色性较差，适用于显色性无要求的场所；对显色性要求较高的场所，宜选用显色性改进型高压钠灯；

（2）高压钠灯可进行调光，光输出可以调至正常值的一半，功耗能减少到正常值的 65%；

（3）高压钠灯宜按三级能效等级选用，选用要求应符合《高压钠灯能效限定值及能效等级》GB 19573—2004 的规定；

（4）50W、70W、100W、1000W 的产品 2000h 光通维持率不应低于 85%，150W、200W、400W 的产品 2000h 光通维持率不应低于 90%。

问题 13：发光二极管（LED）的选用方法是什么？

答：LED 的特点是寿命长、启动时间短、光利用率高、耐振、温升低、电压低、显色性好和节电；适用于装饰照明、建筑夜景照明、标志或广告照明、应急照明、交通信号灯等动态照明和颜色的变化，现正在作为普通照明推广应用，适用于建筑物的走廊、门厅、楼梯间等公共区域照明；另外白光 LED，无红外线及紫外线辐射，可用于博物馆及展览厅等有特殊要求的场所。

问题 14：节能镇流器的选用原则有哪些？

答：主要有以下几个方面：

（1）自镇流荧光灯应配用电子镇流器；

（2）直管形荧光灯应配用电子镇流器或节能型电感镇流器；

（3）高压钠灯、金属卤化物灯应配用节能型电感镇流器；在电压偏差较大的场所，宜配用恒功率镇流器；功率较小者可配用电子镇流器；

（4）荧光灯和高强度气体放电灯的镇流器分为电感镇流器和电子镇流器，选用时宜考虑能效因数 BEF；

（5）各类镇流器谐波含量应符合《电磁兼容　限值谐波电流发射限值（设备每相输入电流≤16A）》GB 17625.1—2012 的规定；无线电骚扰特性应符合《电气照明和类似设备的无线电骚扰特性的限值和测量方法》GB 17743—2007 的规定。

问题 15：节能镇流器的选用方法有哪些？

答：宜按能效限定值及节能评价值选用管形荧光灯镇流器，选用要求参见《管形荧光灯镇流器能效限定值及能效等级》GB 17896—2012；宜按能效限定值及节能评价值选用高压钠灯镇流器，选用要求参见《高压钠灯用镇流器能效限定值及节能评价值》GB 19574—2004；宜按能效等级选用金属卤化物灯镇流器。

问题 16：民用建筑照明设计应考虑哪些问题？

答：根据民用建筑类型、各自功能、特点不同，决定其照明的基本要求：

（1）在照明设计时，应根据视觉要求、工作性质和环境条件，使工作区获得良好的视觉效果、合理的照度和显色性，以及适宜的亮度分布。

（2）在确定照度方案时，应考虑不同建筑对照明的不同要求，处理好电气照明与天然采光、建设投资及能源消耗与照明效果的关系。

（3）照明设计应重视清晰度，消除阴影，控制光热，限制眩光。

（4）照明设计时，应合理选择照明方式和控制方式，以降低电能消耗指标。

（5）选用使用寿命长、安全可靠、节能、维护简单方便的电光源和照明灯具；光源品种尽量少，以减少维护工作量、节约运行费；照明灯具要合理布置，有效地发挥灯具的应有作用。

（6）照明设计时，镇流器的选择：

1）自镇流荧光灯应配用电子镇流器；

2）直管形荧光灯应配用电子镇流器或节能型电感镇流器；

3）高压钠灯、金属卤化物灯应配用节能型电感镇流器；在电压偏差较大的场所，宜配用恒功率镇流器；功率较小者可配用电子镇流器；

4）采用的镇流器应符合该产品的国家能效标准。

问题 17：照明功率密度值（LPD）的意义是什么？

答：LPD 限值是限定一个房间或场所的照明功率密度最大允许值，设计中实际计算的 LPD 值不应超过标准规定值，计算式如下：

$$LPD = \sum P/A = \sum (P_L + P_B)/A \quad (W/m^2)$$

式中　P——单个光源的输入功率（含配套镇流器或变压器功耗），W；

P_L——单个光源的额定功率，W；

P_B——光源配套镇流器或变压器功耗，W；

A——房间或场所的面积，m^2。

LPD 限值是国家依据节能方针从宏观上做出的规定。因此要求照明设计中实际的 LPD 值应小于或等于标准规定的 LPD 最大限值。如果相等，说明是"合格"的设计；如果超出，则是"不合理"的设计。因此要求设计师努力优化方案，力求降低实际 LPD 值，使之小于，甚至大大小于规定的 LPD 值，做到"良好"或"优秀"的节能设计。

问题 18：如何降低 LPD 值？

答：要降低 LPD 值应采取以下措施：

（1）高光源的光效 Γs，包括镇流器或变压器功耗；

（2）提高利用系数 U，就是要选用效率高的灯具，以及与房间相适应的灯具配光，并注意合理提高房间顶棚、墙壁的反射比；

（3）合理确定照度标准值，设计照度应控制在标准值范围内，不要超过标准值 10%；只要精心设计，优化设计方案，定能实现规定的 LPD 指标，从而做到节能的要求。

问题 19：各类公共建筑的照明设计措施有哪些？

答：公共建筑如学校、办公楼、宾馆、商场、体育馆、影剧院、候机厅、候车厅等建筑的走廊、门厅、楼梯间等公共场所的照明，宜采用集中控制，并按建筑使用条件和天然采光状况采取分区、分组控制措施。住宅建筑等的楼梯间、走道的照明，宜采用节能自熄开关控制。节能自熄开关宜采用红外移动探测加光控开关，应急照明应有应急时强制点亮的措施。旅馆的门厅、电梯大堂和客房层走廊采用夜间定时降低照度的自动调光装置。医院病房走道夜间采取能关掉部分灯具或降低照度的控制措施。

问题 20：如何选择电光源？

答：根据光的产生原理，电光源分为两大类：白炽灯和气体放电灯。目前在民用建筑领域中用的较多的电光源是白炽灯、金属卤化物灯、高压钠灯。白炽灯价格便宜，安装简单，单色性极好，但它的致命弱点是发光率太低，达不到节能的目的。因此在选择光源时，应尽量减少白炽灯的使用量。低压钠灯和高压钠灯的发光率最高，但由于色温低，光色偏暖，显色指数在 40~60 之间，失真度大，只能用作路灯或广场照明；显色指数在 60 以上的高显色性钠灯可与汞灯组成混合灯，用于工程及体育馆照明；光效高的金属卤化物灯，三基色荧光灯选择性好，显色指数高，颜色失真度小，因此除用作商场、展厅的照明外，还广泛用在车站的候车室、码头的候船室、航空港的候机楼以及用作舞台的灯光照明等；一般荧光灯及三基色荧光灯可用于写字楼、住宅的照明；尽量不用或少用白炽灯，只有在局部艺术照明或防止高频光谱照射的古董字画照明中才使用，虽然它光色好，显色指数最高，但达不到节能的目的。

问题 21：采用合理的照明配电减少供电线路的损失有哪些措施？

答：采用合理的照明配电，可以减少供电线路的损失有以下措施：

（1）照明电源线路应尽量采用三相四线制供电，以减少电压损失，在设计时应尽量使三相照明负荷对称，以免影响光源的发光效率。

（2）除为了安全必须采用 36V 以下照明灯具外，应尽量采用较高电压的照明灯具。

（3）应当使电气照明的工作电压保持在允许的电压偏移之内。采用气体放电光源较多的场所，应采用补偿电容提高功率因数。

（4）照明配电干线和分支线应采用铜芯，有利于用电安全，提高可靠性，同时降低线路电能损耗。

问题 22：对灯具的选择有哪些要求？

答：灯具的主要功能是将光源所发出的光进行再分配，而且还有装饰和美化环境的作用。选择灯具时应优先选用直射光通比例高、控光性能合理的高效灯具。不宜采用效率低、带扩散玻璃、透光性能差的灯具。

（1）无特殊要求的场所，应选用效率高的直接型灯具，如办公室、教室、工业场所。合理处理不同功能场所的空间亮度与工作面照度的关系。类似候机厅可用半间接型或漫射型灯具。

（2）对于灰尘多的场所和道路照明灯，应选用维持率高的灯具，以避免使用过程中灯具输出光通过度下降。

问题 23：照明节能的基本原则是什么？

答：提倡照明节能，不等于降低对视觉作业要求和降低照明质量。照明节能的基本原则是保证不降低场所的视觉要求，在保证照度标准和照明质量的前提下，力求减少照明系统中的能耗，最有效地利用电能。

问题 24：什么是照明功率密度（Lighting Power Density，LPD)？

答：在工程应用上，以照明功率密度（LPD）值作为照明节能指标，它是房间单位面积上的照明安装功率（包括光源、镇流器或变压器等照明附属装置的功率），单位为瓦特每平方米（W/m²）。房间一般照明的照明灯具总安装功率（含附属装置功耗）不得大于现行规范规定的 LPD 值与该房间面积的乘积。LPD 是许多国家用来作为照明节能的评价指标。LPD 可按整栋建筑或该类建筑逐个房间来规定，我国《建筑照明设计标准》GB 50034—2013 按分类建筑的逐个房间规定 LPD 值，具体数值本书从略。

问题 25：平均照度值受哪些因素影响？

答：平均照度值可采用利用系数法由下式计算：

$$E_{aV} = \frac{N\phi UK}{A}$$

式中 E_{aV}——工作面上的平均照度，lx；

ϕ——光源光通量，1m；

N——光源数量；

U——利用系数；

A——工作面面积，m²；

K——灯具的维护系数。

例如：用 T8 三基色直管荧光灯 18 盏，每盏功率 36W，$R_a \geqslant 80$，色温 4000K，光通量 $\phi = 3250$lm，灯具利用系数 0.72，维护系数 0.8，房间面积 64m²，照度为：

$$E = \frac{3250 \times 18 \times 0.72 \times 0.8}{64} = 526.5\text{lx}$$

由上可见，在利用系数法计算平均照度值公式中，房间面积是定值，当环境确定时其维护系数也是定值。对光源数量而言，一方面当光源数量增加，光通量增加，有利提高照度，但用电功率随之增加，是不节能的；另一方面当光源数量减少，虽用电功率减少，但光通量随之减小，不利于照度水平。因此光源单位电功率所能发出的光通量，即"光效"对房间的照度值起着举足轻重的作用。另外，从平均照度值计算公式还可知，灯具效率也对照度值产生影响。

问题 26：如何评判节能型光源？

答：常见光源按其光效大小从上到下排列如表 4-4 所示。

常见光源的比较 表 4-4

光源种类	额定功率范围 (W)	光效 (1m/W)	显色指数 R_a	色温 (K)	平均寿命 (h)	综合能效 (1000lm·h/W)
高压钠灯	35～1000	64～140	23/60/85	1950/2200/2500	12000～24000	768～3360②
金属卤化物灯	35～3500	52～130	65～90	3000/4500/5600	5000～10000	260～1300⑤
发光二极管（LED）		50～110	最高至85	2700～8000	25000～35000	1250～3850③
三基色荧光灯	28～32	93～104	80～98	全系列	12000～15000	1116～1560④
紧凑型荧光灯	5～55	44～87	80～85	全系列	5000～8000	220～696⑥
普通直管形荧光灯	4～200	60～70	60～72	全系列	6000～8000	360～560⑦
高频无极灯	55～85	55～70	85	3000～4000	40000～80000	2200～5600①
荧光高压汞灯	50～1000	32～55	35～40	3300～4300	5000～10000	160～550⑧
卤钨灯	60～5000	14～49	95～99	2800～3300	1500～2000	21～60⑨
普通照明用白炽灯	10～1500	7.3～25	95～99	2400～2900	1000～2000	7.3～50⑩

注：LED 参数仅供参考。高显色性高压钠灯，光效较低。

从表 4-4 排列顺序可对各种光源的不同光效一目了然。表中在最后一列同时给出对应光源的综合能效，并在具体数值后以带圈的数字表示其从大到小的排序。所谓光源综合能效是从光效和寿命两个维度全面评价光源的节能效果，这种评价方法称之为光源综合能效评价法，其算术式可表达为：

光源综合能效＝光效·寿命＝光通量·寿命/额定功率（1m·h/W）

从光源的综合能效来理解，如果光源仅是光效较高，但寿命较短，更换过多的光源必然造成生产、运输和销售等全过程的能源浪费，这样的光源不能算节能型光源。由此可见，节能光源不仅与光源的光效有关，还与光源的寿命相关，用光源综合能效，即光通量·寿命/额定功率来评价光源的节能特性更具科学性。以此推理，照明节能设计，如果仅是选用高效光源，其理论寿命也较长，但因各种原因使其实际运行寿命却比理论寿命短得多，这样的照明设计同样不能称之为照明节能设计。

从表 4-4 中可知卤钨灯和白炽灯无论从光效还是综合能效都是最低的，因此我国已经正式制定"中国逐步淘汰白炽灯路线图"，从 2011 年过渡时期起，最终于 2016 年淘汰普通照明用白炽灯。

问题 27：如何选择节能型光源？

答：一般地，选择节能型光源的重要参数是显色性要求和房间高度。基于这两个参数来选择一般照明光源的原则可按矩阵模式表达，如图 4-2 所示。

高频无极灯综合能效的排序能在第一，主要缘于寿命超长，这是基于无极灯没有灯丝和电极，灯体不存在限制寿命的元件。但根据其原理，灯体需要配套高频发生器产生高频

（房间高度）→

（显色指数R_a）↑

细管径（≤26mm）直管形三基色 T8 和 T5 荧光灯	高频大功率细管径荧光灯、高显色性钠灯、金属卤化物灯	80
直管形三基色 T8 荧光灯、紧凑型荧光灯、LED	高压钠灯、金属卤化物灯	

4.5m

图 4-2　节能型一般照明光源选择原则矩阵

恒电压在灯泡内建立静电强磁场，灯体才能工作。可见，高频无极灯的综合体还是存在限制寿命的元件高频发生器，实际上综合寿命低于灯体寿命，加之其光效不高（表 4-4 中倒数第 4 行），所以在实际应用上不普遍。

镇流器、启辉器等附件一体化的自镇流紧凑型荧光灯（一般消费者称为节能灯）可以直接安装在标准的白炽灯灯座上，直接替代白炽灯，与白炽灯相比节电率可达 75％左右，非常适合于新建住宅和旅馆客房使用以及作为既有白炽灯灯座的光源替代。

LED（Light-Emitting Diode）发光二极管经过几十年的技术改良，其发光效率有了较大的提升，目前市场常见光效有 80～110lm/W 。发光二极管用于室内照明能达到节能的效果，发光效率到 2015 年有望达到 150lm/W。在未来会有更大的发展，并将逐渐进入主流照明体系。发光二极管具有光线集中，光束角小的特点，更适合用于重点照明。发光二极管用于旅馆的客房节能效果非常显著。

在高强度气体放电（HID）灯中，荧光高压汞灯光效较低，约为 32～55lm/W，寿命不是太长，最长 10000h，显色指数也不高，为 35～40，为节约电能不宜采用。

问题 28：选择高效灯具的标准是什么？

答：在规定的条件下，灯具发出的总光通量占灯具内光源发出的总光通量的百分比，称为灯具效率，它说明了灯具对光源光通的利用程度。影响灯具效率的主要因素有反射器和保护罩的材料。目前这些材料众多，一般地，对反射器而言，经镀铝处理的反射镜其反射率可达 80％以上，而保护罩以透明玻璃的透过率为最高，棱镜塑料次之。因此，在灯具选型时，应选用高效的灯具，以利节能。根据我国现有产品能效标准以及现有灯具效率水平，表 4-5～表 4-9 可作为高效灯具的最低选用标准。

双端荧光灯灯具的效率　　**表 4-5**

灯具出光口形式	开敞式	保护罩（玻璃或塑料）		格　栅
		透　明	棱　镜	
灯具效率	75％	70％	55％	65％

紧凑型荧光灯、小功率金属卤化物灯筒灯灯具的效率　　**表 4-6**

灯具出光口形式	开敞式	保护罩	格　栅
灯具效率	55％	50％	45％

高强度气体放电灯灯具的效率　　**表 4-7**

灯具出光口形式	开　敞　式	格栅或透光罩
灯具效率	75％	60％

发光二极管筒灯的效能（$R_a \geqslant 80$）　　　　　　　　　表 4-8

色温	2700K		3000K		4000K	
灯具出光口形式	格栅	保护罩	格栅	保护罩	格栅	保护罩
灯具效能（lm/W）	55	60	60	65	65	70

发光二极管灯盘的效能（$R_a \geqslant 80$）　　　　　　　　　表 4-9

色温	2700K			3000K			4000K		
灯盘出光口形式	格栅	保护罩	开敞式	格栅	保护罩	开敞式	格栅	保护罩	开敞式
灯盘效能（lm/W）	60	65	70	65	70	75	70	75	80

问题 29：如何选择节能型镇流器？

答： 作为荧光灯管必不可少的配件，镇流器的功耗及其性能也越来越受到用户的关注。荧光灯点灯有电感镇流器和电子镇流器两种方式。长期以来，用户习惯使用传统型电感镇流器，因为它可靠性好、寿命长、价格低、一次性投资很少。然而电感镇流器由于其自身结构的问题，存在功耗大、重量重、体积大、频闪严重、噪声大等诸多缺点，正逐步被电子镇流器替代。表 4-10 是电感镇流器和电子镇流器功耗占灯功率的百分比的对比，从中可以看出二者的优劣。灯功率越大，镇流器的损耗比越低；在灯功率相同的条件下，节能型电感镇流器比传统型电感镇流器的损耗低，而电子镇流器又比节能型电感镇流器的损耗低。因此，照明设计采用荧光灯光源时，应选配电子镇流器或节能型电感镇流器的灯具。一体化紧凑型荧光灯也应选用自带电子型镇流器的。当采用高压钠灯和金属卤化物灯时，应配用节能型电感镇流器。对于功率较小的高压钠灯和金属卤化物灯，可配用电子镇流器。在电压偏差大的场所，采用高压钠灯和金属卤化物灯时，为了节能和保持光输出稳定，延长光源寿命，宜配用恒功率镇流器。

镇流器的功耗占灯功率的百分比（单位：%）　　　　　　　　　表 4-10

灯功率（W）	电感镇流器		电子镇流器
	传统型	节能型	
<20	40～50	20～30	10～11
30	30～40	～15	～10
40	22～25	～12	～9
100	15～20	～11	～8
250	14～18	～10	<8
400	12～14	～9	～7
>1000	10～11	～8	—

问题 30：如何选择合适的照度？

答： 光源的选择直接影响到照度及 LPD 值，要同时满足对照度和 LPD 值的要求，就必须对照明设计进行详细的正确计算。否则很可能出现两种情况：一种情况是未采用高光效的光源及高效率的灯具，其 LPD 值满足了要求，但房间的实际照度达不到规定的标准；另一种情况是设计采用了高光效的光源及高效率的灯具，但房间未进行照度计算，结果导致 LPD 值虽然小于规定要求，但照度远远高于规定的照度标准，这也是不节能的。

因此，照度的确定必须科学、合理、经济。照度标准及 LPD 值应符合《建筑照明设计标准》GB 50034—2013 的要求。

4.3.2 工业建筑照明节能常见问题

问题 1：工业厂房照明节能设计的措施有哪些？

答：照明节能措施包括管理节能和技术节能。

（1）管理节能主要是通过加强照明的设计、施工和管理各环节的制度建设和监管来实现节能。主要有进行合理设计、选择恰当的照度标准、照明灯具的智能化控制等途径。措施如下：工业厂房尽量利用自然采光，靠近室外部分的工业厂房应将门窗开大，采用透光率较好的玻璃门窗，以达到充分利用自然光的目的。或者在大的进深空间中，采用中庭设计，增大利用自然光的照度面积，在设计中电气专业应多与建筑专业配合，做到充分合理地利用。

（2）技术节能，就是通过开发推广节能技术来实现节能。主要是通过技术的革新来提高效率。改进灯具控制方式，采用各种节能型开关或装置也是行之有效的节电方法。根据照明使用特点可分区控制灯光或适当增加照明开关点。

问题 2：大型工业厂房照明设计的基本要求有哪些？

答：工业厂房是生产重地，按其建筑结构形式可分为单层工业建筑和多层工业建筑。镀锌生产线的工业厂房一般为单层建筑，其特点是大柱网、大跨度、大空间。冷却塔处厂房高度达 60m 以上，其余部分厂房高度在 35m 以上，由于其结构高大、灯具悬挂高、照明空间大、灯具数量多等诸多特点决定了其照明的基本要求。由于识别对象的特殊性，所以照明方式要合理，照明质量要高，包括显色指数高、光效高；照度分布均匀合理、眩光小等，同时合理选择照明方式，使照明设计做到既经济又适用，能满足各种不同场合的照明需要。选用使用寿命长、安全可靠、维护简单方便的电光源和照明灯具；光源品种尽可能少，以减少维护工作量、节约运行费；照明灯具要合理布置，有效地发挥灯具的应有作用。选择合理的照明配电网络设计，保证各种光源的正常工作，同时提供必要的供电保障，以满足电光源对电压质量的要求；选择合理、方便的控制方式，以便于照明系统的管理和维护。

问题 3：厂房照明节能设计中电气附件如何选用？

答：目前所采用的镇流器种类主要有两种：电感镇流器和电子镇流器。

（1）使用节能型电感镇流器和电子镇流器。电感镇流器的优点是寿命长、可靠性高和价格相对低廉；而其缺点是体积大、重量重、自身功率损耗大，约为单灯功率的 20%～30%，有噪声、功率因数低、频闪等，是一种不节能镇流器。而电子镇流器具有比电感镇流器明显的提高功效、减少能耗的效果，且功率因数高、启动可靠、无频闪，虽然存在着使用寿命短，经济性不高的缺点，但随着电力电子等相关技术的发展，大范围推广采用电子镇流器是大势所趋。镀锌厂房照明采用了低能耗、性能优的电子镇流器作为光源用电附件。

（2）实行单灯电容补偿。厂房灯具配用电子镇流器时，相当于进行了单灯补偿。单灯的功率因数提高到 0.85 以上，这样既能减少电路无功功率，又能降低线损和电压损耗，同时因为线路电流降低，可选用较小截面的导线。

问题4：厂房照明节能中如何布线以减少供电线路上的损耗？

答：照明线路的损耗约占输入电能的 4% 左右，影响线路损耗的主要因素是供电方式和导线截面积。大多数照明电压为 220 V，采用的供电方式包括单相两线制、两相三线制和三相四线制三种方式。由此可知，三相四线制方式供电比其他方式损耗要小得多，因此照明系统采用三相四线制方式。照明回路分配时，尽量保证三相用电基本平衡，以减少线路损耗。在配电线路的设计上，长距离配线，适当加大电缆截面，不仅减少了因线路较长引起的电压降，同时由于压降小，线路损耗也小，系统稳定性提高，既延长了整个系统的寿命，同时还节约了电能。

问题5：照明配电中供电电源对照明及节能的影响有哪些？

答：供电电源的质量会影响照明电器的性能。照明电器的端电压不宜过高或过低，电压过高会缩短光源寿命，电压低于额定值会使光通量下降。如采用荧光灯，端电压为额定电压的 90%，则荧光灯的实际光通量仅为原光通量的 85%；而当灯具端电压为额定电压的 110% 时，实际寿命将缩短为原值的 80%。因而，正常照明电源在设计中尽力做到不与冲击性电力负荷及工艺负荷合用变压器，以有效地控制照明电器的端电压波动，并应对照明负荷进行专项计量；照明配电系统接地形式应与建筑供电系统统一考虑，一般采用 TN-S；三相配电干线的各项负荷宜分配平衡，最大相负荷误差在 ±5% 以内。特殊情况下，应急照明和用电安全特低电压供电的照明及安装空间高、维护麻烦的灯具，可适当降低端电压以延长光源寿命。

问题6：如何选择工业照明光源？

答：光源应根据生产工艺的特点和要求选择。照明光源宜采用无极灯、三基色细管径直管荧光灯、金属卤化物灯或高压钠灯。光源点距地高度在 4m 及以下时宜选用无极灯和细管荧光灯；高度较高的厂房（6m 以上）可采用无极灯和金属卤化物灯，无显色要求的可用高压钠灯。

（1）工厂照明的下列场所适合使用无极灯：

1）灯具要频繁开关、瞬时启动的场所；

2）有行车作业，需要避免产生眩光的场所；

3）用灯时间长，用电量大，需要节能、节电、省钱的场所；

4）需要严格识别颜色的场所（如光谱分析室、化学实验室等）。

（2）工厂照明的下列场所可使用白炽灯：

1）对防止电磁干扰要求严格的场所；

2）开关灯频繁的场所；

3）照度要求不高，照明时间较短的场所；

4）局部照明及临时使用照明的场所。

（3）在需要严格识别颜色的场所（如光谱分析室、化学实验室等）宜采用高显色三基色荧光灯。

问题7：工业电子厂房照明节能设计要求有哪些？

答：照明节能的实施，实际上是通过高效照明装置节能产品选用与建筑电气优化设计两个重要环节来完成。我国《洁净厂房设计规范》GB 50073—2013 中明确规定了无采光窗洁净区工作面的照度值最低要求值。无采光窗洁净区混合照明中的一般照明，其照度值应该按各视觉等级相应混合照度值的 10%～15%确定，并不得低于 200lx。作业区内一般照明的均匀度不应小于 0.7，作业区周围的照明均匀度不应小于 0.5。荧光灯是工业电子厂房用量最大的气体放电光源，是节能光源。T5 和 T8 做光源的灯具在工业电子厂房里使用量最大，合理的区分和选用对节能和照明质量控制尤为重要。灯具的效率说明灯具对光源光通量的利用程度，其效率总是小于 1。灯具的效率在满足使用要求的前提下，越高越好。

工业建筑照明节能设计所要考虑的特殊因素主要有厂房的高度高，像机械加工、冶金等工业厂房高度，低的有 5～6m，高的可达 30～40m。高房间在民用建筑中也屡见不鲜，因此厂房高度高对工业建筑照明的节能设计问题都可在民用建筑中一并解决，并没有另外特别重要的问题。因此建议此部分取消。

4.3.3 其他

问题 1：LED 光源与普通光源相比有诸多优点，在建筑照明中有越来越多应用的趋势，但近年以来，关于 LED 光源"蓝光溢出伤眼"的说法多次出现。什么是蓝光？LED 的蓝光是安全的吗？建筑物照明大规模采用 LED 光源要注意什么？

答：（1）关于什么是蓝光：

除了紫外线、红外线等不可见光会对眼睛造成损害外，其实，可见光中波长最短、占据大部分的蓝光，对于视觉功能的损伤也很大。可见光是由红、橙、黄、绿、青、蓝、紫七种颜色的光组成，其中，波长在 435～500nm 的光对应蓝色和青色，科学界通常将 400～500nm 的波长范围称为"蓝光区"。蓝光具有高能量的光线，尽管它不是特别刺眼，但是穿透力很强，可以穿透晶状体直达视网膜，损伤视网膜感光细胞，且加速黄斑区细胞的氧化，引起视力损伤，而且这些损伤是不可逆的。因此，蓝光也被称为最危险的可见光。

在生活中，蓝光是普遍存在的，它不仅存在于太阳光中，还大量存在于电脑显示屏、数码电子产品显示屏、手机、电视、iPad 甚至汽车车灯、霓虹灯、浴霸以及 LED 光源中。生活中，我们似乎已经不能离开电脑、笔记本、手机等数码产品，在提高工作效率，享受娱乐生活的同时，我们也应该注意科学用眼。

（2）LED 的蓝光的安全性：

LED 全名发光二极管（英语：Light-Emitting Diode，简称 LED），其早在 1962 年就被研发出来，只不过早期的 LED 只能发出单色的光，并且亮度也比较低，因此应用的市场也比较狭窄。直到最近几年，LED 开始爆发起来，国内的 LED 产业也是蓬勃发展，不仅技术上有了突破，由于有大量的企业生产，其价格也是逐渐地降低下来，终于有了广泛的应用市场，如今随处可见的 LED 照明、LED 电视、LED 显示器、LED 投影机，都是 LED 光源成功的应用模式。

LED 光源的优势首先就是寿命长、稳定性强，其次就是节能效果好，因此功耗要低于传统的光源。

目前市场上 LED 灯具常用的技术"蓝光芯片＋黄色荧光粉"，使 LED 灯光中蓝光的含量相对较高，眼睛长时间直视光源后可能引起视网膜的光化学损伤。但这不代表 LED 灯比其他灯具更伤眼。复旦大学近期的对比实验表明，相同色温的 LED 灯和节能灯的蓝光安全性相差无几。

蓝光危害程度取决于人眼在灯光下所累积接收的蓝光剂量。色温，是光源光谱质量最通用的指标。"暖光"的色温较低，而"冷光"的色温相对较高。色温提高后，蓝辐射的比例增加，蓝光随之增加。同时，亮度也影响蓝光的比例。一般来说，同样色温的日光灯和 LED 灯，只要后者的亮度不超过前者的 3 倍，基本上没有危害。不过个别过于明亮的 LED 灯具，其蓝光比例有可能超过安全值。随着 LED 工艺的日渐成熟，厂商不再需要通过一味提高灯具的色温和功率来实现高流明度，客观上也降低了蓝光过度的可能性。

LED 光源是否安全的问题，就像太阳光是否安全的问题一样。一般来说，太阳光是安全的，但如果盯着太阳看，也会造成眼灼伤。

2013 年国际半导体照明联盟（ISA）与国家半导体照明工程研发及产业联盟（CSA）组织国内外权威专家，在国际国内多年研究成果的基础上，撰写了《普通照明 LED 与蓝光》白皮书，白皮书主要结论为：

1）现在普通照明用的白光 LED 的光效已超过传统光源，其灯具效率也明显高于传统灯具。白光 LED 显色性良好，性能稳定。LED 照明系统可实现智能化照明，既可调光，又能改变色温，因而 LED 可以提供低碳舒适的最佳照明。

2）蓝光是白光的基本成分。与日光和传统光源一样，白光 LED 也含有蓝光。适量的蓝光不仅为保证光源的显色性能所必需，还能对人的生理节律有调节作用。

3）蓝光对于视网膜的伤害主要是由波长为 400～500nm 的过量辐射造成的。根据各种光源和日光光谱计算得到的数据及国内外权威实验室的测量结果表明：白光 LED 光源的蓝光含量不高于相同色温下荧光灯和金属卤化物灯等传统光源及日光；白光 LED 光源在人眼视网膜上的蓝光辐照量与荧光灯和金属卤化物灯等传统光源类似，属于 0 类和 1 类的安全照明产品。

4）为了确保 LED 照明产品的光生物安全和照明质量，LED 光源和照明系统必须符合国内外相关标准，并采用合理的光学设计，将出光面的表面亮度控制在合适的水平。在使用时，所采用的照度和色温应根据具体应用而定。

5）与传统光源类似，正确使用合格的普通照明白光 LED 产品，对于人眼是完全安全的。

LED 的蓝光安全是光生物安全中的重要课题，国内外学术界与产业界通过系统研究，已陆续发布研究数据；国际行业组织如 IES、CIE、IEC、GLA 支持 LED 在产品质量合格、正确使用的前提下，与传统光源及自然光相比，不具有蓝光危害。

（3）建筑物照明大规模采用 LED 光源的注意事项：

虽然说 LED 光源使用得当的话，其并不比传统灯具危险性更高。但建筑照明大规模采用 LED 光源同采用其他普通光源一样，为了防止蓝光危害，还是要注意采取一些相应的技术措施。

我国国家标准《灯和灯系统的光生物安全性》GB/T 20145—2006 中，对蓝光危害和量化的计算方法做出明确介绍，并指出 LED 照明产品与其他光源相比并没有区别，属于曝辐限值规定的安全范围内。国际上按照蓝光强度已制定出有关蓝光的光生物安全标准，并设定可能导致蓝光危害的各项数值。比如，将没有蓝光危害的光源产品称为"零类产品"；将具有较小蓝光危害，眼睛不能较长时间直视光源的产品称为"一类产品"；将具有较大蓝光危害的光源称为"二类产品"。目前被用作 LED 照明的基本为零类和一类，如果是二类则被强制性打上"眼睛不能盯着看"标签。因此我们设计选用包括 LED 光源在内的所有光源时，对人躺卧为主的场所（例如医院病房）必须选用"零类产品"，其他场所应尽量选用零类产品；选用"一类产品"时应严格控制眩光值；一般场所均不得选用"二类产品"。

复旦大学在对 LED、白炽灯、节能灯、卤钨灯等各类光源进行实验测试后发现，在"蓝光剂量"上，发光面透明的 LED 灯比白炽灯、节能灯高出许多，但发光面上装有塑料扩散面板的 LED 灯的蓝光剂量很小，低于白炽灯和节能灯。因此，选用 LED 灯用于室内照明时，建议选用带塑料扩散面板的灯具。

色温高的光源蓝光含量比色温低的光源高，因此在设计照明时要注意色温的选取。蓝光一定程度上控制着人的生物钟。蓝光刺激会促进我们的身体分泌皮质醇（可的松），使我们精力旺盛地进行工作，因此在工作场所选择的光源其色温可以偏高。而在休息的场所，选择光源的色温需偏低，即使在安全范围内也不宜采用蓝光较多的冷色光，最好采用低色温的暖色光，低色温对人体内褪黑素分泌的影响较小，有利于精神放松和睡眠。

问题 2：什么是绿色照明？绿色照明有哪些评价指标？

答：（1）绿色照明的概念：

绿色照明是美国国家环保局于 20 世纪 90 年代初提出的概念，是 90 年代初国际上对采用节约电能、保护环境照明系统的形象性说法，绿色照明的"绿"主要体现在能够大幅度节约照明用电，减少环境污染，促进以提高照明质量、节能降耗、保护环境为目的的照明电器新型产业的发展。绿色照明工程要求照明节能，已经不完全是传统意义的节能，是要满足对照明质量和视觉环境条件的更高要求，因此不能靠降低照明标准来实现节能，而是要通过充分运用现代科技手段提高照明工程设计水平和方法，提高照明器材效率来实现。高效照明器材是照明节能的重要基础，但照明器材不只是光源，光源是首要因素但不唯一，灯具和电气附件（如镇流器）的效率，对于照明节能的影响是不可忽视的。譬如，一台带漫射罩的灯具，或一台带格栅的直管形荧光灯具，高效优质产品比低质产品的效率可以高出 50%～100%，足见其节能效果。

绿色还提倡自然光的应用，例如光导照明。光导照明系统由采光罩、光导管和漫射器三部分组成。其照明原理是通过采光罩高效采集室外自然光线并导入系统内重新分配，经过特殊制作的光导管传输和强化后由系统底部的漫射器把自然光均匀高效地照射到场馆内部，从而打破了"照明完全依靠电力"的观念。

完整的绿色照明内涵包含高效节能、环保、安全、舒适 4 项指标，缺一不可。高效节能意味着以消耗较少的电能获得足够的照明，从而明显减少电厂大气污染物的排放，达到环保的目的。安全、舒适指的是光照清晰、柔和及不产生紫外线、眩光等有害光照，不产生光污染。

（2）绿色照明的"节能"指标：

光源的节能包括高的光效、长的寿命、稳定的光通维持率 3 个方面。

1）绿色照明应选择高光效的光源。

据预测，到 2015 年卤钨灯的光效有望做到 30～40lm/W，可以完全成为白炽灯的替代品；荧光灯 T5、T8 直管光效可达 120lm/W；紧凑型荧光灯（CFL）可达到 85lm/W以上；高压钠灯的光效能达到 160lm/W 以上；功率 1W 的 LED，暖白色光效可达 150lm/

W，冷白色光效将达 180lm/W。

2）选择合适的长寿命光源。

质量好的直管荧光灯寿命可达 2 万～2.5 万 h，紧凑型荧光灯（CFL）寿命可达 1 万 h 以上，高压钠灯寿命 2.5 万～3 万 h，陶瓷金卤灯寿命 1.5 万～2.5 万 h，LED 的寿命有 2 万～3.5 万 h。寿命长的光源可能价格略高，但比价低寿命短的光源总体上经济性要好得多。

3）选择光通维持率高的光源。

照明设计中的光通维持率这个指标很重要，但又容易被忽视。质量好的荧光灯 1.6 万 h 光通维持率 90％，钠灯可以达到 2 万 h 90％，陶瓷金卤灯是 2 万 h 62％。在国家的招标文件对 LED 的要求是 1 万 h 光通维持率 86％。但光通维持率指标差的产品，例如荧光灯往往 5000h 光通维持率就只有 60％了。

（3）绿色照明的"环保"指标：

绿色照明环保是指光源、灯具及其附件要满足低有害物质排放的要求。

有个误区是认为荧光灯的电磁辐射比较高。但国家电光源质量监督检验中心对从市场上正规渠道购买的大量节能灯进行测试，这些节能灯的电磁辐射没有任何问题。专业的研究数据表明，节能灯和 HID 的电磁辐射都很小，大量使用也不会对环境造成电磁辐射威胁。

还有个误区是认为荧光灯的汞污染严重。实际上随着新标准、新技术的应用，荧光灯的汞危害已越来越低，目前我国现行有效的荧光灯含汞量限值标准是 2008 年发布实施的《照明电器产品中有毒有害物质的限量要求》QB/T 2940—2008，其中规定三基色节能灯含汞量最高值为 5mg。在 2011 年最新完成修订的节能灯国家标准（《普通照明用自镇流荧光灯 性能要求》GB/T 17263—2013）中，30W 以下节能灯含汞量不能超过 2.5mg，"低汞"节能灯含汞量不能超过 1.5mg，"微汞"节能灯含汞量不能超过 1.0mg。假设一只意外破碎的荧光灯中的 3mg 汞原子全部挥发成汞蒸气，且经过呼吸道被一个体重 50kg 的人全部吸收，也远低于国际上最严格的安全水平限值 35mg/周。现在的荧光灯采用固汞技术，汞与其他金属形成的均匀混合物或合金，使汞在常温下以固体的形态存在，可以有效地减少荧光灯在生产、使用和回收过程中的汞挥发污染，减少对人体健康的危害。在荧光灯灯管破碎的瞬间，能够立即挥发出来的只有发光所需的不到 0.01mg 的汞蒸气（对于固汞节能灯而言，未点燃状态下的汞蒸气量会更低）。只要不是长期、大量地接触破碎的荧光灯管，荧光灯中的汞对人体的影响几乎可以忽略。随着低汞和微汞荧光灯的技术成熟，在国家有关政府部门的积极努力下，我国的荧光灯行业用汞量在 2013 年降低到 10t，这对于每年经自然途径排放到环境中的以千吨计的汞而言，可以说是微乎其微的。

总之，选用合格的光源，包括各类荧光灯，是能满足各项环保要求的。

（4）绿色照明的"安全"指标：

绿色照明的安全包括电气安全、光生物安全两个方面。

照明的电气安全是首要的，需要靠建筑电气设计采用安全的照明配电和保护措施来实现。

照明的光生物安全，是指光源发出的光中所包含的紫外、蓝光、近红外等波长的光对人眼的伤害，以及非视觉生物效应，等等。

照明的非视觉生物效应是 2002 年美国 Brown 大学的 Berson 等人发现的，其研究发现，哺乳动物视网膜具备第三类感光细胞（即视网膜特化感光神经节细胞（ipRGC）），这类感光细胞能参与调节许多人体非视觉生物效应，包括人体生命体征的变化、激素的分泌和兴奋程度。照明质量的评价由原来单一的视觉效果评价将逐步过渡到视觉效果和非视觉效果的双重评价，前者注重视觉功能性，后者则与人体健康密切相关。进入 21 世纪，照明的非视觉生物效应的研究在不断深入并逐渐尝试应用，在治疗睡眠紊乱、季节性忧郁症、老年痴呆症等领域已有初步的研究成果。

（5）绿色照明的"舒适"指标：

照明的舒适性是指照明的色温、显色指数、DUV、SDCM、UGR、色参数等指标的合适性。

舒适指标方面，人体适应连续光谱。色温要考虑应用场合和人体生理节律的需要。舒适指标还有 DUV、标准色差、眩光，以及色参数的寿命维持。寿命期间的色温、标准色差一定要稳定。

判断照明的舒适度还需要对全范围显色指数以及频闪的要求。

1）显色指数

显色指数 R_i 为每一种特定颜色样品的特殊显色指数，其包括 R1～R15，共 15 项指标，具体见表 4-11。

显 色 指 数

表 4-11

显色指数	颜色名称	孟塞尔标号
R1	淡灰红色	7.5R 6/4
R2	暗灰黄色	5.0Y 6/4
R3	饱和黄绿色	5.0GY 6/8
R4	中等黄绿色	2.5G 6/6
R5	淡蓝绿色	10.0BG 6/4
R6	淡蓝色	5.0PB 6/8
R7	淡紫蓝色	2.5P 6/8
R8	淡红紫色	10.0P 6/8
R9	饱和红色	4.5R 4/13
R10	饱和黄色	5.0Y 8/10
R11	饱和绿色	4.5G 5/8
R12	饱和蓝色	3.0PB 3/11
R13	白种人肤色	5.0YR 8/4
R14	树叶绿	5.0GY 4/4
R15	黄种人肤色	

我们常用的显色指数 R_a 为一般显色指数 R1～R8，8 种颜色样品的特殊显色指数的平均值。用 R_a 来代替显色性舒适程度的要求是不够的，新近的研究要求要重视 R9 这个指标，例如，美国能源之星标准要求 R9＞0，这对有些厂家一味地通过提高光源的色温来提高光源光效敲响了警钟。

2）频闪效应

电光源产生的光通量不稳定，产生光波动，称为频闪。频闪产生的危害性称为频闪效应。频闪效应实质上是光污染，其危害极大。T8 直管日光灯如果采用电感镇流器的话，其光通量的波动深度在 55%～65%，波动频率为每秒 100 周，频闪效应的危害性很大。

消除频闪效应的技术措施，是提高驱动电光源发光体发光的电功率频率。绿色光源驱动电光源发光体发光的电功率频率应在 40kHz 以上（CE 认证），才能避免频闪效应。如果好的产品，例如飞利浦的电子镇流器，其驱动频率均在 50/60kHz。但市场上还是有不少低端的采用电子镇流器的直管式日光灯和节能灯的产品，其驱动电功率频率仅为 20kHz 左右，甚者低至 15kHz，其光通量仍然存在 25%～35% 的波动深度，频闪效应的危害性仍然很大，设计应避免采用这类产品。

问题 3：照明节能设计是建筑照明设计中的一个重要内容，能否从建筑工程设计文件编制深度方面，提一些建议，使设计人员有简便、可靠的方法，高质量地完成建筑照明节能设计？

答：

（1）照明节能设计三要素：

建筑照明节能设计的 3 个要素是采用高效节能光源、采用光利用率高的灯具和附件、采用合理的照明控制方式。要保证建筑照明节能设计达到效果，需从这 3 个方面着手，在建筑电气设计编制的各个阶段都要贯彻执行。

（2）初步设计阶段设计文件编制深度如何体现照明节能

初步设计阶段建议通过以下 3 个环节体现照明节能设计内容：

1）设计说明中应对灯具效率及镇流器选用原则予以说明，参见《建筑照明设计标准》GB 50024—2013，举例见表 4-12 和表 4-13。

灯具效率指标　　　　　　　　　　　　　　　　　　　　　表 4-12

荧光灯及 LED 灯具	灯具出光 口形式	开敞式	保护罩（玻璃或塑料）		格栅
			透明	磨砂、棱镜	
	灯具效率	≥75%	≥65%	≥55%	≥60%
高强气体 放电灯灯具	灯具出光口形式	开敞式		格栅或透光罩	
	灯具效率	≥75%		≥60%	

镇流器选用原则　　　　　　　　　　　　　　　　　　　　表 4-13

光源类型	镇流器选型要求	
自镇流荧光灯	电子镇流器	镇流器应符合该产品 的国家能效标准
直管荧光灯	电子镇流器或节能型电感镇流器	
高压钠灯、金属卤化物灯	节能型电感镇流器，在电压偏差较大的场所配用恒 功率镇流器；功率较小者配用电子镇流器	

2）设备材料表中应对灯具效率、光源光通量、色温、镇流器等参数予以说明，举例见表 4-14。

设备材料表　　　　　　　　　　　　　　　　　　　　　表 4-14

序号	项　目　名　称	计量单位	工程数量
1	嵌装荧光灯盘（办公室）； 灯具：600×600 格栅灯盘，效率≥65％； 光源：T5 直管 3×14W，1200lm/只，R_a≥80，4000K； 镇流器：电子式，总输入功率 16W/只，功率因数≥0.97，总谐波含量≤10%	套	120

3）照明平面作业图应在《建筑照明设计标准》GB 50024—2013 第 6 章涉及的场所，以及审核认为需要的场所，标注标准照度值（目标值）及对应的 LPD 值。

（3）施工图设计阶段设计文件编制深度如何体现照明节能

施工图设计阶段建议在初步设计文件的基础上，结合施工图设计的具体条件，通过以下 4 个环节体现照明设计内容。

1）设计说明中应对灯具效率及镇流器选用原则予以说明，参见《建筑照明设计标准》GB 50024—2013，表示方式同初步设计。

2）主要设备材料表中应对灯具效率、光源光通量、色温、镇流器等参数予以说明，表示方式同初步设计。

3）照明平面图应绘制灯具控制的接线方式，照明平面图应在《建筑照明设计标准》GB 50024—2013 第 6 章涉及的场所，以及审核认为需要的场所，标注标准照度值（目标值）及对应的 LPD 值，以及照度设计值及对应的 LPD 值，举例见图 4-3 和表 4-15。

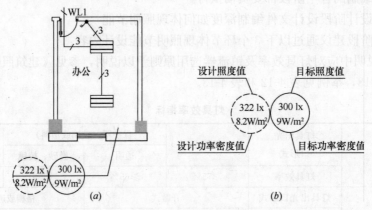

图 4-3　照明平面图
（a）平面图示意；（b）图例符号示意

4）设计说明中编制照明节能设计判定表，如下：

照明节能设计判定表

★行为填表举例

①光源选择不合理问题

目前 LED 光源光效还不是很高（白光 LED 灯光通量约 60～80lm/W），而且价格较高，还不适合在工程中大规模作为功能性照明；某些工程片面追求高光效，在不合适的场所采用高色温、低显色指数的光源。对直管荧光灯尽量采用大功率灯管，同样照度下更节能和节省造价。

134

表 4-15

序号	场所	楼层	房间号或轴线号	光源类型	净面积 (m²)	灯具安装高度 (m)	参考平面高度 (m)	灯具类型		单套灯具光源参数			灯具数量	总安装容量 (W)	计算照度 (lx)	计算 LPD (W/m²)	标准照度 (lx)	标准 LPD (W/m²)	备注
								灯型	效率	光源 (W)	镇流器 (W)	光通量 (lm/W)							
1★	普通办公室	三层	1-2/A-B	直管荧光灯	60	2.7	0.75	格栅	60%	2×36=72	2×4=8	2×3300=6600	8	640	295.7	10.7	300	11	
2	高档办公室	五层	508	直管荧光灯													500	18	
3	商场	首层	3-4/G-H	紧凑型荧光灯													500	19	
4	会议室	六层	7-9/A-C	紧凑型荧光灯													500	18	
5	档案室	地下一层	B109	直管荧光灯													200	8	

②灯具选择不合理问题

照明节能应在满足照明数量和质量前提下，灯具选择和安装不应造成大的眩光，影响使用。

③控制方式不合理

一个开关带的灯具过多；没有采用集中控制、感应控制、节能自熄控制等方式，造成使用场所无人时长明灯。

④照明工程中二次装修问题

二次装修中，片面追求所谓效果，造成用灯过多、照度过高及眩光过大、色温不合适等问题，甚至大量使用白炽灯，造成能源浪费。

4.4 建筑电气设备节能常见问题

4.4.1 变压器

问题1：变压器的损耗与效率、无功功率的关系有哪些？

答： 变压器在负载情况下，一般包含有功功率和无功功率两部分，在三相总有功功率相等的条件下，负荷不含无功功率（$\cos\varphi=1$）时，变压器铜损最低。当负荷中含有无功功率时，变压器的无功附加铜损与无功功率的平方成正比，与功率因数的平方成反比，因此提高功率因数可以节约大量电能。

问题2：变压器的节能措施有哪些？

答： 通过研究变压器的工作原理及变压器的各种损耗，我们不难看出变压器节能措施即变压器节能的实质就是降低其损耗，提高变压器运行效率，具体措施我们可以根据变压器的固有情况和运行情况归纳总结如下：

（1）选用节能型变压器；

（2）合理选择变压器容量和台数，应根据负荷情况综合考虑投资和年运行费用，对负荷进行合理分配，选取容量适合的变压器，满足变压器经济运行率的要求；

（3）加强管理，实行变压器经济运行。

问题3：变压器在什么条件下运行最经济？

答： 变压器经济运行是指在传输电量相同的条件下，通过择优选取最佳运行方式和调整负载，使变压器电能损失最低。换言之，经济运行就是充分发挥变压器效能，合理地选择运行方式，从而降低用电能耗。所以，变压器经济运行无需投资，只要加强供、用电科学管理，即可达到节电目的。

（1）变压器的技术参数

1）空载电流

空载电流的作用是建立工作磁场，又称励磁电流。当变压器二次侧开路，在一次侧加电压 U_{1e} 时，一次侧要产生电流 I_0——空载电流。

$$I_0 = U_{1e} / (Z_1 + Z_m)$$

Z_1——变压器原绕组漏阻抗；

Z_m——变压器励磁阻抗，通常 $Z_m \gg Z_1$，则 Z_1 可以忽略。

2）空载损失

由于励磁电流在变压器铁芯产生的交变磁通要引起涡流损失和磁滞损失。涡流损失是铁芯中的感应电流引起的热损失，其大小与铁芯的电阻成反比。磁滞损失是由于铁芯中的磁畴在交变磁场的作用下，做周期性的旋转引起的铁芯发热，其损失大小由磁滞回线决定。

3）短路电压（短路阻抗）

短路电压是指在进行短路试验时，当绕组中的电流达到额定值时，加在一次侧的电压。

$$u_k\% = U_k / U_{1e} \times 100\%$$

从运行性能考虑，要求变压器的阻抗电压小一些，即变压器总的阻抗电压小一些，使二次侧电压波动受负载变化影响小些；但从限制变压器短路电流的角度，阻抗电压应大一些。

4）短路损失

短路损失 P_k 是变压器在额定负载条件下其一次侧产生的功率损失（亦称铜损）。变压器绕组中的功率损失和绕组的温度有关，变压器铭牌规定的 P_k 值，即指绕组温度为 75℃ 时额定负载产生的功率损失。

（2）变压器经济运行的因素

1）变压器技术参数间存在差异

每台变压器都存在有功功率的空载损失和短路损失，无功功率的空载消耗和额定负载消耗。

因变压器的容量、电压等级、铁芯材质不同，所以上述参数各不相同。因此变压器经济运行就是选择参数好的变压器和最佳组合参数的变压器的运行方式运行。

2）变压器有功功率损失和损失率的负载特性

变压器有功功率损失 ΔP（kW）、效率 η（%）和损失率 ΔP（%）的计算公式：

$$\Delta P = P_0 + \beta^2 P_k$$

$$\eta = P_2 / P_1 = S_e \cos\varphi / (S_e \cos\varphi + P_0 + \beta^2 P_k) \times 100$$

$$\Delta P\% = \Delta P / P_1 \times 100\% = (P_0 + \beta^2 P_k) / (S_e \cos\varphi + P_0 + \beta^2 P_k) \times 100\%$$

$$= I_2 / I_{2e} = P_2 / S_e \cos\varphi$$

式中　P_1——变压器电源侧输入的功率；

　　　P_2——变压器负载侧输出的功率；

　　　$\cos\varphi$——负载功率因数；

　　　β——负载系数；

　　　I_2——变压器二次侧负载电流；

　　　I_{2e}——变压器二次侧额定电流。

由图 4-4 可知变压器损失率 $\Delta P\%$ 是变压器负载系数的二次函数，$\Delta P\%$ 先随着 β 的增大而下降，当负载系数等于 $\beta_{jp} = (P_0/P_k)^{1/2}$ 时铜损等于铁损。此时，损耗最小。然后 $\Delta P\%$ 又随着 β 的增大而上升。β_{jp} 是最小损失率 $\Delta P\%$ 的负载系数，称为有功经济负载系数。所以，当固定

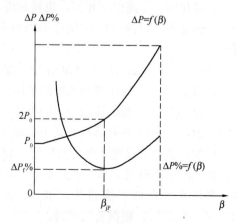

图 4-4　变压器功率损失和功率
损失率的负载特性曲线

变压器运行时，可通过调整负荷来降低 $\Delta P\%$。

3）变压器无功功率消耗和消耗率的负载特性

变压器无功功率消耗 ΔQ 的基本公式为：

$$\Delta Q = Q_0 + \beta^2 Q_k$$

为衡量变压器传输单位有功功率时消耗的无功功率，便提出无功消耗率的公式：

$$\Delta Q\% = \Delta Q / Q_1 \times 100\%$$

（3）变压器无功功率的经济运行

由于变压器的变压过程是借助于电磁感应完成的。因此，变压器是一个感性的无功负载。在变压器传输功率时其无功损耗远大于有功损失。因此，在分析变压器经济运行时，无功消耗和有功损失都要最小。

在额定负载条件下，变压器的无功功率消耗和有功功率损失之比为：

$$K_{xr} = \Delta Q_e / \Delta P_e = (Q_0 + Q_k)/(P_0 + P_k)$$

$$K_{xr} = [(I_0 + I_e)^2 X_m + X_k] / [(I_0 + I_e)^2 r_m + r_k]$$

式中　K_{xr}——阻抗比；

ΔQ_e、ΔP_e——变压器自身无功消耗和有功损失；

X_m、r_m——变压器励磁回路感抗和电阻；

X_k——变压器额定负载下的漏磁感抗和；

r_k——变压器短路电阻。

K_{xr} 为变压器总的电抗和总的电阻之比，其值大小代表变压器感性强度。阻抗比与变压器的容量有关，容量在 $560\sim7500\text{kVA}$ 之间，$K_{xr}\approx5\sim10$。

变压器空载功率因数公式为：

$$\cos\varphi_0 = P_0 / S_0$$

由于变压器是个感性负载，其空载功率因数很低，一般变化范围为 $\cos\varphi_0 = 0.05\sim0.2$，变压器容量越大，$\cos\varphi_0$ 越小。

问题 4：变电所变压器在并列运行时如何能经济运行？

答：（1）容量相同、短路电压相同的变压器并列经济运行方式

容量相同、短路电压相同，也就是说，在多台变压器并列运行时，认为负载分配是均匀的、相等的。短路电压相接近的条件是变压器间的短路电压差值 $\Delta U_K\%$ 应满足下式要求：

$$\Delta U_K\% = (\Delta U_{DK}\% - \Delta U_{XK}\%) / \Delta U_{PK}\% \times 100\% < 5\%$$

式中　$\Delta U_{DK}\%$——变压器最大短路电压；

$\Delta U_{XK}\%$——变压器最小短路电压；

$\Delta U_{PK}\%$——并列运行方式中全部变压器短路电压的算术平均值。

例如：变电所设置 3 台主变压器，容量为 5000kVA，其中 2 号和 3 号主变压器并列运行供 6300kW 电机试车。如果试车产品为 3200kW 及以下电机拖动试车，2 号和 3 号主变压器任意一台即可满足生产要求。2 号主变压器 $\Delta U_{K2}\% = 5.64\%$，3 号主变压器 $\Delta U_{K3}\% = 5.52\%$，根据公式可得：

$$\Delta U_K\% = (5.64 - 5.52)/5.56 \times 100\% = 2.15\% < 5\%$$

因此，2 号和 3 号主变压器满足并列运行的短路电压差值的要求。

例如：中央变电所设置 3 台主变压器，容量为 20000kVA，其中 2 号和 3 号主变压器并列运行供 30000kW 电机试车。2 号主变压器 $\Delta U_{K2}\% = 8.76\%$，3 号主变压器 $\Delta U_{K3}\% = 8.67\%$，根据公式可得：

$$\Delta U_K\% = (8.76 - 8.67) / 8.70 \times 100\% = 1.03\% < 5\%$$

因此，2 号和 3 号主变压器满足并列运行的短路电压差值的要求。

（2）两台变压器并列运行

两台变压器 A、B 并列运行时，组合技术参数的空载损失和短路损失为两台之和：

$$\Delta P_0 = P_{A0} + P_{B0}$$

式中　P_{A0}——变压器 A 的空载损失；

　　　P_{B0}——变压器 B 的空载损失。

$$\Delta P_K = P_{AK} + P_{BK}$$

式中　P_{AK}——变压器 A 的短路损失；

　　　P_{BK}——变压器 B 的短路损失。

（3）多台变压器并列运行

如有 N 台变压器并列运行时，组合技术参数的空载损失和短路损失为各台之和：

$$\Delta P_{N0} = \sum P_{i0}$$

$$\Delta P_{NK} = \sum P_{iK}$$

问题 5：变压器在经济运行方式时如何确定经济负载系数？

答： 由于变压器各种运行方式的有功损失和无功损失随着负载发生非线性变化的特性，因此就存在着在某一负载系数条件下运行，其有功损失和无功损失最低的情况，称此负载系数为运行方式的经济负载系数。

单台变压器运行的经济负载系数：

有功经济负载系数 $\beta_{jP} = (P_0/P_k)^{1/2}$

无功经济负载系数 $\beta_{jQ} = (I_0\%/U_k\%)^{1/2}$

根据经验可知，随着变压器的容量增大，有功损失系数稍微下降，而无功损失系数则明显下降，特别是当变压器容量增大到 10000kVA 以上时，β_{jP}、β_{jQ} 下降更加明显。

随着变压器耗能参数的改善，经济负载系数 β_{jP} 有较大的下降，而 β_{jQ} 下降更加明显。所以，由于变压器的材质不同，容量不同，再加上制造水平不同，其经济负载系数 β_{jP}、β_{jQ} 存在着很大差异。

问题 6：变压器"大马拉小车"的技术分析。

答：（1）技术分析

"大马拉小车"是指变压器长期不合理的轻载运行，它使变压器容量得不到充分的利用，效率降低。人们习惯以变压器的容量利用率作为划分"大马拉小车"的标准。

节电措施中规定变压器负荷率小于 30% 即为"大马拉小车"。节约功率的习惯计算公式为：

$$\Delta P = P_{D0} - P_{X0} \tag{4-1}$$

这种计算方法是不太合理的。原因是忽略了负载时的铜损而只计其空载的铁损。一般情况下大容量变压器的铁损比小容量变压器的大，而供相同负载时铜损小。因此，符合实际的计算应该同时考虑两种因素，其计算公式为：

$$\Delta P = P_{D0} - P_{X0} + \beta^2 D[(P_{DK} - (S_{De}/S_{Xe})^2 P_{XK})] \tag{4-2}$$

（2）"大马拉小车"临界负载系数的确定

"大马拉小车"负载系数应根据变压器损失率的变化规律确定。按有功损失率确定临界负载系数，其计算公式为：

$$\Delta P_d\% = (P_0 + \beta^2 P_k)/(S_e\cos\varphi + P_0 + \beta^2 P_k) \times 100\% \tag{4-3}$$

设"大马拉小车"有功临界负载系数为 L，则有功功率的临界损失率为：

$$\Delta P_L\% = (P_0 + \beta_L^2 P_k)/(LS_e\cos\varphi + P_0 + \beta_L^2 P_k) \times 100\% \tag{4-4}$$

临界损失率与最低损失率的关系式为：

$$\Delta P_L\% = \beta_{KL} \times \Delta P_d\% \tag{4-5}$$

式中　β_{KL}——变压器"大马拉小车"临界有功损失率系数。

解得：

$$L = \beta_{KL} \pm (\beta_{KL}^2 - 1)^{1/2} \tag{4-6}$$

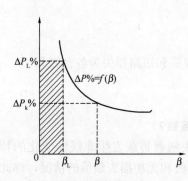

图 4-5　变压器"大马拉小车"
区间划分图

由此可知，只要变压器实际负载系数≤β_L，则变压器运行在"大马拉小车"区间内。β_L 的大小与 β_{KL} 的大小有关。

β_{KL} 值选的较小，即 $\Delta P_L\%$ 较小，则 β_L 增大，即增大了变压器"大马拉小车"的范围。反之，β_{KL} 值选的较大，即 $\Delta P_L\%$ 较大，则 β_L 减小，即减小了变压器"大马拉小车"的范围。但运行损失率增大，因此选取 L 时要考虑 $\Delta P_L\%$ 不能太大，又要照顾到变压器更换条件不能太多，同时又要考虑更换小容量变压器后的经济效益。因此，推荐 β_{KL} 值为 1.5，代入上式得：

$$\beta_L = 0.382 \tag{4-7}$$

问题 7：如何确定变压器的经济容量？

答：两台容量相近的变压器都能满足供电要求，但选择哪台变压器必须进行分析计算才能确定。

容量较大的变压器和容量较小的变压器功率损失和负载系数公式为：

$$\Delta P_D = P_0 + D^2 P_k$$
$$\Delta P_X = P_0 + X^2 P_k$$
$$X = D(S_{De}/S_{Xe})$$

根据上式可得出临界经济容量的计算公式：

$$S_L = [(P_{D0} - P_{X0})/(P_{XK}/S_{Xe}^2 - P_{DK}/S_{De}^2)]^{1/2}$$

由图 4-6 可知，临界经济容量的意义是：当按实际负载需用变压器的容量 $S > S_L$ 时，则选用容量大的变压器；反之，当 $S < S_L$ 时，则选用容量小的变压器。

问题 8：如何确定变压器运行方式的经济运行区？

答：由于变压器损失率的负载特性是一个非线性函数，所以，如图 4-7 中可按损失率的大小分成三个运行区：经济运行区、不良运行区和最劣运行区。运行区间临界条件的计算公式是在"大马拉小车"临界条件的基础上导出的。

根据式（4-6）可知，在一般情况下 β_{Lj} 有两个根，即图 4-7 中 A、B 两点。所以，当

负载系数在 $\beta_{Lj2} \sim \beta_{Lj1}$ 内变化时，变压器处在经济运行区，损失率是较低的，其变化范围为 $\Delta P_d\% \sim \Delta P_{Lj}\%$。

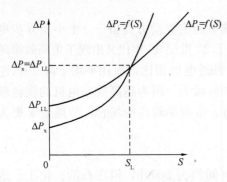

图 4-6　变压器经济运行容量确定的原理图

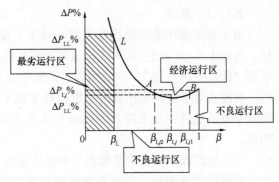

图 4-7　变压器经济运行区划分

根据图 4-7 可知，β_L 只有一个根，即图中点 β_L。区间 $\beta_L \sim \beta_{Lj2}$ 及 $\beta_{Lj1} \sim 1$ 称不良运行区。在此区间内变压器损失率是比较大的，变化范围是 $\Delta P_{Lj} \sim \Delta P_{LL}\%$，运行不经济。

图 4-7 中 $0 \sim \beta_L$ 是最劣运行区，通称过轻载运行区间，变压器损失率很大，运行极不经济。

经过上面的分析计算，建议变压器运行的最佳负载率在 0.7～0.8 之间。

4.4.2　电动机

问题 1：电动机节能的重要性有哪些？

答：电动机广泛应用于工业、商业、公用设施和家用电器等各种领域，作为风机、水泵、压缩机、机床等各种设备的动力。电动机的用电量一般均占到各国工业用电量的 70% 左右，为其全部用电量的 50% 左右，因此，电动机系统能效水平的提高将可节约大量的电能。美国 1994 年统计，仅在工业加工过程中电动机系统就消耗了 6790 亿 kWh 的电能。据估计，如采用目前已成熟的节能技术和产品，可节约 11%～18% 的电能，也即每年可节约 750～1220kWh 电能，同时每年相应可节约电费 36 亿～58 亿美元，并且由于电能的节约可大大减缓或减少对电站或发电设备的投资与建设。另外，目前的电力生产，大多数国家仍以火力发电为主，其生产过程中排出的 CO_2 等气体构成地球温室气体的主要部分，对气候环境带来很大影响，英国测算其 1995 年电动机系统总用电量为 1300 亿 kWh，为产生这些电能排放到空中的碳为 2400 万 t，相当于英国该年所有能源生产所排放碳总量的 17%。根据 1997 年京都协定书，各国均需要减少温室气体的排放，欧盟在 2008—2012 年要比 1990 年排放水平降低 8%，其中英国需减少 12.5%。电动机系统能效水平的提高所带来的电能节约，可大大减少温室气体的排放。

由于工业部门的用电量往往占据各国总发电量的相当大部分，所以不少国家政府对电机系统在工业部门中的用电情况颇为重视。美国能源部从 1993 年开始在工业部门中启动了"电动机挑战计划"。预计通过该计划，可使整个工业部门电动机系统的效率提高 14.8%，每年可节约电能 850 亿 kWh，相应地每年可减少 2000 万 t 的碳排放到大气中，由此可见，在工业部门开展电动机系统的节能工作具有重要意义。

问题 2：如何提高电机的效率？

答：（1）概况

由于能源和环境问题日显重要，对于工业领域中的主要动力设备——中小型异步电机，国际上自 20 世纪 70 年代出现高效率电机后，于 20 世纪 90 年代又出现了更高效率的所谓"超高效率电机"。一般而言，高效率电机与普通电机相比，损耗平均下降 20% 左右，而超高效率电机则比普通电机损耗平均下降 30% 以上。因为超高效率电机的损耗较高效率电机更进一步下降，因此对于长期连续运行、负荷率较高的场合，节能效果更为明显。

（2）超高效率电机的节能潜力和经济效益

根据国内外调查，工业领域电机年平均运行时间约为 3000h，但在石油、化工、造纸、冶金、电力等行业，电机年运行时间往往超过 6000h。对于这些运行时间长的场合，如采用超高效率电机将会对能源节约带来更显著的效果。我国 2003 年的发电量为 18500 亿 kWh。由于发电量的 50% 通过电机传递，而三相异步电机占 90%，其中一般用途的 Y 系列电机又占 70%，因此 Y 系列电机将传递 31.5% 的总电能，即 5800 亿 kW·h。若这些电机全部换成高效率电机，也即效率提高 2.75 个百分点、损耗平均下降 20% 左右，则每年可节约电能 160 亿 kWh。如果考虑其中 30% 的电机运行在 6000h 以上的场合，将这部分电机改用超高效率电机，也即效率再提高 1.5～2 个百分点，损耗平均下降 15% 左右，则可再节约电能 46 亿 kWh，相应可再节约 170 万 t 标准煤，约合 240 万 t 原煤，并可再节约一座 100 万 kW 电站的投资建设。

应用超高效率电机对于使用者在经济上也是颇为有利的。超高效率电机的价格较普通电机一般要贵 30%～60%，虽然初始投资增加了，但电费节约了，从而使电机整个生命周期的总费用降低了。经计算，一般仅需 1.3 年，初始投资的增加即可收回。

（3）超高效率电机效率指标的确定

为促进超高效率电机的发展，有必要制定一些超高效率电机的效率指标。国家也对节能潜力大、使用面广的用能产品实行统一的能源效率标识制度。如 2004 年 8 月，《能源效率标识管理办法》由国家发改委与国家质检总局颁布，并于 2005 年 3 月 1 日起实施。电机作为重要的用能产品，也很可能在不久的将来被列入能效标识管理的范围，要求将电机的效率分成不同的等级，并规定在电机上贴上表明其效率等级的标识，以便用户清楚地了解该电机的效率水平，便于选用。

目前根据国际电机能效指标，笔者认为大致分为 3 级：1 级效率的指标相当于美国 NEMA Premium 超高效率电机的水平，对应于 3 级效率指标的损耗下降 25% 左右；2 级效率与澳大利亚于 2006 年实施的高效率电机指标相同，对应于 3 级效率指标的损耗下降 15% 左右；3 级效率为能效限定值，即电机必须达到的最低效率水平，其指标数值采用现行电机能效标准《中小型三相异步电动机能效限定值及能效等级》GB 18613—2012 的节能评价值指标。该指标相当于欧盟 EU—CEMEP 的 eff 1 指标，即为高效率电机的效率水平。如将我国目前的电机效率提高到这一水平，如前所述，每年可节约电能 160 亿 kWh。由于 3 级效率为目前我国高效率电机的水平，因此效率高于其指标的 1 级和 2 级效率即可视为我国目前的超高效率电机的高、低两档产品的指标，可供用户选用。

问题 3：异步电动机典型的运行情况与电机参数之间存在怎样的关系？

答：在民用建筑中我们常涉及的是三相异步电动机，下面就以异步电动机为例分析一下异步电动机典型的运行情况与电机参数之间的关系。

（1）空载运行：转子转速接近同步转速，转子电路相当于开路，但功率因数是严重滞后的。

（2）额定负载运行：从空载到满载范围内，S_N 很小，S 变化也很小，但转子电路基本上属于电阻性，功率因数能达到 $0.8\sim0.85$。

$$\eta = \frac{P_2}{P_1} = 1 - \frac{\sum P}{P_1} = \frac{P_2}{P_2 + P_{cu1} + P_{cu2} + P_\Omega + P_\Delta}$$

（3）效率特性：$U_1 = U_{1N}$，$f = f_N$。

从电机学理论分析上式，我们可得出从空载到满载运行，最大效率一般发生在额定功率的 0.75 倍。

（4）电动机的功率因数

感应电动机的功率因数有自然功率因数和总功率因数。自然功率因数就是设备本身固有的功率因数，其值决定于本身的用电参数（如结构、用电性质等）。倘若自然功率因数偏低，不能满足标准和节约用电的要求，就需设置人工补偿装置来提高功率因数，这时的功率称为总功率因数。由于设置人工补偿装置需要增加很多投资，所以提高电动机自然功率因数是首要任务，对于电网来说，如何提高电动机的自然功率因数，减少输送的无功负荷，降损节能，提高运行效率，下面我们就来简单探讨一下。

1）合理选用电动机容量，提高自然功率因数和效率，降低功率损失。

"大马拉小车"、轻载和空载运行情况，造成电动机自然功率因数偏低，无功损耗所占比例较大，损失电能增加，因此合理选择电动机容量，使之与机械负载相匹配，提高电动机的负载率，是改善其自然功率因数的主要方法之一。

电动机的负载率与功率因数的关系如表 4-16 所示。

电动机的负载率与功率因数的关系　　　　　　　表 4-16

负载率	0	0.25	0.5	0.75	1
$\cos\varphi$	0.2	0.5	0.77	0.85	0.88

由上表可得，随着负载率的提高，电动机自然功率因数也相应地提高了，所以合理选择电动机容量，能提高其功率因数，达到节约电能的目的。

可以对轻载电动机容量下调，即将负荷不足的大容量电动机进行替换。当电动机的负载率小于 40％ 时，可进行调换，当电动机的负载率大于 40％ 而小于 70％ 时，则需通过技术经济比较后，再做决定，其主要判定条件是：原有电动机的有功损失－替换电动机的有功损失＞0。

2）对轻载电动机实行降压运行，提高自然功率因数和效率，降低功率损失。

当负载率小于 50％ 时，应对电动机采用降压运行，具体做法是将定子绕组由 △ 改为 Y 接线。不同负载率改变前后效率和功率的变化，如表 4-17 所示。

$\eta_y/\eta_\triangle$	1.27	1.1	1.06	1.04	1.02	1.01	1.005	1
负载率	0.1	0.2	0.25	0.3	0.35	0.4	0.45	0.5

$\cos\varphi$ 额定值	$\cos\varphi_y/\cos\varphi_\triangle$				
	负载率 0.1	负载率 0.2	负载率 0.3	负载率 0.4	负载率 0.5
0.78	1.94	1.80	1.64	1.49	1.35
0.80	1.85	1.73	1.58	1.43	1.30
0.82	1.78	1.67	1.52	1.37	1.26
0.84	1.72	1.61	1.46	1.32	1.22
0.86	1.66	1.55	1.41	1.27	1.18
0.88	1.60	1.49	1.35	1.22	1.14
0.90	1.57	1.43	1.29	1.17	1.10
0.92	1.50	1.36	1.20	1.11	1.06

4.4.3 交流接触器

问题 1：交流接触器有哪些特点？

答：交流接触器的节电是指采用各种节电技术来降低操作电磁系统吸持时所消耗的有功、无功功率。交流接触器的操作电磁系统一般采用交流控制电源，我国现有 63A 以上交流接触器，在吸持时所消耗的有功功率在数十瓦至几百瓦之间，无功功率在数十瓦至几百瓦之间，一般所耗有功功率铁芯约占 65%～75%，短路环约占 25%～30%，线圈约占 3%～5%，所以可以将交流吸持电流改为直流吸持，或者采用机械结构吸持、限电流吸持等方法，以节省铁芯及短路环中所占的大部分功率损耗，还可消除、降低噪声，改善环境。根据原理一般分为三大类：节电器、节点线圈、节电型交流接触器。

问题 2：节能型交流接触器主要技术性能有哪些？

答：(1) 节电器接线端子的温升极限值为 30K（老标准为 65K）；接触线圈的温升极限值为 30K（老标准按不同的绝缘材料等级分为 85～160K）；接触器操作电磁铁的噪声应不超过 30dB（A）（老标准为 40 dB（A））。

(2) 节电器与适合的交流接触器匹配使用下，其寿命次数为 10 万次、30 万次、60 万次、100 万次、300 万次、600 万次、1000 万次。

(3) 节电器对交流接触器的主电路可有过电流、欠电压、断相、漏电等保护功能。

(4) 节电器的有功功率节电率（ΔP）有 7 个等级；无功功率节电率（ΔQ）有 2 个等级，见表 4-18。

节电器的 ΔP、ΔQ 表 4-18

等　级	节电率（%）	
	有功功率 ΔP	无功功率 ΔQ
1	$95\leqslant\Delta P$	$\Delta Q\geqslant 95$
2	$90\leqslant\Delta P<95$	$\Delta Q<95$
3	$80\leqslant\Delta P<90$	
4	$70\leqslant\Delta P<80$	
5	$60\leqslant\Delta P<70$	
6	$50\leqslant\Delta P<60$	
7	$\Delta P<50$	

5　建筑电气与智能化节能技术

5.1　建筑电气系统的节能技术

建筑电气系统通常是建筑物内电源系统、照明及动力等电气设备系统的总称。在能源紧缺的今天，加之我国城市化进程的不断推进、人们生活水平的日益提高，建筑规模将持续增长，对电能的依赖性越来越强，用电的需求量必将直线上升。因此，建筑电气领域蕴含着巨大的节能潜力。建筑电气节能就是在充分满足、完善建筑物功能要求的前提下，减少能源消耗，提高能源利用率。

5.1.1　电气照明的节能

照明系统是建筑电气中一大核心系统，同时也是一个大电能消耗单元。在我国的建筑中，年照明的用电量占到了总发电量的 10% 左右，主要是因为以低效照明为主，故还有很大的节能空间。所谓的照明节能，就是在保证不降低作业视觉要求和照明质量的前提下，力求减少照明系统中的光能损失，最有效地利用电能。一般来讲建筑照明节能要遵循以下 3 个原则：（1）满足建筑物照明功能的要求；（2）考虑实际经济效益，不能单纯追求节能而导致过高的消耗投资，应该使增加的投资费用能够在短期内通过节约运行费用来回收；（3）最大限度地减少无谓的消耗。同时在选用节能设备时，要了解其原理、性能及效果。从技术经济上给以全面的比较，并结合实际建筑情况，再最终选定节能设备，达到真正节能目的。照明用电作为整个建筑物用电的重要部分，此部分的节能也成为人们很关心的问题。作者将在 5.3 节中对建筑电气照明的节能技术做详细的叙述。

5.1.2　新能源电气节能技术

风能、太阳能等新能源的使用，对于建筑电气节能产生非常大的作用。目前，风力发电、太阳能热水器等新能源电气节能系统，已经在建筑中得到大规模推广使用；光伏发电、地热能等技术已经起步，在一些示范性工程中已经取得了很好的节能效果，将会在建筑领域很快得到广泛推广使用。在进行新能源电气节能系统设计时，需要注意风能、太阳能等新能源与建筑功能结构的一体化设计。

1. 太阳能电气节能技术

太阳能热水和供暖节能技术目前在建筑中已经得到广泛推广使用，并获得较大的节能效果。在进行太阳能热水和供暖系统设计时，应考虑采用太阳能建筑一体化设计方案，实现太阳能集热系统与建筑功能结构间完美结合。根据工程项目的实际情况，太阳能热水和供暖系统的光热采集装置可以考虑安装在建筑物坡屋面上，利用楼宇建筑屋顶面积可以解决整个楼宇一部分热水供应需求。

2. 风力发电电气节能技术

风能作为一种新型可再生能源，已成为建筑电气节能研究的一个重要课题。在建筑环境中利用风能不仅具有免于输送的优点，所产生的风力电能资源可以直接用于建筑本身，且具有节能环保等特性，有望成为一个城市的节能环保工作开展的标志性景观。

另外，建筑电气新能源节能技术还可以结合工程实际情况，采取风光互补供电系统、太阳能庭院照明、风光互补庭院照明等节能技术措施。

5.1.3　电气控制设备节能

（1）配电变压器应选用 D，yn11 结线组别的变压器，并应选择低损耗、低噪声的节能产品，配电变压器的空载损耗和负载损耗不应高于现行国家标准《三相配电变压器能效限定值及能效等级》GB 20052—2013 规定的节能评价值。

（2）低压交流电动机应选用高效能电动机，其能效应符合现行国家标准《中小型三相异步电动机能效限定值及能效等级》GB 18613—2012 节能评价值的规定。

（3）应采用配备高效电机及先进控制技术的电梯。自动扶梯与自动人行道应具有节能拖动及节能控制装置，并宜设置自动控制自动扶梯与自动人行道启停的感应传感器。

（4）2 台及以上的电梯集中布置时，其控制系统应具备按程序集中调控和群控的功能。

5.2　供配电系统与电气设备节能技术

5.2.1　变压器节能

建筑物变配电所用变压器，主要是用作降压变压器，以达到安全、合乎用电设备的电压要求。变压器节能的实质就是：降低其有功功率损耗、提高其运行效率。通常情况下，变压器的效率可高达 96%～99%，但其自身消耗的电能也很大。变压器损耗主要包括有功损耗和无功损耗两部分。其节能技术如下：

（1）采用新型材料和工艺降低配电变压器运行损耗。

1）采用新型导线

配电变压器的导线可以采用无氧铜，以降低线圈内阻，从而有利于降低配电变压器运行中的铁损和铜损，进而降低配电变压器的运行损耗。例如，目前已经投入使用的高温超导配电变压器，就是采用了超导线材取代了传统的铜芯线材，从而降低了变压器的损耗。

2）优化磁体材料

配电变压器的磁体材料也可以进行改进优化，以降低磁滞损耗。近年来，研究颇热的非晶合金材料，相较于传统的磁体，具有更加优良的磁化和消磁性能，利用这一类材料制作铁芯，不仅可以明显降低配电变压器的铁损，还能够降低配电变压器的无功损耗，提高配电变压器的运行经济效益。

3）改进制造工艺

在制造工艺上实施改进，以降低配电变压器的运行损耗。例如，采用现代计算机控制的数控加工系统，对变压器内部的硅钢片进行加工，从厚度、界面形状等，都完全能够实现精确控制，大大降低了配电变压器运行过程中的空载损耗。

4）布置新结构

目前在布置新结构方面研究热点主要集中在两个方面：采用新型绕组结构和采用新型线圈布置方式。

①采用新型绕组结构。传统的绕组结构具有损耗过大、抗谐波干扰能力差等缺点，通过研究，可以根据不同的配电电压等级选择新型绕组结构，如采用自粘型换位导线来控制漏磁走向，进而实现对绕组损耗的控制，以提高配电变压器的运行效益。

②采用新型线圈布置方式。根据涡流的流向，合理选用横向或者纵向线圈布置形式，将涡流损耗降到最小，从而降低配电变压器的运行损耗。

（2）合理选择变压器

在确保供电可靠性、电源质量和经济运行的前提下，配电变压器的选择应根据建筑物的性质和负荷情况、环境条件等因素确定，并应选用节能型变压器。主要选择原则如下：

1）设置专用变压器。若电力和照明采用共用变压器，冲击性负荷将严重影响照明质量及光源寿命时，可设照明专用变压器；季节性负荷容量较大，如以电制冷的空调系统，若其容量占全部容量的60％左右，可设专用变压器；单相负荷容量较大，由于不平衡负荷引起中性导体电流超过变压器低压绕组额定电流的25％时，或只有单相负荷其容量不是很大时，可设单相变压器；在电源系统不接地或经高阻抗接地，电器装置外露可导电部分就地接地的低压系统中（IT系统），照明系统应设专用变压器。

2）变压器容量的选择。变压器的容量与负荷的种类和特性、负载率、功率因数、变压器的有功损耗和无功损耗、基建投资、使用年限、变压器折旧、维护费及将来的计划因素有关。通常可按综合经济效果选择变压器。该方法是在满足供电质量、可靠性、运行合理、维护方便等条件的前提下，分别计算其基建投资费用、年运行费用和无功补偿装置费用等，在进行分析比较后，从中选择综合经济效果最好的方案。

3）变压器接线组别的选择。供配电系统中，宜选用D，yn11接线组别的变压器，与Y，yn0变压器相比，该变压器的明显优点是负荷产生的谐波电流在变压器△形绕组中循环而不致流入电网，因而限制了三次谐波，提高了电源质量。

（3）提高变压器负载率

变压器的负载率是变压器运行中，其实际容量 S（kVA）与额定容量 S_n（kVA）之比。负载率的取值将直接影响变压器的功率，通常，在保持总供电容量的情况下，变压器的负载率 β 值越高，其有功和无功电流消耗就越小，所以提高负载率可以实现变压器经济运行而节约电能。

（4）平衡变压器的三相负荷

若变压器的各相负荷调配不当，即三相负荷不平衡，会使线路及配电变压器的铜损耗增加，对节能不利。实践表明，若线路内减少30％的负荷不平衡，线损可降低7％；若减少50％的负荷不平衡，线损可降低15％。因此，应经常调整三相负荷，力求基本达到平衡。

（5）优化变压器经济运行方式

实际应用中，变压器的运行方式较多，有一用一备、并列运行和分列运行等。在选择运行方式时，应根据实际需要，合理分配各台变压器的负荷，优化变压器的经济运行方式，尽可能地减少变压器无功功率消耗，在节能的同时提高电源的功率因数，以取得最佳的经济效益。此外，还应在了解供配电系统中各种用电设备工作规律的基础上，结合电价制度，有计划地、合理地安排和组织各类设备的用电时间，以降低负荷高峰，填补负荷低谷。

（6）变压器二次侧无功功率补偿

变压器的效率随着负荷功率因数的变换而变换，所以对变压器二次侧的无功功率补偿，可以降低变压器对本身和高压电网的损耗，既可以提高变压器的负载能力，又可以改善用户的电压质量。

5.2.2 供配电线路的节能降耗

在电能传输过程中，由于电流和阻抗的作用，在电力线路上及各种电源设施中产生的能量消耗，行业中将其统称为线路损耗。在建筑物内部，线路损耗主要是指供配电线路的损耗，由于它的表现形式多为发热，而且是无法利用的，因此，减少线路损耗可以有效地降低建筑能耗。

供配电线路损耗与线路参数和负荷大小密切相关，若已知线路参数和通过其电流的大小，则可以计算出三相供配电线路中的有功功率损耗 ΔP 和无功功率损耗 ΔQ。供配电线路损耗的节能途径有以下几种：

（1）合理确定供配电中心

根据建筑物内负荷容量和分布的需要，10kV 或 6kV 供电线宜深入负荷中心，即将变配电所及变压器设在靠近建筑物用电负荷中心的位置，以减少变配电所低压侧线路的长度、降低电能损耗、提高电压质量、节省线材。这是供配电系统设计时的一条重要原则。

（2）合理选择低压配电线路的路径

建筑物内的低压配电系统设计，应满足计量、维护管理、供电安全和可靠性要求，应将照明、电力、消防及其他防灾用电负荷分别自成配电系统，且当用电负荷容量较大或用电负荷较重要时，应设置低压配电室，对容量较大和较重要的用电负荷宜从低压配电室以放射式配电；由低压配电室至各层配电箱或分配电箱，宜采用树干式或放射式与树干式相结合的混合式配电。

（3）降低线路电阻

线路电阻的大小主要与导体截面积和导体长度有关。而在配电半径一定的情况下，增大导体截面积可以有效地降低线路电阻，减少线路损耗。通常情况下，按经济电流密度选择导线和电缆的截面，既可以减少电能损耗，又不致过分增加线路投资、维修费用和有色金属的消耗量。

（4）提高功率因数

线路损耗与配电线路的功率因数 $\cos\varphi$ 的 2 次方成反比，因此，提高配电系统的功率因数是降低线路损耗的有效措施。通常，通过合理选用电气设备容量来减少设备的无功功率损耗，通过在设备或变配电所装设并联电容器来平衡无功功率，限制无功功率在配电系统中的传送，减少配电线路的无功损耗，提高有功功率的输送量。

（5）抑制谐波

随着微机、电话系统、激光打印机、传真机、电视机、电池充电器、变频器、不间断电源 UPS、照明灯具电子（电感）镇流器的广泛应用，在配电系统中产生了大量的谐波。谐波电流不仅增加了配电线路的功耗，更重要的是污染电网，影响配电设备和弱电设备的正常工作，致使保护设备的误动作等。为此，国家标准《电能质量　公用电网谐波》GB/T 14549—1993 对电流的谐波提出了限制要求，并规定当用户单位配电系统的谐波发射量超出相关规定的限值时，宜采用有源或无源谐波过滤装置，抑制系统中的谐波，减少对电网的谐波污染。

5.2.3　电动机节能

在节能减排成为一项国策的今天，电动机节能不仅是业界孜孜以求的努力方向，而且几乎成了家喻户晓的社会话题。其原因之一，是因为电能利用的普及、大多数生产机械依靠电力驱动，电动机的耗电总量都占到了总用电量的 60％左右，电力驱动领域的节电对改善能源利用效率具有非常重要的作用。

1. 合理选型

（1）选用高效率电动机

提高电动机的效率和功率因数，是减少电动机电能损耗的主要途径。与普通电动机相比，高效率电动机的效率要高 3％～6％，平均功率因数高 7％～9％，总损耗减少 20％～30％，因而具有较好的节电效果。在设计和技术改造中，应选用高效率电动机，以节省电能。另一方面，高效率电动机价格比普通电动机要高 20％～30％，故采用时要考虑资金回收期，即能在短期内靠节电费用收回多付的设备费用。一般符合下列条件时可选用高效率电动机：①负载率在 0.6 以上；②每年连续运行时间在 3000h 以上；③电动机运行时无频繁启、制动；④单机容量较大。

（2）合理选用电动机的额定容量

国家对三相异步电动机 3 个运行区域作了如下规定：负载率在 70％～100％之间为经济运行区；负载率在 40％～70％之间为一般运行区；负载率在 40％以下为非经济运行区。若电动机容量选得过大，虽然能保证设备的正常运行，但不仅增加了投资，而且它的效率和功率因数也都很低，造成电力的浪费。因此考虑到既能满足设备运行需要，又能使其尽可能地提高效率，一般负载率保持在 60％～100％较为理想。

2. 选用交流变频调速装置

推广交流电动机调速节电技术，是当前我国节约电能的措施之一。采用变频调速装置，使电动机在负载下降时，自动调节转速，从而与负载的变化相适应，提高了电动机在轻载时的效率，达到节能的目的。目前，用普通晶闸管、GTR、GTO、IGBT 等电力电子器件组成的静止变频器对异步电动机进行调速已广泛应用。在设计中，应根据变频的种类和需调速的电机设备，选用适合的变频调速装置。

3. 采取正确的无功补偿方式

异步电动机的无功损耗一般包括两部分，一部分是建立磁场所需的空载无功功率，这部分损耗一般占到电动机额定无功损耗的 70％左右，无功损耗的大小与容量成正相关；另一部分是带负荷时在绕组漏抗中消耗的无功功率，这部分损耗与电动机的负载电流的平方正相关，负载率越小，功率因数越小，损耗就越大。可以采用就地无功补偿的方式，通过在电动机附近设置电容器一起运行的方法来进行无功补偿。具体可以减小配电变压器、低压配电线路的负荷电流；减少配电线路的导线截面和配电变压器容量；减小企业配电变压器以及配电网功率损耗；使补偿点无功当量达到最大，提高降损效果；减小电动机启动电流。

4. 节能改造

电动机节能器的工作原理是由于空载和轻载导致电动机的效率和功率因数很低，导致大量热损耗产生，节能器能够起到有效降低电机输出功率，减少电损耗，减少无用功的作用，使电动机达到最优运行效率的目的。比如可以采用 KYD 电动机节能器，这是一项新技术，将此项技术和传统的电气控制技术相结合，通过跟随负载的变化，调节输入功率，并且迅速检测系统需要的电能，准确调节输出功率，在节电的同时保持正弦波电压输出。此外，其他节电装置还有变频器、可控硅等。

同时，还可以对电动机本身进行改造，以达到节能目的，比如，对普通电动机进行改造，将电动机的定子进行重复利用，具体操作为：在转子中加入如永磁材料，经过外界磁场与先充磁后，可以在很长的时间内保持很强的磁场，并对原定子的线圈进行重新处理。转子转速与定子旋转磁场完全同步，无转差损耗，同时转子不需要外加励磁电源，无励磁损耗，这样功率因数就很大，电动机的效率也大大提升，启动力矩增大，过载能力增强，实现了很好的节能效果。

5.2.4　供配电设备节能

（1）为提高供电可靠性，应根据负荷分级、用电容量和地区经济条件，合理选择供配电设备电压等级和供电方式，适度配置冗余度。

（2）供配电设备应设计规划安装在接近负荷中心，并尽可能减少变配电级数。

（3）为提高功率因数，视需要安装集中或分散的无功功率补偿装置。

1）当采用提高自然功率因数措施还达不到电网合理运行要求时，应采用并联电力电容器作为无功补偿装置。如经过技术经济论证，确认采用同步电动机作为无功功率补偿装置合理时，也可采用同步电动机。

2）当补偿电容器所在线路谐波较严重时，高压电容器应串联适当参数的电抗器，低压电容器宜串联适当参数的电抗器。

3）电容器分组时，应满足下列要求：

①分组电容器投切时，不应产生谐振。

②适当减少分组组数和加大分组容量，必要时应设置不同容量的电容器组，以适应负载的变化。

③应与配套设备的技术参数相适应。

④应在电压偏差的允许范围内。

（4）供配电设备应选择具有操作使用寿命长、高性能、低能耗、材料绿色环保等特性的开关器件，配置相应的测量和计量仪表。

（5）根据负荷运行情况，合理均衡分配供配电设备的带载，单相负荷也应尽可能均衡地分配到三相网络中，避免产生过大的电压偏差。

5.2.5 变压器设备节能

（1）应选用高效能、低损耗、低噪声的节能变压器。

（2）合理地计算、选择变压器容量。力求使变压器的实际负荷接近设计的最佳负荷，提高变压器的技术经济效益，减少变压器能耗。

1）变压器额定容量应能满足全部用电负载的需要，但不应使变压器长期处于过负载状态下运行。变压器的经常性负载应以变压器额定容量的 60％ 为宜。

2）对于具有两台以上变压器的变电所，应考虑其中任一台变压器故障时，其余变压器的容量能满足重要一、二负荷级以上的全部负荷的需要。

3）多台变压器的容量等级应适当搭配，并考虑维修方便和减少备品、备件的数量。

4）变压器的容量不宜过大，以免供电线路过长增加线路的损耗。

5）变电所主变压器经济运行的条件见表 5-1。

变电所主变压器经济运行的条件　　　　　　　　　　表 5-1

序号	主变压器台数	经济运行的临界负荷	经济运行条件
1	2 台	$S_{cr}=S_N\sqrt{2x\dfrac{P_0+K_qQ_0}{P_k+K_qQ_N}}$	如 $S<S_{cr}$ 宜 1 台运行 如 $S>S_{cr}$ 宜 2 台运行
2	n 台	$S_{cr}=S_N\sqrt{n\cdot(n-1)\cdot\dfrac{P_0+K_qQ_0}{P_k+K_qQ_0}}$	如 $S<S_{cr}$ 宜 $n-1$ 台运行 如 $S>S_{cr}$ 宜 n 台运行

S_{cr} 为经济运行临界负荷（kV·A）；

S_N 为变压器的额定容量（kV·A）；

S 为变电所实际负荷（kV·A）；

P_0 为变压器的空载损耗（kW）；

Q_0 为变压器空载时的无功损耗（kvar），按下式计算：

$Q_0\approx S_N$（I_0％）/100，其中 I_0％ 为变压器空载电流占额定电流的百分值；

P_K 为变压器的短路损耗（kW）（亦称负载损耗）；

Q_K 为变压器额定负荷时的无功损耗增量（kvar），按下式计算：

$Q_K\approx S_N$（U_K％）/100，其中 U_K％ 为变压器阻抗电压占额定电压的百分值；K_q 为无功功率经济当量（kW/kvar），由发电机电压直配的工厂变电所 $K_q=0.02\sim0.04$kW/kvar；经两级变压的工厂变电所 $K_q=0.05\sim0.08$kW/kvar；经三级及以上变压的工厂变电所 $K_q=0.01\sim0.015$kW/kvar；在不计及上述计算条件时，一般取 $K_q=0.1$kW/kvar

（3）季节性负荷容量较大（如空调机组）或专用设备（如体育建筑的场地照明负荷）等，可设专用变压器，以降低变压器损耗。

（4）供电系统中，配电变压器宜选用 D，yn11 接线组别的变压器。

5.2.6 自备发电机设备节能

（1）选择占地面积小等土建、通风条件要求不高，同时额定功率单位燃油消耗量小、效率高的发电机组。在满足相关规范的前提下，视当地燃料供应条件规划储备燃油设施。

（2）根据带载负荷特性和功率需求，合理选择发电机组的容量，视需要配置无功补偿装置。

（3）当供电输送距离远时，选用高压发电机组，以减少线路输送损耗。

（4）推广使用节能发电机组。

5.2.7 UPS 及蓄电池设备节能

（1）合理选择 UPS 的容量，增加使用效率；同时，采用具有节能管理功能的 UPS 供电系统，根据负载大小自动调节系统中 UPS 运行的数量，在保证可靠性的前提下，最大限度地提升系统运行效率。

（2）选择额定运行整机效率高、输入功率因数高、输入电流谐波含量少、占地面积小、环境污染噪声小的高频结构 UPS。

（3）采用优质寿命长的蓄电池组，可通过选择输入电压、频率可变范围宽的设备，减少蓄电池组逆变供电的时间，延长蓄电池的使用寿命。

5.2.8 动力设备节能

（1）选择高效率、低能耗的电机，能效值应符合国家标准相关能效节能评价标准。

（2）电机的启动方式和操作运行管理应符合设备工艺要求，根据负荷特性合理选择电动机，为节能可选择轻载电机降压运行、电机荷载自动补偿、采用调速电机等。

1）功率在 250kW 及以上恒负载连续运行宜采用同步电动机。

2）功率在 200kW 及以上宜采用高压电机。

3）异步电动机在满足机械负载要求的前提下，采取调压节电，并使电动机工作在经济运行范围内。

4）风量、流量经常变化的负荷，宜采用电动机调速方式进行调节。

5）功率在 50kW 及以上的电动机单独配置电压表、电流表、有功电度表等计量仪表，监测和计量电动机运行参数。

（3）异步电动机在安全、经济合理的条件下，可采取就地补偿，提高功率因数，降低线路损耗。

（4）交流电气传动系统中的设备、管网和负载相匹配，达到系统经济运行，提高系统电能利用率。

（5）超大容量设备选用高电压等级供电，如 10kV 高压制冷机组。

（6）电梯组采用智能化群控系统，缩短运行等候时间；扶梯及自动步道有人时运行，无人时缓速或停止运行。

5.3 照 明 节 能 技 术

现代建筑特别是大型公共建筑依靠大量的灯光照明维持其日常运作，对照明质量的要求越来越高，照明系统能耗也越来越大，是除了空调系统能耗以外的第二大能耗大户，占了建筑总能耗的近 1/4，在世界能源供应日趋紧张的今天，照明系统的节能越来越引起人们的高度关注。如何在满足工作照明需求，营造舒适视觉环境的前提下，最大限度地减少照明系统的能源消耗，是需要重点进行研究的课题。

在保证有足够的照明数量和质量的前提下，尽可能节约照明用电，是照明节能的唯一正确原则。通过采用高效节能照明产品，提高质量，优化照明设计等手段达到照明节能的目的。

为节约照明用电，一些发达国家相继提出节能原则和措施，国际照明委员会（CIE）提出如下 9 条节能原则：

(1) 根据视觉工作需要，决定照明水平；

(2) 得到所需照度的节能照明设计；

(3) 在考虑显色性的基础上采用高光效光源；

(4) 采用不产生眩光的高效率灯具；

(5) 室内表面采用高反射比的材料；

(6) 照明和空调系统的热结合；

(7) 设置不需要时能关灯或灭灯的可变装置；

(8) 不产生眩光和差异的人工照明同天然采光的综合利用；

(9) 定期清洁照明器具和室内表面，建立换灯和维修制度。

在进行设计时，还应遵循以下原则：

(1) 照明节能设计原则及措施是在满足规定的照度和照明质量要求的前提下，尽可能地节约用电。

1) 根据视觉感官及使用功能需要，决定照明水平及标准。

2) 进行优选照明布置方案比对，得到所需照度标准的照明设计，校核照明节能满足《建筑照明设计标准》GB 50034—2013 功率密度限值标准要求。

3) 选用低谐波含量、低能耗、高能效的灯具及电器，能效值应符合国家标准相关能效节能评价标准。

4) 在考虑显色性的基础上尽可能选用高光效光源。

5) 选用不产生眩光或特低眩光的高效率灯具。

6) 室内表面装饰装修选用高反射比的材料。

7) 采用照明灯具散热和空调系统热回收相结合的一体设计。

8) 采用场景控制方式，设置不需要时能关灯或灭灯的可变装置。

9) 与建筑遮阳系统相结合，最大限度地利用自然采光，而不产生眩光和差异，减少人工照明的使用时间。

10) 定期清洁照明器具和室内表面，建立换灯和维修制度。

(2) 应依据相关规范标准规定进行照明设计，在保证有合理数量照明灯具的前提下，设法降低照明用电负荷的能耗，改进照明设备的设计和管理。

1) 光源、灯具方面的节能措施

使用高效率光源及灯具；使用低能耗、低谐波含量、高功率因数的灯具电器；重新分析照明效果，不断改进或更换淘汰旧产品；正确使用照明控制开关；选用寿命长的光源和灯具；安装考虑运行和维护方便；定期维修。

2) 照明设备在使用方面的节能措施

关键要素可归纳为三点：①杜绝浪费；②采用高效照明措施；③加强检查和维护照明设备。

自然光的利用：根据光传感器所检测的有效自然光亮度，控制靠窗照明灯具，调节其亮度；时间控制：根据不同时间不同场所，用定时器控制照明灯具开关或者适当调光；最佳照度控制：计算照明灯具的需用量时，需要预估维修系数，维修系数表示光源和灯具等因脏污效率下降的程度；演出式照明控制：在大型商店、物品出售柜台和专品出售柜台往往给出不同的照度亮度值。另外，根据陈列品的不同特色，采用局部照明等方式，进一步改变亮度使其表面色彩多样；手动控制：办公室没人在就要局部熄灯，或者夜间加班时也要在一定时间范围内，在适当部位并一部分灯。

3）照明配电线路在设计方面的节能措施

依据照明灯具对端电压的要求，考虑配电线路电压降取值，规划线路最大距离长度限值，从而减少线路损耗，节约线材；供配电系统设计考虑电压过高会导致光源使用寿命降低和能耗过分增加的不利影响；三相配电干线的各相负荷宜分配平衡；选择配线线路分支回路所接灯具，应与照明控制和管理相协调。宜采用集中控制与分散控制相结合；电能计量满足管理需求。

5.3.1 影响照明能耗的因素

照明设计首先要考虑的就是"满足需求"，也就是说要达到一定的照度水平，而照明系统节能，就是在"满足需求"的前提下，尽可能少消耗能源。照明系统主要是消耗电能，将电能尽可能多地转换为有效光，提高电能的利用效率，减少电能传输和电/光转换过程的损失，即应用高效的照明光源、灯具及电器，是照明系统节能的主要手段；同时，确定合适的"照明需求"，即选择适当的照度标准值和照明方式，降低照明功率密度值，采取灵活方便的照明控制措施，以及充分利用自然光、可再生能源利用等，都是减少照明能耗的有效措施。

5.3.2 高效灯具及电器

灯具效率以及镇流器损耗的高低，是决定照明系统能耗的重要因素，选用高效的灯具和低损耗的镇流器是必要的。随着社会经济的发展和照明科技的进步，优质节能的灯具和镇流器不断涌现。

采用计算机辅助设计的灯具可根据需求进行精确配光，最大限度地获得有效光，常用的直管荧光灯具、高强度气体放电灯具等的效率可达 75% 以上甚至更高，达到了相当的技术水平；而紧凑型荧光筒灯由于光源形状的不规则和不确定，要达到较高的效率还比较困难。

在光源电器方面，直管荧光灯普遍采用了电子镇流器或节能型电感镇流器，高压钠灯、金属卤化物灯配用节能型电感镇流器。节能型电感镇流器的应用，使照明系统能效提高了 5%～9%；而电子镇流器的应用，则使照明系统能效提高了 18%～20%。值得一提的是，由于现行国家标准对电子镇流器谐波含量的限定相对比较宽松，对于 ≤25W 的气体放电灯，三次谐波最大限值允许达到 86%，这对节能是极其不利的，如在建筑内大量采用，必须采取严格限制措施。

（1）选用高效率灯具

在满足眩光限制和配光要求条件下，荧光灯灯具效率不应低于：开敞式的为 75%、带透明保护罩的为 65%、带磨砂或棱镜保护罩的为 55%、带格栅的为 60%。高强度气体放电灯灯具效率不应低于：开敞式的为 75%、格栅或透光罩的为 60%、常规道路照明灯具为 70%、泛光灯具为 65%。

（2）选用控光合理灯具

根据使用场所条件，采用控光合理的灯具，如蝙蝠翼式配光灯具、块板式高效灯具等。块板式灯具可提高灯具效率 5%～20%。

（3）选用光通量维持率好的灯具

如选用涂二氧化硅保护膜、反射器采用真空镀铝工艺和蒸镀银光学多层膜反射材料以及采用活性炭过滤器等，以提高灯具效率。

（4）选用灯具利用系数高的灯具

使灯具发射出的光通量最大限度地落在工作面上，利用系数值取决于灯具效率、灯具配光、室空间比和室内表面装修色彩等。

（5）尽量选用开敞式直接型灯具

灯具所配带的格栅、棱镜、乳白玻璃罩等附件引起光输出的下降，灯具效率降低约 50%，电能消耗增加，不利于节能，因此最好选用开敞式直接型灯具。

（6）采用照明与空调一体化灯具

采用此灯具的目的在于在夏季时将灯所产生的热量排出 50%～60%，以减少空调制冷负荷 20%；在冬季利用灯所排出的热量，以降低供暖负荷。利用此灯具，约可节能 10%。

（7）开发适合 LED 特点的灯具

LED 灯具有小型化、亮度高、指向性强、可控性强的特点，开发适合 LED 特点的灯具并推广应用，是照明节能的重要方向。

在满足眩光和配光要求的基础上，还应选用效率高的灯具。灯具效率越高，表明灯具发出的光能越多。直管荧光灯灯具的效率应满足表 5-2 的要求，紧凑型荧光灯灯具的效率应满足表 5-3 的要求，高强度气体放电灯灯具的效率应满足表 5-4 的规定。

直管荧光灯灯具的效率 表 5-2

灯具出光口形式	开敞式	保护罩（玻璃或塑料）		格栅
		透明	磨砂、棱镜	
灯具效率	75%	70%	55%	65%

紧凑型荧光灯灯具的效率 表 5-3

灯具出光口形式	开敞式	保护罩	格栅
灯具效率	55%	50%	45%

高强度气体放电灯灯具的效率 表 5-4

灯具出光口形式	开敞式	格栅或透光罩
灯具效率	75%	60%

由此可见，开敞式灯具具有较高的效率。

灯具是除光源外的第二要素，而且是不容易被人们所重视的因素。灯具的主要功能是合理分配光源辐射的光通量，满足环境和作业的配光要求，并且不产生眩光和严重的光幕反射。选择灯具时，除考虑环境光分布和限制眩目的要求外，还应考虑灯具的效率。对于高光效灯具的基本要求如下：

（1）提高灯具效率。现在市场上有些灯具效率仅为 0.3～0.4，光源发出的光能，大部分被吸收，能量利用率太低。要提高效率，一方面要有科学的设计构思和先进的设计手段，运用计算机辅助设计来计算灯具的反射面和其他部分；另一方面要从反射罩、漫射罩和保护罩的材料等加以优化。

（2）提高灯具的光通维持率，从灯具的反射面、漫射面、保护罩、格栅等的材料和表面处理上下功夫，使表面不易积尘、腐蚀，容易清扫，采取有效的防尘措施，有防尘、防水、密封要求的灯具，应经过试验达到规定的防护等级。

（3）提供配光合理、品种齐全的灯具，应该有多种配光的灯具，以适应不同体形的空间，不同使用要求（照度、均匀度、眩光限制等）的场所的需要。

（4）提供与新型高效光源配套、系列较完整的灯具。现在有一些灯具是借用类似光源的灯具，或者几种光源、几种尺寸的灯泡共用灯具。要达到高效率、高质量，应该按照光源的特性、尺寸专门设计配套的灯具，形成较完整的系列，提供使用。

此外，对于大面积使用空调设施的房间或场所，应采用空调照明一体化灯具。由于照明的发热影响室内的环境温度，室内除了冬季可利用灯具产生的热量外，夏季必须排除该热量才能获得人们所需要的室内气候条件。空调房间可采用综合顶棚单元，将照明灯具与空调风口融为一体，以提高综合效益。例如，夏季空调系统通过灯具回风，就可有约50％～75％的"照明热量"被直接排走而不进入房间，空调的制冷量可减少 20％，空调可节电 10％；冬季空调供暖时可改变系统，利用照明灯具散发的热量供暖以减少供热量。

5.3.3 LED 灯的应用

1. LED 灯的优势和存在的问题

LED 灯作为一种全新的光源，近年来技术和产业发展迅速。LED 灯具有光效高、寿命长的优点，其启动快捷、易调光、多色彩、可调色温的特性是其他光源不可比拟的，使其在城市景观照明中的建筑艺术特色表现方面显示出独特的优势。然而，一种新生事物的产生和发展，必然要迎接诸多新的挑战，LED 灯也不例外，例如灯具的结构形式、散热、驱动电源等都在技术发展和应用实践中不断改进；LED 灯在色表、显色性、蓝光含量高、光衰、色漂移以及光源颜色一致性等方面的一些问题，都可能对其在建筑内的应用带来不良影响。在目前的技术条件下，想要解决这些问题，必将降低其光效，增加应用成本。

2. LED 灯在建筑照明中的应用

为保证照明质量，有利于人的身心健康，对于 LED 灯这一处于发展中但具有广阔前景的新型高效光源在建筑照明领域的应用，有必要制定相应的技术要求，以便有效引导 LED 灯制造商提高产品质量，指导照明设计师合理选用 LED 灯。

新修订的《建筑照明设计标准》GB 50034—2013 对 LED 灯在建筑内的应用提出一系列的技术要求，例如：长时间工作或停留的场所，LED 灯色温不宜高于 4000K，显色指数（R_a）不应低于 80；要求 LED 灯对饱和色的特殊显色指数 R9 应为正数；同一场所内同类 LED 灯具之间以及同一灯内不同发光芯片之间的颜色偏差、LED 灯在寿命期内的颜色漂移和变化不应大于规定值；控制 LED 灯具在空间不同方向上的颜色一致性和遮光角，等等。

鉴于 LED 灯所具有的诸多优点，目前业界、建设单位以及政府均在积极推动其应用，特别是在能够发挥其优势的场所，例如：民用建筑的装饰性照明，需要彩色光、彩色变幻光、色温变化的园林景观照明、建筑立面照明、广告照明、博展馆、美术馆、壁画、工艺品、商品橱窗等需要定向照射的重点照明场所，建筑内的走廊、楼梯间、大堂、电梯厅、卫生间、酒店客房、地下车库等不需要长时间工作、需要调光或频繁开关灯的场所得到了越来越广泛的应用。然而，LED 照明正处于高速发展期，技术日新月异，照明产品需要在研究、探索和应用中逐步完善，不断解决存在的问题；同时，现在市场上的 LED 照明产品质量良莠不齐，技术水平差距很大。因此，LED 照明在建筑内的应用应该理性适度，循序渐进，稳步发展，切忌不分青红皂白一哄而上，盲目跟风，不切实际地夸大其作用，扬长避短，充分发挥 LED 照明的优势，更好地实施绿色照明。

5.3.4　照明控制节能

（1）照明控制方式

传统照明控制方式主要以手动控制为主，简单、有效、直观，但系统相对分散，无法实现有效地管理，其适时性和自动化程度太低。

自动照明控制方式采用继电器/接触器控制，或者采用直接数字控制器（DDC）加继电器/接触器控制。前者简单价廉，但功能单一；后者可由控制中心主机通过直接数字控制器（DDC）和继电器/接触器灯具开和关，实现了照明控制的自动化，但却无法实现调光控制功能和就地控制，而且由于需要设置大量的继电器/接触器，增加了系统故障概率和维护成本。

随着计算机技术、网络技术、控制技术以及社会经济的发展，人们对照明控制提出了更高的要求，从而产生了以照明灯具为主要控制对象的智能照明控制系统。智能照明控制系统不仅可以实现开关控制和调光控制，还可以预设多个灯光场景，根据时间、场所的功能、室内外照度、有人和无人自动调整场景，实现照明系统集中统一管理与监控的功能。

（2）智能照明控制系统

智能照明控制系统主要有总线型和电力线载波型两种类型，通过系统总线或电力线载波的形式传送控制信号和数据，目前最为常用的是总线型系统。各个生产厂商所采用的总线协议虽然不尽相同，但均符合 EIB 国际总线标准，如 i-bus 总线、C-Bus 总线、Dynet 总线、DALI 总线、HBS 总线、HDL 总线等。

智能照明控制系统主要由输入设备（现场面板开关、液晶触摸显示屏、各类智能传感器等）、输出设备（智能开关模块、智能调光模块等）、系统设备（总线交换机、系统电源、场景控制器、定时器、通信转换器、工作站等）、系统软件（中央监控图形管理软件、安装设定调试软件、表演控制软件等）构成。

绝大部分的总线系统是将输出设备集中于照明配电箱内，灯具电源和控制总线接入箱内输出设备，再由输出设备引出控制电源线至各个需要控制的灯具；由于考虑通过不同分组来实现不同场景的控制，因此灯具回路较多，布线成本较高，且在控制区域需要重新布局分隔时，需要重新布线和设计。而 DALI 总线系统则是将输出设备与现场光源镇流器或附属电器合二为一，现场光源镇流器或附属电器接入电源线和控制总线即可形成控制系统，这样做的优点是节约了布线成本，对于设计修改、重新分隔布局不需重新布线，只需更改软件设置即可，简单易行。

智能照明控制系统的主要功能有场景控制、恒照度控制、定时控制、动静探测（红外感应、视频分析）控制、就地手动控制、群组组合控制、远程控制以及应急联动、图示化监控、日程计划安排等。

（3）控制与节能

照明控制的原则就是在满足需求的前提下，减少开灯时间，降低开灯时的耗电量。

照明控制节能的具体措施有：根据工作区域需求分区、分组控制；调光、降低照度和定时控制；酒店客房节能控制开关；人体感应控制，实现人走灯灭；楼梯间、走廊、门厅等处节能自熄或降低照度控制；充分利用自然光，近窗和远窗灯具分组开关，根据天然光有无或强弱分组就地开关或自动控制。目前，智能照明控制系统技术日臻完善，成本不断降低，而且具有传统照明控制方式和自动照明控制方式所不具备的优点，可以很方便地实现几乎所有照明控制要求，达到照明节能的目的，因此，智能照明控制系统在民用建筑中得以广泛应用。

（4）利用灯的开关控制节能

一个开关控制灯数不宜太多，小办公室应每灯一开关，位置合适，以便随手关灯。根据场所不同功能设置开关。靠窗一侧的灯具单独控制。采用调光开关、定时开关、光控开关等限制照明使用时间、调节照度等实现节电。按不同时间顺序根据需要增减照明。走廊内无天然采光的办公大楼，走廊灯应推广使用节能型灯，使用自动控光，上下班时 100％开灯，工作时减少 50％，夜间只保持 25％或更少。

（5）控制方式

1）手动控制

为了更好地控制大房间的照明，各个作业区可分别安装照明灯。这样有人的可以开灯工作，没人则把灯关掉。

对于有几个门的房间，可以在每一个门口都安装一个控制装置。

2）自动控制

对照明系统自动控制可以采用的自动控制装置有时钟开关、定时开关和光电控制开关等。

时钟开关，是可以根据预先确定的程序在规定时间内接通或断开照明系统的装置。

定时开关，可以用于不连续用照明的房间，和使用者可能会忘记关灯的房间。

光电控制开关，是利用自然光进行控制的装置。根据自然光的强度，接通或断开继电器来自动控制灯具电器调整照明强度。

3）节电控制装置

调光器：调光器的节电量几乎与调光角成正比，调光器不仅作为节电装置，而且也作为氛围照明等特殊用途的产品。

节电用的配线器：三向开关和四向开关、电灯熄灯指示用的配线器具。

（6）各类控制方式适用的场所

1）光电自动控制天黑开灯，天亮关灯。适用于可以自然采光的路灯、货场、走廊、厕所等。

2）定时自动控制适用于定时开关照明的任何场所。

3）调光开关按需要变换光源光线的强弱，适用于宾馆、酒店、家庭等需要变光的场所。

4）声光自动控制电路适用于楼梯间、走廊等场所。

照明控制的主要作用是改善工作环境，提高照明质量，实现多种照明效果，延长光源寿命，方便维护管理。近年来，随着照明控制技术和智能控制技术的发展，照明控制在节约能源方面的贡献逐渐显现出来。

照明控制是照明节能的重要手段，要达到不同的照明效果，往往需要安装大量的光源和灯具，而不同的照明效果需要照明控制手段实现，减少开灯数和开灯时间，实现节能目的。节能控制一般应满足如下要求。

应根据建筑物的建筑特点、建筑功能、建筑标准、使用要求等具体情况，对照明系统进行分散、集中、手动、自动、经济实用、合理有效的控制。

（7）建筑物功能照明的控制

1）体育场馆比赛场地应按比赛要求分级控制，大型场馆宜做到单灯控制。

2）候机厅、候车厅、港口等大空间场所应采用集中控制，并按天然采光状况及具体需要采取调光或降低照度的控制措施。

3）影剧院、多功能厅、报告厅、会议室及展示厅等宜采用调光控制。

4）博物馆、美术馆等功能性要求较高的场所应采用智能照明集中控制，使照明与环境要求相协调。

5）宾馆、酒店的每间（套）客房应设置节能控制型总开关。

6）大开间办公室、图书馆、厂房等宜采用智能照明控制系统，在有自然采光区域宜采用恒照度控制，靠近外窗的灯具随着自然光线的变化，自动点燃或关闭该区域内的灯具，保证室内照明的均匀和稳定。

7）高级公寓、别墅宜采用智能照明控制系统。

（8）走廊、门厅等公共场所的照明控制

1）公共建筑如学校、办公楼、宾馆、商场、体育场馆、影剧院、候机厅、候车厅和工业建筑的走廊、楼梯间、门厅等公共场所的照明，宜采用集中控制，并按建筑使用条件和天然采光状况采取分区、分组控制措施。

2）住宅建筑等的楼梯间、走道的照明，宜采用节能自熄开关，节能自熄开关宜采用红外移动探测加光控开关，应急照明应有应急时强制点亮的措施。

3）旅馆的门厅、电梯大堂和客房层走廊等场所，采用夜间定时降低照度的自动调光装置。

4）医院病房走道夜间应采取能关掉部分灯具或降低照度的控制措施。

（9）道路照明和景观照明的控制

1）道路照明应根据所在地区的地理位置和季节变化合理确定开关灯时间，并应根据天空亮度变化进行必要修正。宜采用光控和时控相结合的智能控制方式。

2）道路照明采用集中遥控系统时，远动终端宜具有在通信中断的情况下自动开关路灯的控制功能，采用光控、时控、程控等智能控制方式，并具备手动控制功能。同一照明系统内的照明设施应分区或分组集中控制。

3）道路照明采用双光源时，在"半夜"应能关闭一个光源；采用单光源时，宜采用恒功率及功率转换控制，在"半夜"能转换至低功率运行。

4）景观照明应具备平日、一般节日、重大节日开灯控制模式。

应根据照明部位的灯光布置形式和环境条件选择合适的照明控制方式。

（10）房间或场所装设有两列或多列灯具时，宜按下列方式分组控制·

1）所控灯列与侧窗平行；

2）生产场所按车间、工段或工序分组；

3）电化教室、会议厅、多功能厅、报告厅等场所，按靠近或远离讲台分组。

（11）有条件的场所，宜采用下列控制方式：

1）天然采光良好的场所，按该场所照度自动开关灯或调光；

2）个人使用的办公室，采用人体感应或动静感应等方式自动开关灯。

（12）对于小开间房间，可采用面板开关控制，每个照明开关所控光源数不宜太多，每个房间灯的开关数不宜少于 2 个（只设置 1 只光源的除外）。

5.3.5 照明功率密度

照明功率密度值（LPD）是照明节能的主要评价指标之一，不同的建筑、不同的功能房间或场所，其 LPD 所有不同。在计算 LPD 时，应计算灯具光源及附属装置的全部用电量。具体功能房间及场所的 LPD，应根据《建筑照明设计标准》GB 50034—2013 所规定的限值进行确定。

（1）设计标准

《建筑照明设计标准》GB 50034—2013 提出了照明功率密度值（LPD 值）的概念，作为照明系统节能评价的量化指标，一个房间或场所的照明功率密度值不应超过标准规定的限值，LPD 值越低，则照明系统越节能，因此，照明节能的关键就是在保证设计照度值的情况下降低 LPD 值。

自《建筑照明设计标准》GB 50034—2013 颁布实施以来，对建筑照明节能起到了很大的推动作用，促进了照明产品的更新换代和照明行业的发展，也为我国制定绿色建筑标准和法规提供了借鉴和依据，并被相关绿色建筑标准所引用。

近年来，随着照明光源、灯具技术的发展，照明系统能效的不断提高，以及政府主管部门、建设单位、照明工程设计人员、照明行业对节能的重视，大部分建筑的照明功率密度值均可低于标准规定的 LPD 限值。有数据显示，近年来已竣工建筑的照明功率密度值达标率为：办公建筑 91.3%，商店建筑 100%，旅馆建筑 92.9%，医疗建筑 91.9%，教育建筑 97.9%，工业建筑 93.6%，通用房间 96.4%。且实际的 LPD 值比标准规定的最大限值有较大的降低，也就是说，降低标准 LPD 限值的时机已经成熟。因此，在 2012 年《建筑照明设计标准》GB 50034—2004 修订时，充分考虑了这一实际情况，适当降低了 LPD 的最大限值，这一举措必将进一步推动照明节能。

（2）严格控制照明功率密度值

《建筑照明设计标准》GB 50034—2013 中规定的照明功率密度限值是强制性条文，必须严格执行。照明功率密度限值是最大允许值，并非优化值。一个房间或场所照明安装功率的确定，应根据该场所的照度标准值和场所面积及其室形指数（RI）等因素，经照度计算来确定，由此得出实际的 LPD 值不应大于规定的 LPD 最大限值，并尽可能地低于标准规定的 LPD 限值，低得越多越节能。不能利用标准规定的 LPD 限值简单地倒推出实际安装功率。要降低 LPD 值，就必须正确理解标准规定的含义，合理选用高效光源、高效镇流器和高效灯具，正确处理好节能和装饰性、艺术性、实用性的关系，在其中找出适当的平衡点。其次是理解标准规定的均匀度是作业面的均匀度，对一些非作业面可以降低照度，不必要追求整个房间的均匀度指标。

5.3.6　正确选择照度标准值

目前，主要的照明设计标准有《建筑照明设计标准》GB 50034—2013、《城市道路照明设计标准》CJJ 45—2006、《城市夜景照明设计规范》JGJ/T 163—2008、《体育场馆照明设计及检测标准》JGJ 153—2007 等，照明设计节能首要的是要选取合理的照度标准值，照度值过高会造成浪费，不节能，过低会牺牲照明质量，即使节能，也违背了照明节能的原则，所以应按国际或行业标准选取合理的标准值，该高则高或该低则低。

5.3.7　合理选择照明方式

照明方式在照明节能设计中是十分重要的，应按下列要求确定照明方式：

（1）工作场所通常应设置一般照明。

（2）同一场所内的不同区域有不同照度要求时，贯彻所选照度在该区该高则高和该低则低的原则，满足功能的前提下，应采用分区一般照明。

（3）对于部分作业面照度要求较高，只采用一般照明不合理的场所，宜采用混合照明；在照明要求高，但作业密度又不大的场所，若只装设一般照明，会大大增加照明安装功率，因而不节能，应采用混合照明方式，即用局部照明来提高作业面的照度，以节约能源，尽量采用混合照明方式。

（4）在一个工作场所内不应只采用局部照明。

（5）慎用间接照明。间接照明是由灯具发射光的通量的 10% 以下部分，直接投射到假定工作面上的照明。90% 以上的光通量发射向顶棚、墙面等，通过反射再照射到工作面，效率不高，特别是顶棚、墙面的反射系数不高时，效率会更低。但对于照明质量、环境要求较高的场所，如要求空间亮度好、严格控制眩光的公共场所，如航站楼、游泳池，利用灯具将光线投向顶棚，再从顶棚反射到工作面上，没有照度不均匀、眩光和光幕反射等问题，照明质量提高，这时应选择高光效光源如高强气体放电灯、LED 灯等，既兼顾了照明效果，也不失为一种节能方式。

照明灯具的控制方式有多种，有简单的、也有复杂的，应根据项目和具体房间或场所功能的要求确定。

（1）简便灵活的就地控制方式，采用跷板开关控制就近的照明灯具。价格便宜、使用方便，但节能效果较差。

（2）对于有天然采光状况的房间或场所应采取分区、分组控制措施。

（3）建筑的楼梯间，特别是住宅建筑的公共部位的照明，采用延时自动熄灭开关控制，在有应急疏散照明功能时，应具有消防时强制点亮的措施。

（4）道路照明和景观照明，通常采用光控、程控和时间控制的方式。

（5）宾馆、酒店客房，采用智能客房控制箱，将照明灯具、人体感应传感器、电器、电动窗帘等功能融入其中。除保留原普通酒店的集中控制功能外，还具有了感应控制、无线遥控、场景控制、远程控制等控制方式。

（6）在博物馆、影剧院、体育场馆、机场等公共建筑大量采用智能照明控制系统，具有开关控制、恒照度控制、恒照度加红外开关控制、调光控制、定时照明控制、基于日光的照明控制、基于人体感应的照明控制、模式控制、集中控制和分散控制等。

照明节能控制系统为建筑提供了高效、节能、易于分割和合并的光环境。同时也为项目实现低能耗和绿色建筑提供了有力支持。

5.3.8　推广使用高光效照明光源

应采用高效节能光源，在满足照明效果和质量的条件下，对灯具悬挂位置较低的场所（安装高度小于4.5m），照明宜采用荧光灯，尽量选用细管径直管荧光灯、紧凑型荧光灯；对高大场所（安装高度大于5m）的一般照明，宜采用高强度气体放电灯，如高压钠灯（可用于显色性无要求或要求不高的场所）、金属卤化物灯等节能光源。除有特殊要求外，不宜采用管形卤钨灯及大功率普通白炽灯；对走道、车库、景观照明等采用节能、长寿命的LED光源。

作为电能转换为光的主要元器件，光源无疑是影响照明能耗的最主要因素，采用优质高效光源，淘汰和限制使用低效光源，是照明节能的根本。

1. 淘汰和限制使用的低效光源

2012年修订完成并报批的《建筑照明设计标准》GB 50034—2013对普通照明白炽灯、卤素灯的使用提出了更为严格的限制条件，并规定不应再采用荧光高压汞灯和自镇流高压汞灯。

2011年，国家发展改革委等五部门发布了"中国逐步淘汰白炽灯路线图"，从2011年11月1日至2012年9月30日为过渡期，2012年10月1日起禁止进口和销售100W及以上普通照明白炽灯；2014年10月1日起禁止进口和销售60W及以上普通照明白炽灯；2015年10月1日至2016年9月30日为中期评估期，2016年10月1日起禁止进口和销售15W及以上普通照明白炽灯，或视中期评估结果进行调整。按照这个路线图，2013年正处于淘汰100W及以上普通照明白炽灯阶段。因此，除其他光源不能满足要求的个别特殊场所，不应再选用普通照明白炽灯；对于现有使用白炽灯的场所，如酒店客房、大堂等处，应逐步进行改造，用LED灯和自镇流荧光灯等新型节能光源取代。

对于光效略高于白炽灯的卤素灯，除了用于对光色和显色性要求很高的商场以及博物馆、画廊等场所的重点照明外，不应在酒店客房、大堂以及餐厅、走廊、电梯轿厢、电梯厅、会议室等场所作为一般照明灯具大面积使用。而荧光高压汞灯和自镇流高压汞灯，光效低，显色性差，已经没有任何使用价值和优势，不应再选用。

2. 推广应用高效光源

20世纪70年代末到21世纪初，荧光灯技术的发展成效显著，在细管径、紧凑型、稀土三基色荧光粉、高频电子镇流器、固汞和低汞、微汞等方面取得了重大进步，使其在光效、显色性、频闪效应、使用寿命、节材、保护环境等方面都有了很大的改善，获得广泛应用。另一方面，固体发光半导体器件——发光二极管（LED）的崛起，也为我们提供了一个全新的光源。白光 LED 灯研制成功近二十年来，其技术飞速发展，日新月异。LED 灯以其高光效、长寿命、启动快捷、调光方便等诸多优势，受到照明产业界、科技界、工程设计人员和政府部门的高度重视，发展前景广阔。

目前常用的高效节能光源主要有：三基色细管径直管荧光灯、紧凑型荧光灯、金属卤化物灯、高压钠灯、无极荧光灯、LED 灯等。这些光源的共同特点是光效高：三基色细管径直管荧光灯的光效一般可达到 93～104lm/W 左右，最高可达到 110lm/W；紧凑型荧光灯的光效可达到 50～80lm/W 左右；无极荧光灯的光效可达到 55～70lm/W 左右；金属卤化物灯、高压钠灯的光效可达到 65～110lm/W 左右，高压钠灯最高可达到 140lm/W。对于 LED 灯具，由于与传统光源灯具存在很大差别，其光源和灯具是整体式的，因此，不能以光源的光效来衡量节能与否，而是采用灯具的效能作为节能评价指标。目前市场上的 LED 灯具种类繁多，制造水平和质量参差不齐，灯具的效能在 40～90lm/W 左右。上述这些光源远比白炽灯、卤素灯（卤钨灯）的光效高，更节能，但显色指数、启动性能、调光性能等各有其优缺点，应根据场所的特点和要求合理应用。

光源光效由高向低排序为：低压钠灯、高压钠灯、三基色荧光灯、金属卤化物灯、普通荧光灯、紧凑型荧光灯、高压汞灯、卤钨灯、普通白炽灯。目前，LED 的光效已达到高压钠灯的级别，并且发展很快，是一种革命性的节能光源。

除光效外，当然还要考虑在显色性、色温、使用寿命、性能价格比等技术参数指标合适的基础上选择光源。为节约电能，合理选用光源的主要措施是：

（1）淘汰白炽灯

白炽灯因其光效低、寿命短、耗电高，100W 以上的白炽灯泡属于淘汰的产品。在防止电磁干扰、开关频繁、照度要求不高、点燃时间短和对装饰有特殊要求的场所，尚可采用白炽灯，但被 LED 光源替代是大势所趋。

（2）推广使用细管径（≤26mm）的 T8 或 T5 直管形荧光灯

细管径直管形荧光灯光效高、启动快、显色性好，适用于办公室、教室、会议室、商店及仪表、电子等生产场所，特别是要推广使用稀土三基色荧光灯，因为我国照明标准对长时间有人的房间要求其显色指数大于 80。荧光灯适用于层高较低（4～4.5m）的房间。选用细管径荧光灯比粗管径可节电约 10%，选用中间色温 4000K 直管形荧光灯可比6200K 高色温直管形荧光灯节电约 12%。

（3）推广高光效、长寿命的金属卤化物灯和高压钠灯

金属卤化物灯具有光效高、寿命长、显色性好等特点，因而其应用量日益增多，特别适用于有显色性要求的高大（大于 6m）厂房。高压钠灯光效更高，寿命更长，价格较低，但其显色性差，可用于辨色要求不高的场所，如锻工车间、炼铁车间、仓库、道路等。

（4）推广发光二极管（LED）的应用

LED 的特点是寿命长、光利用率高、耐振、温升低、电压低、显色性好和节电，已经广泛用于装饰照明、建筑夜景照明、标志或广告照明、应急照明及交通信号灯，随着LED 光效提高、控制技术发展等，LED 在照明领域如室内、道路、厂房等具有广阔的应用前景，是照明光源的革命性飞跃。

光源的效率可用综合评价法评定，各种光源的综合能效指标，如表 5-5 所示。

光源种类	光效（lm/W）	光效参考平均值	平均寿命（h）	综合能效（10^3 lm·h/W）	综合能效参考平均值
普通白炽灯	7.3～25	19.8	1000～2000	7.3～50	28.65
卤钨灯	14～30	22	1500～2000	21～60	40.5
普通直管荧光灯	60～70	65	6000～8000	360～560	460
三基色荧光灯	93～104	98.5	12000～15000	1116～1560	1338
紧凑型荧光灯	44～87	65.5	5000～8000	220～696	458
荧光高压汞灯	32～55	43.5	5000～10000	160～550	355
金属卤化物灯	52～130	91	5000～10000	260～1300	780
高压钠灯	64～140	102	12000～24000	768～3360	2064
高频无极灯	55～70	62.5	40000～80000	2200～5600	3900
LED	70～120	95	20000～50000	1400～6000	3700

从表5-5可以看出：卤钨灯和普通照明用白炽灯光效很低，寿命很短，综合能效低下。因此，需要逐步淘汰白炽灯。而高压钠灯、三基色荧光灯、高频无极灯和LED灯具有较高的光效和较长的使用寿命，应大力推广，以实现节能的效果。

5.3.9 积极推广节能型镇流器

气体放电灯的镇流器是一个耗能器件，应采用新型节能镇流器取代普通高耗能镇流器。由于镇流器质量的优劣对照明节能、照明质量和电能质量影响很大，因此选择镇流器时应掌握以下原则：①运行可靠，使用寿命长；②自身功耗低；③频闪小，噪声低；④谐波含量小，电磁兼容性符合要求。目前，常用电子镇流器和节能型电感镇流器取代普通电感镇流器。普通电感镇流器性能好，但功耗大；节能型电感镇流器虽然价格稍高，但寿命长、可靠性好。从长远发展来看，电子镇流器以更高的能效、无频闪、噪声低、功率因数高、可实现调光、体积小和重量轻等优势而具有广阔的应用前景。

电子镇流器的优点是节能，其自身功耗低，只有3～5W的功耗，功率因数高，光效高，重量轻，体积小，启动可靠，无频闪，无噪声，可调光，允许电压偏差大等。节能型电感镇流器采用低耗材料，其能耗介于传统型和电子型之间。应推广这两种镇流器。

在选择镇流器时，应注意镇流器能效因数（BEF），BEF值越大则越节能。

自镇流荧光灯应配用电子镇流器。直管形荧光灯应配用电子镇流器或节能型电感镇流器。高压钠灯、金属卤化物灯应配用节能型电感镇流器。

5.3.10 照明配电节能

（1）过高的电压将使照度过分提高，会导致光源使用寿命降低和能耗过分增加，不利节能；而过低的电压将使照度降低，影响照明质量。照明灯具的端电压不宜大于其额定电压的105%；一般工作场所不宜低于其额定电压的95%。

（2）气体放电灯配电感镇流器时，应设置电容补偿，以提高功率因数到0.9。有条件时，宜在灯具内装设补偿电容，以降低线路能耗和电压损失。

（3）三相配电干线的各相负荷宜分配平衡，最大相线负荷不宜超过三相负荷平均值的115％，最小相线负荷不应小于平均值的85％。

（4）配电线路宜采用铜芯，其截面应考虑电压降和机械强度的要求。

5.3.11 充分利用自然光

充分利用自然光是照明节能的重要途径之一。天然光是取之不尽、用之不竭的能源。如何利用天然光作为建筑物的照明，以节约照明用电，已引起国内外建筑和照明设计人员的高度重视。利用自然光可以从以下几个方面入手：

首先，积极采用自动调光设备。自动调光设备能随自然光强弱的变化自动调节人工光源的照明，以保证工作面有恒定的照度。这样，不仅能改善照明效果，而且比开关控制方法更节能。其次，合理利用热反射贴膜。热反射贴膜通常可以透过 80％ 以上的可见光，同时将太阳光内的红外热辐射反射回去，这样建筑可以通过恰当地增加窗墙比来充分利用自然光，同时又能避免房间过热增加空调负荷。最后，适当应用自然光光导照明系统。该系统通常由采光装置、光导管、漫射装置三部分组成，通过室外采光装置收集室外的自然光线并将其导入系统内部，再经由特殊制作的光导管传输后，由安装于系统另一端的漫射装置把自然光线均匀发散到室内需要照明的地方。图 5-1 为自然光光导照明系统在地下车库中应用，图 5-2 为自然光光导照明系统采光装置。一般而言，利用自然光能节约用电10％～70％。

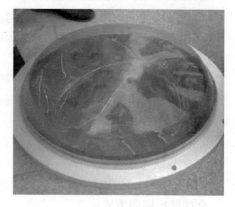

图 5-1　自然光光导照明系统
在地下车库中的应用

图 5-2　自然光光导照明系统
采光装置

风光互补照明系统是一种完全依靠太阳能和风能发电的离网型照明系统。其主要由风力发电机、太阳能电池板、照明负载、控制器及蓄电池等部分组成。风力发电机和太阳能电池板作为整套系统的发电部分，避免了由风能或太阳能单独供能而可能造成的电力供应不足或不平衡。白天光照强则主要用太阳能电池板的光伏效应发电，夜晚或阴雨天气则主要靠风力发电机将机械能转换为电能，系统的发电部分可以在不同时间段和外界自然条件下对光源供电，保障了照明需求。相比于普通照明系统，风光互补系统造价提高了 20％～30％，但风光互补照明系统 3 年所节约的电费就可以补平这个差价。目前风光互补照明系统使用寿命通常超过 10 年，故其经济效益显著。目前国内风光互补照明技术主要示范应用于小区道路照明及景观照明，如图 5-3 为风光互补照明系统在小区中的应用。

图 5-3　风光互补照明系统在小区中的应用

5.3.12　照明节能的其他措施

1. 照度标准的变化及应用

（1）有下列情况之一者可采用高值：

1）作业本身具有特别低的反射系数，或对比很小时；

2）当光线不足，纠正差错需要付出昂贵代价时；

3）当精度或较高的生产率至关重要时；

4）工作人员年龄偏大且工作性质为长时间的持续视觉工作时。

（2）有下列情况之一者可采用低值：

1）当作业本身反射系数或对比特别高时；

2）当识别速度和精度无关紧要时；

3）临时性地完成工作；

4）能源紧张的地区；

5）整个建筑水准较低时。

（3）应合理的分区选择不同照度标准。

2. 合理选择照明方式

对照明设施的使用，应从空间和时间两个方面节约能源。在空间上，要将工作区相对集中；在对室内照明灯具的布置上，应使工作区、交通区和次要区域有明确划分，以便运行不同的照度标准。

（1）对于工作位置密度很大而光照方向又无特殊要求，或在工艺上不适宜装设局部照明装置的场所，宜采用一般照明。

（2）对于局部地点需要高照度或特殊的方向要求时，宜采用局部照明。

（3）对于工作位置需要较高照度和特殊要求的照射方向的场所，宜采用混合照明。

（4）为了便于工作人员进行维护和巡视，除临时性工作外，在一个工作场所内，不应只装局部照明而无一般照明。

3. 充分利用天然光

（1）天然光是人们生产和生活中最习惯且最经济的光源，在天然光下人的视觉反应最

166

好，比人工光具有更高的灵敏度。因此，要正确选择采光的形式，确定必需的采光面积及适宜的位置，以便形成良好的采光环境，充分利用自然光。

（2）房间的采光系数或采光窗地面积比应符合《建筑采光设计标准》GB 50033—2013 的规定。

（3）设计建筑物采光时，应采用效率高、性能好的新型采光方式，如平天窗等，充分利用自然光，缩短电气照明时间。有条件时宜利用各种导光和反光装置将天然光引入室内进行照明。

（4）天然采光的缺点是照射进深有限，亮度不够稳定，室内照度随受自然光的变动而改变。因此，有条件时宜随室外天然光的变化自动调节人工照明照度，在距侧窗较远，自然光不足的地方辅助人工照明。

4. 照明设施的维护

（1）照明设备在使用过程中，无论是光源的光亮度或灯具反射面的反射率都会随点燃时间的增加而逐步下降。因此，照明设施的维护对于节能来说亦非常重要。

（2）光源发光效率随着点燃时间的延长或电压的降低而逐渐衰竭，寿命也受电压过高的影响而降低。因此，加强照明设施的维护管理对节约照明用电有着重要作用。宜从以下几个方面维护灯具：

1）定期清扫灯具及安装环境的卫生；

2）定期更换光源，光源的发光效率不是恒定的，使用到一定期限后，发光效率明显降低；

3）保证电光源在额定电压下工作。

5.3.13　照明控制节能技术

1. 合理选择照明控制方式

尽量减少不必要的开灯时间、开灯数量和过高的照度，杜绝浪费。同时，充分利用天然光并根据天然光的照度变化，决定电气照明点亮的范围。为此，现行标准对照明控制做出了规定：

（1）公共、工业建筑的走廊、楼梯间、门厅等场所的照明，宜采用集中控制，并按建筑使用条件和天然采光等采取分区或分组控制措施。体育馆、影剧院、候机厅等场所的照明，宜采用集中控制，并按需要采取调光或降低照度的控制措施。

（2）旅馆的每间（套）客房应设置节能控制型总开关。居住建筑有天然采光的电梯间、走道的照明，除应急照明外，宜采用节能自熄开关。每个照明开关所控灯具数不宜太多，每个房间灯开关数不应少于 2 个（只设 1 只灯具的除外）。

（3）房间或场所装设有两列或多列灯具时，所控灯列应与侧窗平行，会议厅、多功能厅及多媒体教室等场所，按靠近或远离讲台分组。

（4）有条件的场所，宜采用下列控制方式：天然采光良好的场所，按该场所照度自动开关灯或调光；个人使用的办公室，用人体感应或动静感应等方式自动开关灯；旅馆门厅、电梯大厅和客房层走廊灯等场所，采用夜间定时降低照度的自动调光装置；大中型建筑，按具体条件采用集中或集散的、多功能或单一功能的自动控制系统。

2. 智能照明控制

智能照明控制是实施绿色照明的有效手段，智能照明系统通常由信号发生器、接收器、控制器和执行器及通信系统等部分组成。信号发生器/接收器主要产生和接收信号，包含各种开关与调光面板、智能传感器（红外探头、人员动静探测器和光感探测器等）、时钟管理器、显示触摸屏和遥控器等；控制器主要通过智能运算来产生控制信号，其核心是一块智能化的 CPU；执行器通常接收来自于控制器的信号，发出动作指令；通信系统是各个组成模块间的联络方式，大多数的照明控制系统的信号都采用总线结构，并按照一定的协议进行通信。

智能照明系统是将计算机网络技术和控制技术相结合，可对建筑空间中的色彩、明暗的分布进行协调，并通过其组合来创造出不同的意境和效果，满足不同使用功能的灯光需要，营造良好的光环境；可采用时钟控制器、红外线传感器、光敏传感器和人员动静传感器等优化照明系统的运行模式，在需要的时候开启，不但大大降低了运行管理费用，而且可以最大限度地节约能源；还可以采用调光装置来有效抑制电网电压的波动，延长光源的使用寿命，不仅减少了更换光源的工作量，而且还有效地降低照明系统的维护和运行费用。智能照明系统常采用以下控制策略来有效地节约照明用电：

（1）可预知时间表控制

对于活动时间和内容比较规则的场所，如一般的办公室、学校、图书馆和零售店等，采用时钟控制器来实现可预知时间表控制策略，规则地配合上下班、午餐、清洁等活动，在平时、周末、节假日等规则变化，按照固定的时间表来控制照明灯具的开关，节能效果可达 40%。但是，为了避免将活动中的人突然陷入完全的黑暗中，应进行必要的设置来保证特殊情况（如加班）时能亮灯。

（2）不可预知时间表控制

对于某些场所，活动时间是经常发生变化的，如会议室、复印中心、档案室、休息室和试衣室等，可采用人员动静探测器等来实现不可预知时间表控制策略，节能可高达 60%。

（3）天然采光控制

对于办公室、机场等场所，通常采用光敏传感器来实现天然采光控制策略，根据从窗户或天空获得的自然光的量来关闭电灯以降低电力消耗，节约电能。利用天然采光节能与许多因素有关，如天气状况，建筑的造型、材料、朝向和设计，传感器和照明控制系统的设计安装，以及建筑物内的活动种类、内容等，因此应用时应注意，由于天然采光会随时间发生变化，因此通常需要和人工照明相互补偿；由于天然采光的照明效果通常会随与窗户的距离增大而降低，所以一般将靠窗 4m 左右以内的灯具分为单独的回路，甚至将每一行平行于窗户的灯具都分为单独回路，以便进行不同的亮度水平调节，保证整个工作空间内的照度平衡。

（4）维持光通量控制

通常照明设计标准中规定的照度标准值是指"维持照度"，即在维护周期末还要能保持这个照度值。这样，新安装的照明系统提供的照度通常将比该标准值高 20%～35%。可采用光敏传感器和调光控制相结合来实现维持光通量控制策略，根据照度标准，对初装的照明系统减少电力供应，降低光源的初始流明，在维护周期末达到最大的电力供应，以减少每个光源在整个寿命期间的电能消耗。

5.4 智能化节能技术

建筑电气设备的节能主要有建筑的空调系统、冷冻水与冷却水系统的优化控制，热交换系统温差与流量的优化控制，变风量系统等控制技术，给水排水系统的优化控制，还有电梯的合理选型、能量回馈技术等，电动门窗的节能技术、遮阳系统的自动控制等。下面具体介绍暖通空调系统和电梯系统的节能控制技术。

5.4.1 暖通空调系统

暖通空调系统是现代建筑设备的重要组成部分，也是建筑智能化系统的主要管理内容之一。暖通空调系统为人们提供一个舒适的生活和工作环境，但暖通空调系统也是整个建筑最主要的耗能系统之一，它的节能具有十分重要的意义。下面将详述暖通空调系统的节能技术。

1. 变风量和变水量系统

大型建筑中用于风机、泵类的电动机耗能在系统能耗中所占比例较大，其中多数是适合采用调速运行的。但其传统的调节方法是风机、泵类采用交流电动机恒速传动，靠调节风闸和阀门的开度来调节流量，这种调节方法是以增加管网的损耗、耗用大量能源为代价的，并且无法实现完善的自动控制。

（Variable Air Volume，VAV）空调系统可以根据空调负荷的变化自动减小风机的转速，调整系统的送风量，利用变风量末端装置调整房间送风量，从而达到控制房间温度的目的。系统风机采用变频器进行控制，当空调负荷发生变化时，变频器可通过控制系统风机的转速进行相应变化，在满足人员舒适性的同时大大地减小了风机的动力，具有显著的节能效果。变风量和定风量空调系统相比，全年空气输送能耗可节约 1/3，设备容量减少 $20.0\% \sim 30.0\%$，据多种资料介绍，变风量系统在一般情况下，节能可达 50.0% 左右。

对于采用风机盘管的空调系统，采用变水量系统，水泵可进行台数控制、转速控制，或二者同时控制。变水量空调系统以提高冷、热源机器的效率为目的，通过一定的温差供应空调机，从而避免了小温差、大流量现象的出现。当系统负荷减少时，减小水量，冷水温度不变，与定水量系统相比，可避免冷热抵消的能量损失，还可以减少水路输送的能耗。

2. 水泵变频技术

在空调系统的水泵运行中，因为工况的变化，需要对水泵进行随时的调节，最通常的方法有三种，分别为改变叶轮、电磁耦合器和变频器。改变叶轮是通过切割叶轮的直径以降低水泵输入功率来达到节能的。电磁耦合器则是通过开启阀门来减少水泵流量，达到节能效果。变频器是通过变频的控制，调节水泵转速，最终达到节能效果。在实际应用中，经过专家的实验证明，三种方式中变频控制可以使水泵达到最优节能效果，是最好的节能控制措施。水泵变频控制一般可节省 $40\% \sim 60\%$ 的水泵能耗，节省的泵耗主要包括设备选型过大引起的泵耗和变频后减少的流量所消耗的泵耗。目前，生活供水系统大部分都已经采用成套的恒压变频供水控制方式，已经普遍考虑了节能。

目前，最常见的冷冻水泵变频控制方式主要采用恒压差控制和恒温差控制两种。在恒压差控制中，根据压差传感器安装的位置不同分为供回水干管压差控制（近端压差控制）和末端恒压差控制。

（1）恒压差控制法

恒压差控制法的工作原理为，在变水量系统中，由于末端负荷的需求减少，末端盘管回水管上使用的电动二通调节阀或双位电动二通阀开关，引起水系统流量的变化，并引起系统流量的重新分配，使得供、回水管上的压差发生变化。通过安装在系统管路上的压差传感器检测其供回水压差并将检测值传输到控制器中，将所测压差值与程序设定压差值进行比较，并根据 PID 算法控制变频器的输出频率，实现流量调节，以满足末端需求。

（2）恒温差控制法

恒温差变频控制是在冷冻水供、回水干管上分别安装温度传感器，将检测到的供、回水温度传送到控制器，将实测到的供、回水温差值与先前设定的温差值相比较，并根据偏差大小采用 PID 算法控制变频器的输出频率对水泵进行变频控制，从而达到节能的目的。

（3）热泵技术

热泵是指依靠高位能的驱动，使热量从低位热源流向高位热源的装置。它可以把不能直接利用的低品位热能转化为可以利用的高位能，从而达到节约部分高位能，如煤、石油、天然气和电能等。热泵取热的低温热源可以是室外空气、室内排气、地面或地下水以及废弃不用的其他余热。利用热泵可以有效利用低温热能是暖通空调节能的重要途径，现已用于家庭、公共建筑、厂房和一些工艺过程。目前热泵技术在暖通空调工程中的应用，主要有以下几个方面：①热泵式房间空调器；②集中式热泵空调系统；③热泵用于建筑中的热回收。

目前地源热泵技术是国内外研究和应用的一个重点，地源热泵系统是随着全球性能源危机和环境问题的出现而逐渐兴起的一门热泵技术，它是一种通过输入少量的高位能（如电能），实现从浅层地能（土壤热能、地下水中的低位热能或地表水中的低位热能）向高位热能转移的热泵空调系统。

（4）制冷机组节能技术

制冷机组是中央空调系统的心脏，它由压缩机、冷凝器等组成，它往往也是公共建筑空调系统中用能比例较高的一部分，一般可占到空调系统总能耗的 45%～73%。

制冷机组的节能，分下面几个方面：①调整设备合理的运行负荷。运用此方式开机要结合水泵、冷却塔的运行情况综合考虑。②采用变频装置，调节离心制冷机组压缩机的转速。在不同的负荷下，合理使用定频机组和变频机组，可以取得很好的节能效果。③提高冷冻水温度。冷冻水温度越高，制冷机组的制冷效率就越高。冷冻水供水温度提高 1℃，制冷机组的制冷系数可提高 3%，所以在日常运行中不要盲目降低冷冻水温度。首先，不要设置过低的制冷机组冷冻水设定温度；其次，一定要关闭停止运行的制冷机组的水阀，防止部分冷冻水走旁通管路，否则，经过运行中的制冷机组的水量就会减少，导致冷冻水的温度被制冷机组降到过低的水平。在满足设备安全和生产要求的前提下，要尽量提高蒸发温度。

（5）热回收技术

为了保证室内的空气品质，一般的空调系统都要设计新风系统来稀释室内的有害物，以达到卫生标准。为了保证室内的风量平衡，使新风顺利进入室内，同时还要设计排风系统。对于人员集中的建筑物如商场、办公楼等，新风量较大，使得空调系统中的新风负荷也随之增大。同时排风将空调房间内的空气排出室外，也是一种能量的浪费。如何充分利用排风的能量，对新风进行预冷或预热，从而减小新风负荷，是暖通空调节能的重要途径。此外，有的建筑物在需要供冷的同时有热水需求，而制冷机的冷凝热通过冷却塔排放到大气中，如何利用冷凝热以提高能源的利用效率也是需要注意的问题，暖通空调中的热回收技术就是在这样的背景下产生和发展的。

在暖通空调系统中用于排风冷热量回收的装置主要有：转轮全热交换器、板式显热交换器、板翅式全热交换器、中间热媒式热交换器和热管式换热器。相对于热管、中间热媒式等显热换热器，全热换热器设备费用较高，占用空间较大，但全热换热器的余热回收效率比显热换热器要高，设计合理的条件下可在运行费用中得到补偿。然而对于医院等空气质量要求较高的场合，由于采用全热回收存在交叉污染的可能，所以全热回收系统的使用受到限制。制冷机组冷凝热回收的换热设备目前也逐渐引起人们的重视。这一类的热回收设备可以与不同的系统结合起来使用。如果与生活用热水系统相结合，使压缩之后的制冷剂首先进入板式热交换器，生活用热水通过热交换器的另一侧，由于被压缩后的制冷剂温度较高，只要设计合理，它能够提供的热量完全可以将热水加热到洗澡用的温度并可以储存在保温水箱中，满足人们的需要。这样的系统既可以避免冷凝热排放到大气中造成热污染，又可以节省为提供热水而设的锅炉及其附属设备，避免了由于燃料的燃烧向大气排放的有害物，应该说是一种效果明显，又有环保作用的节能技术。

（6）可再生能源及低品位能源利用技术

目前，如何利用可再生能源及低品位能源已经成了该领域重要的研究课题，太阳能、地热、河水、湖水、海水、地下水、空气（风）能及地下能源等可再生能源和低品位能源在建筑中的利用，是实现节约能源、保护环境的基本国策。目前，可再生能源及低品位能源在建筑中的应用主要表现在：①太阳能主动应用，包括太阳能热利用及太阳能制冷；②光伏建筑一体化技术；③地热资源利用；④地源热泵技术；⑤自然通风；⑥蒸发冷却技术等。

（7）暖通系统分户计量管理技术

室温控制和热量计量技术是在供热系统中安装流量调节装置和热量计量装置，以达到调节控制室内温度和计量系统供热量的目的。供热采暖系统温控与热计量技术主要应用于我国实施供热体制改革之前建造的需进行热计量改造的既有建筑（住宅）以及新建建筑。用该技术的旧有建筑，其室内供暖系统通常将传统的系统形式改造为垂直单管加跨越管形式，系统中安装有恒温阀或手动调节阀；应用该技术的新建建筑，其室内供暖系统形式立管为垂直立管，各住户独立分环，各环为水平单、双管系统，系统中安装有恒温阀或手动调节阀，以实现室温调节。除了室内供暖系统与传统供暖系统存在以上不同之外，系统中增加有其他调节与控制装置，如在二次网系统中安装变频调速水泵、压差控制器、电动调节阀、气候补偿器等设备，以适应因室温调节（使用恒温阀）而使得系统流量能够随之变化的需求。并在热源出口、各住户系统入口等处安装有热量计量装置，以实现供热的计量。改善室内热舒适性的同时，提高热源、管网运行效率，降低供热成本，实现有效节能与环保。

通常风机采用单速电机驱动，由于电机的转速近似不变，所以风机所提供的风量 Q 也近似不变，即风机的外特性不变。当 Q 减少时，只能通过调节挡风板或节流阀来达到要求，也就是改变管路的风阻 Z。这是由于风机效率 η 下降，对应风机的输入功率基本没有多大变化所致。

若风机采用多速电机驱动，可通过降低电机转速来达到减少风量的要求，这时电机的效率变化不大，而风机的输入功率仅为原来的 1/3 左右。通过电动机调速技术的实例调查表明，采用低效调速技术的节电率为 $10\% \sim 25\%$，采用高效调速技术的节电率为 $20\% \sim 50\%$。

风机、泵类负载多是根据满负荷工作需用量来选型，实际应用中大部分时间并非工作于满负荷状态。采用变频器直接控制风机、泵类负载是一种最科学的控制方法，利用变频器内置 PID 调节软件，直接调节电动机的转速保持恒定的水压、风压，从而满足系统要求的压力。当电机在额定转速的 80% 运行时，理论上其消耗的功率为额定功率的 (80%)，即 51.2%，去除机械损耗、电机铜损、铁损等影响，节能效率也接近 40%，同时也可以实现闭环恒压控制，节能效率将进一步提高。由于变频器可实现大的电动机的软停、软启，避免了启动时的电压冲击，减少电动机故障率，延长使用寿命，同时也降低了对电网的容量要求和无功损耗。

风机（或水泵）流量与转速的一次方成正比，压力与转速的二次方成正比，而轴功率与转速的三次方成正比。因而，理想情况下有如下关系，如表 5-6 所示。

风机变频调速与功率的对应关系   表 5-6

流量（%）	转速（%）	压力（扬程）（%）	功率（%）
100	100	100	100
90	90	81	72.9
80	80	64	51.2
70	70	49	34.3
60	60	36	21.6
50	50	25	12.5

由表 5-6 可见：当需求流量下降时，调节转速可以节约大量能源。例如：当流量需求减少一半时，如通过变频调速，从理论上讲，仅需额定功率的 12.5%，即可节约 87.5% 的能源。如采用传统的挡板方式调节风量，虽然也可相应降低能源消耗，但节约效果与变频相比，则相差很大。

目前绝大多数空调系统中的风量调节都是通过调节风阀实现的，这种风量调节方式不但使风机的效率降低，也使很多能量白白消耗在阀门上。采用变频调速系统取代低效高能耗的风阀，已成为空调系统节能改造的重点。

5.4.2 电梯系统

电梯是一种垂直运输工具，运行中具有动能、势能的变化，包括正转、反转、启动、制动和停止过程。所以对载重量过大、速度快的电梯，提高运行效率、节约电能具有重要意义。

目前，高速电梯的曳引拖动多选用交流异步电动机，采用变频调速、微电脑和可编程控制器控制，从而实现启动、制动平稳，乘坐舒适，运行迅速，效率高等。现代交流变频调速系统具有宽的调速范围，高的稳定精度，快的动态响应及可逆运行，在各类建筑中的电梯系统中得到广泛应用。下面简介能量回馈节电技术。

电梯作为垂直交通运输设备，其向上与向下运送的工作量大致相等。当电梯轻载上行、重载下行以及电梯平层前逐步减速时，驱动电动机工作在发电制动状态时是将运动中负载上的机械能（位能、动能）转化为电能，传统的控制方法是将这部分电能要么消耗在电动机的绕组中，要么消耗在外加的能耗电阻上。前者会引起驱动电动机严重发热，后者需要外接大功率制动电阻，不仅浪费了大量的电能，还会产生大量的热量，导致机房升温，有时候还需要增加空调降温，从而进一步增加能耗。近年来，随着交流调速技术在电梯拖动系统中的应用，采用交—直—交变频器，可以将机械能产生的交流电（再生电能）转化为直流电回馈交流电网，供附近其他用电设备使用，使电力拖动系统在单位时间内消耗电网电能下降，从而达到节约电能的目的。据统计，用于普通电梯的电能回馈装置市场价在 4000～10000 元，可实现节电 20％以上，其经济效益十分显著。

电梯是现代建筑最大的用电设备之一，随着我国经济建设的不断发展，人们生活水平的不断提高，电梯的拥有量呈不断上升趋势。我国已成为全球最大的电梯市场，电梯拥有量最多。在电梯全生命周期内，其能源消耗是非常大的。因此，对电梯采取有效措施降低能耗是非常必要的。

近年来永磁同步驱动技术与能量回馈技术的重大突破，对电梯的节能带来了巨大空间。另外，电梯节能还包括采用 VVVF（变频变压）控制方式及先进的群控调度技术，电梯采用 VVVF（变频变压）驱动供电比可控硅供电方式减少能耗 5％～10％，功率因数可提高 20％左右；电梯轿厢采用 LED 照明代替传统荧光灯照明，可降低能耗、延长使用寿命且易于实现各种外形设计；采用轿厢无人自动关闭照明和通风技术、驱动器休眠技术，也可达到很好的节能效果。

电梯控制系统基本采用微机控制，根据不同使用条件，分为 PLC 控制、单片机控制、微机控制等不同规模的控制系统。

目前，各电梯公司采用的通信协议没有统一，大多数电梯公司采用的是专有通信协议。因此，亟需实现电梯与其他系统或设备之间的通信，使电梯与建筑的 BA 系统、消防联动系统、安全防范系统集成联通，实现进一步优化建筑能源管理、降低建筑能耗。

为提高建筑垂直运输的输送效率和充分满足客流量的需要，电梯群控技术非常重要，充分发挥计算机所具有的复杂数值计算、逻辑推理和数据记录能力，通过多种调度算法实现电梯群控的优化控制。

5.4.3　高效电动机的节能

与普通电动机相比，高效电动机通过采用优质材料并且优化设计，能耗平均下降20％左右，而超高效电动机则比普通电动机少损耗 30％以上的电能，高效电动机价格较普通 Y 系列电动机要贵 15％～30％。但一般而言，高效电动机高于普通电动机的投资额在 2 年多时间内即可收回，在整个生命周期内，都可为用户节约电耗。

5.5 管理节能技术

建筑电气与智能化控制节能技术是建筑电气节能中不可或缺的重要组成部分，是建筑节能中广泛应用的核心技术。建筑电气与智能化控制节能技术主要依托于建筑设备监控系统（BA系统），通过软件和硬件设备实现对机电设备的监测和控制，使机电设备处于最佳运行状态，对设备和环境进行合理的控制，在提供舒适环境的同时使设备能耗降至合理化标准。BA系统运用PID控制、神经网络、模糊控制和专家系统等多种控制技术，实现对建筑物内空调系统设备、给水排水系统设备、电动机及电梯设备、建筑门窗及遮阳板的节能控制。

智能化控制的节能技术在目前所应用的智能化各系统中得到了广泛应用，本节从常用的智能化子系统入手，对各子系统所涉及的智能化控制的节能技术进行归纳总结。

在现代建筑电气中，开展智能化的过程管理，科学地计算建筑物能耗，应用现代智能化手段，从而在提升建筑物功能和满足人们舒适度的前提下实现节能控制。

建筑智能化控制通过现场传感器、现场控制器、执行器、计算机及专用通信接口等完成各种自动控制，控制对象包括冷源系统、热源系统、空调机组、新风机组、各类水泵、照明设备等。应采用现代计算机技术、网络通信技术和分布控制技术，开发能源管理中心技术，实现能源管理的实时监视、控制、调整，具有故障分析诊断、能源平衡预测、系统运行优化、高速数据采集处理及归档等功能，提高能源管理水平；及时发现能源系统故障，加快控制处理速度；使能源系统运行监视、操作控制、数据查询和信息管理实现图形化、直观化和定量化，从而更加有效的优化节能。

建筑设备监控系统（Building Automation System，BAS）是建筑智能化中不可缺少的重要组成部分，在智能建筑中占有举足轻重的地位，它对建筑物内部的能源使用、环境及安全设施进行监控，目的是提供一个既安全可靠、节约能源，又舒适的工作或居住环境。建筑设备监控系统的准确名称为建筑设备自动化系统，即将建筑物内的空调、通风、变配电、照明、给水排水、热源与热交换、冷冻与冷却以及电梯和自动扶梯等系统，以集中监视、控制和管理为目的而构成的综合系统。

1. 概述

对一个建筑物来说，要实现建筑物可持续发展、绿色建筑认证、降低运营成本、减少CO_2排放等目标，采用楼宇自动化控制系统（Building Automation and Control System，BACS）可以极大地促进建筑物实现上述目标。

采用楼宇自动化控制系统的建筑可以实现：①更高的能源效率；②降低运营和维护成本；③更好的室内空气质量；④更大的人员舒适度和生产力。

（1）更高的能源效率

对提高建筑物能源效率最有意义的几个控制系统包括：最简单的一个有效方法就是实际存在控制方法，而这种方法可以通过存在传感器和时间表的方式来实现。而实际上令人惊讶的是，许多楼宇控制装备没有设定时间表控制程序，或者时间表控制程序被覆盖，或编程不正确。尽管目前还没有确切的数字，但一般估计，仅仅通过单一的时间表控制方式就可以实现10%~30%的能源节约。如果通过和存在传感器集成使用，就会获得更多的能源节约。另一个和能源效率直接相关的控制方式就是众所周知的需求控制通风方式。在这里，只有适量的外部空气引入，通过回风检测或空间 CO_2 水平的监测，通过新风阀开度控制进入室内的新风量。通过该方法，可以节省大量对炎热的夏季室外空气或寒冷的冬季室外空气进行降温或加温的能耗费用。正确实施先进的基于需求的分区 VAV 系统，是创建能源节约楼宇的一个很好的办法，通过送风静压控制策略（如变频驱动风扇等），还可以进一步提升楼宇的能源效率。最后，可以考虑的能源节省的方法涉及重置各种空气流的温度、供水温度，根据动态负载改变来设置最佳冷却塔冷凝器的温度。

一般来说，合格的楼宇自动化系统应该实现：

自动优化暖通空调效率的方法：例如根据外界温度来重置锅炉的设定点；在空间存在期间优化启动/停止时间；充分利用外界的自然冷风，并保持最有效的通风流速。

移动传感器允许在非存在期间如自适应存在期间一样可自动重置。

照明控制通过移动传感器和时间表程序，以及通过控制阳光百叶窗减少不必要的人工照明。

通过集雨装置和园林灌溉的自动化控制来节省水和能源消耗。

（2）降低运营和维护成本

在楼宇的前期建设/系统设计阶段，选择楼宇自动化系统应基于以下的基础：选用开放的通信协议（如 BACnet®）。

标准化的系统可以保证通过系统或设备的互操作性来实现设备或系统的维护和更新。在系统运行方面，一个可互操作的控制系统，可提供相关培训的协同作用，从而减少劳动力成本。对于不同的各自独立的系统，交叉培训技术人员和操作是一项艰巨的工作。另一方面，一个可互操作系统，意味着技术人员和运营商可以学习一个前端操作员工作站，同时很好地对不同的系统进行互操作管理。

（3）更好的室内空气质量（IAQ）

能否实现在不牺牲成本或舒适性的基础上为室内提供适当的室内空气质量？今天的楼宇自动化控制系统可以对建筑物能源性能、舒适性和可持续发展方面进行良好调整，使之相互可以协调一致。

一般来说，温度和湿度传感器监测室内空间的热舒适性；二氧化碳（CO_2）和一氧化碳（CO）传感器监测室内的污染物，确保所需的最小新风换气量；控制系统提供了在发生火灾时的烟雾控制，保持疏散区的空气；控制系统监视和控制自然通风阀。

（4）更大的人员舒适度和生产力

楼宇自动化控制系统可以独立控制特定空间（如办公室或区域）的暖通空调和照明，这是一个可以为特定空间人员提供舒适性的同时又可以提供设备和能源有效利用的控制方式。同样的道理，日程表控制程序可以提供类似的功能，同时允许一些特定空间的覆盖能力，以满足个性化需求。楼宇自动化控制系统提供的系统和设备的历史数据及发展趋势可以用来分析和提高建筑的节能性能。

除了人员的舒适性，楼宇自动化控制系统还具有影响人员生产率的能力。这符合 LEED 绿色建筑评级系统中对室内环境质量评价的要求。例如：一个控制系统可以对室内的 CO_2 或其他污染物进行监测，并启动通风、报警或采取其他补救的方法来保证室内人员的舒适度和生产力。

控制器根据传感器输入数据，提供最佳的区域通风、加热和空调控制；在每个房间温度传感器测量室内温度，并允许人员调整设定房间温度值；湿度传感器用于夏季空气的除湿以及冬季空气的加湿控制。

2. 楼宇自动化控制系统

什么是"楼宇自动化控制系统"，以及楼宇自动化控制系统如何影响建筑物能源效益及能源节约？

（1）楼宇自动化控制系统

楼宇自动化控制系统（Building Automation and Control System，BACS）包括所有为自动控制（包括联动控制）、监控、优化、操作、人为干预和管理服务的产品和工程，以实现建筑物能源建设服务的高效、经济和安全。

楼宇自动化控制系统（BACS）是分布式的控制系统（DCS）。该控制系统是一个基于计算机化的，由电子设备组成的智能网络系统，用于楼宇的监视和机械照明的控制。楼宇自动化控制系统（BACS）的核心功能就是保证建筑物内的气候在指定范围内，为建筑物提供基于存在时间表的照明，监控系统性能和设备故障，并为建筑物的工程技术人员提供电子邮件或文字通知。相比没有安装控制系统的建筑物来说，安装有楼宇自动化控制系统（BACS）的建筑物可以降低建筑物的能耗和维护成本。

（2）楼宇自动化控制系统拓扑

楼宇自动化控制系统最显著的特点是它依靠标准化的通信协议。在使用中最常见的楼宇自动化控制系统协议是：LonWorks 技术；BACnet；KNX/EIB；基于互联网的有线、无线网络。

大多数建筑的楼宇自动化控制网络系统包括一级总线和二级总线，用于连接高级别的控制器（通常是专门用于楼宇自动化控制的通用的可编程逻辑控制器）和较低级别的控制器，输入/输出设备控制器和用户界面（也称为人机接口设备）。一级总线和二级总线可以是有线或无线网络。

大多数的楼宇自动化控制器是专有的。每家公司都有自己的针对特定应用的控制器。有些控制器的控制功能是有限的，有些是具有灵活性的。传感器输入表示读取相关传感器变量的测量值。这些传感器可能是温度、湿度或压力传感器，传感器包括有线或无线传感器。数字输入表示一个设备开启。模拟输出控制特定的执行器，以达到对建筑物空气温度的调节控制，用于实现建筑物能量管理系统（EMS）控制的效果。一个例子是热水阀的开度为 25%，以维持系统的设定值。数字信号输出用来打开和关闭继电器和开关。一个例子是当停车场的照度传感器感应到天黑时，打开停车场的照明灯光。

（3）楼宇自动化控制系统的组成

1）控制器

控制器本质上是为特定目的建造的具备输入和输出功能的小型计算机。这些控制器根据其控制性能和大小来控制在建筑物中常见的控制装置，以及控制子网络上的控制器。控制器的输入功能允许控制器读取温度、湿度、压力、电流、气流和其他必要的因素。而控制器的输出允许控制器把命令和控制信号发送到从属设备和系统的其他部分。控制器的输入/输出可以是数字或模拟的输入/输出。

用于楼宇自动化控制系统的控制器可以分为 3 类：可编程逻辑控制器（PLC）、系统/

网络控制器和终端控制器。然而，还存在一个额外的设备，以集成第三方系统（例如一个独立的 AC 系统）到中央楼宇自动化系统。

PLC 提供最快的响应速度和最强的处理能力，在楼宇自动化控制系统的应用领域，其成本通常是系统/网络控制器的 2~3 倍。终端单元控制器通常是最便宜的，其处理能力也是最弱的。PLC 控制器可用于无尘手术室或医院等高端应用场合，这些场合对楼宇自动化控制系统的成本关注较少。而在写字楼、超市、商场以及其他常见的楼宇中，自动化控制系统的控制器通常使用系统/网络控制器而不使用 PLC 控制器。系统/网络控制器可以用于控制一个或多个机械系统，例如空气处理器（AHU）、锅炉、冷却器等，或者是子网控制器。终端单元控制器通常适合用于控制照明装置和/或简单功能的设备，包括热泵、VAV 箱或风机盘管等，通常这些控制器选择最适合的可用于预编程的安装程序对设备进行个性化的控制，而不必建立新的控制逻辑。

2）存在模式

存在模式是众多楼宇自动化控制系统中的操作模式之一。空闲、早晨唤醒、夜间重置是其他常见的模式。存在模式通常是基于时间表的。在存在模式下，楼宇自动化控制系统的目的是提供一个舒适的室内空气环境和充足的照明，通常采用区域控制方式，使得处在建筑物的不同区域有不同的温度感受。区域中的温度传感器提供反馈给控制器，所以它可以为区域提供所需热量或冷量。如果可能，早晨唤醒（MWU）模式发生在存在模式前，在早晨唤醒（MWU）模式期间，楼宇自动化控制系统尝试到存在模式启动时，把建筑物的温度调整到存在模式时的温度值。楼宇自动化控制系统经常会根据户外条件和历史经验等因素，优化早晨唤醒（MWU）模式。这也被称为优化启动模式。

楼宇自动化控制系统一个常用的控制方式就是手动启动命令。例如，许多安装在墙壁上的温度传感器，将有一个存在模式按钮，强制系统在设置的时间内进入存在模式。在当今的技术手段中，基于网络 Web 接口的技术，可以使用户能够远程启动控制系统。有些建筑物依靠存在传感器，激活照明和空气调节器。

3）照明控制

在楼宇自动化控制系统中，照明可以根据一天中的时间表、存在传感器和定时器来开启和关闭。一个典型的例子是当最近一次移动感应器检测到信号后，某个空间的灯开启半小时。安装在室外的照度感应器可根据大楼外面的亮度值，调节建筑物的景观照明，并开启停车场的灯光。

4）空气处理器

大多数空气处理器把回风和室外新风进行混合处理，从而减少空气温度的变化。通过冷水或加热水需求量的减少，节省运行资金（不是所有的空气处理机组具有冷/热交换功能）。需要一些外部的新风来保持建筑物的空气健康。

通常模拟或数字温度传感器可放置在空间或房间、回风和送风风道上及新风进风口。水阀执行器被安装在热水和冷水的阀门上，而气阀执行器安装在新风和回风阀上。送风风扇（或回风风扇）的启动和停止可根据任一天中的时间、温度、压力或它们的组合来执行。

5）定风量空气处理机组

低效型的空气处理机组是一个"定风量空气处理机组"或 CAV。定风量空气处理机组的风扇没有变速控制。相反，定风量空气处理机组通过风阀和水阀的开关来保持建筑物中空间的温度。通常一个定风量空气处理机组可以服务建筑物内的多个空间，但大型建筑可能有多个定风量空气处理机组。

6）变风量空气处理机组

更有效的空气处理机组是"变风量空气处理机组"或 VAV。变风量空气处理机组向 VAV 箱输送加压空气，通常一个房间或一个区域有一个 VAV 箱。变风量空气处理机组通过改变风扇转速或降低送风机电机的转速可以改变输送给 VAV 箱的压力，而对定风量风扇来说，可以通过改变进口导向叶片的角度实现（这是一种效率较低的方法）。VAV 箱可根据送风空间的需要提供相应的风量。每个 VAV 箱可以为一个小空间送风（例如一间办公室）。每个 VAV 箱都有一个风阀，可根据其所服务的空间所需的冷量或热量，打开或关闭风阀。VAV 箱打开的越多，所需的空气就越多，变风量空气处理机组就需要提供更大量的空气。某些 VAV 箱也有热水阀和内部热交换器。根据 VAV 箱所服务的空间的热需求来执行冷热水的阀门打开或关闭。

7）中央处理站

中央处理站需要为空气处理机组提供水。它可以提供一个冷却水系统、热水系统和冷凝器水系统，以及可用于紧急电源供应的电源变压器和辅助动力装置。如果管理得当，这些往往可以互相帮助的。例如，一些中央处理站在需求高峰期间使用燃气涡轮机发电，然后用涡轮机的热废气来加热水或为吸收式制冷机提供能量。

8）冷冻水系统

冷冻水经常被用来冷却建筑物的空气和设备。冷冻水系统由冷水机组和泵组成。通过模拟温度传感器测量冷冻水的供水温度和回水温度。冷水机组根据冷冻水的供水要求进行冷水机组和泵的顺序开启和关闭控制。

9）冷凝水系统

冷却塔和泵用于为冷水机组提供冷凝水。制冷机的冷凝器供水是恒定的，所以速度驱动器是常用的冷却塔风扇控制器，用来控制冷却塔的温度。适当的冷却塔温度，可以保证适当的制冷剂在冷水机组的水头压力。冷却塔使用的设定点取决于所使用的制冷剂。通过模拟温度传感器测量冷凝器水的供水和回水温度。

10）热水系统

热水系统为建筑物的空气处理机组或 VAV 箱加热线圈提供热量。热水系统由锅炉和泵组成。模拟温度传感器被安装在热水供水和回水管上。某些类型的混合阀通常用于控制加热水的循环温度。通过锅炉和泵顺序开启和关闭来维持热水的供应。

11）系统管理

楼宇自动化控制系统具有报警功能。如果检测到报警时，它可以通过编程通知某人。通知可以是通过一台计算机、互联网、蜂窝电话或报警警铃完成。

①常用温度报警：空间、送风、冷冻水和热水；

②压差开关可以放置在过滤器上，以确定它是否被污染；

③状态报警是常见的：如果机械装置如一台泵被请求启动，状态输入表示它是关闭的，这可以表明是机械故障；

④有些阀门执行装置有限位开关，用于表示阀门的开启状态；

⑤一氧化碳（CO）和二氧化碳（CO_2）传感器可用于空气中 CO 和 CO_2 含量过高的报警；

⑥制冷剂传感器可以被用来指示一个可能的制冷剂泄漏；

⑦电流传感器可用于检测风扇皮带打滑引起的电流下降，或者泵的过滤网堵塞引起的电流下降。

在一些建筑物的监控站，瞬间电源故障可导致数百或上千的设备关闭报警。有些监控站通过编程，使紧急报警会自动重新在不同的时间间隔发送。例如，重复的紧急报警（不间断电源"旁路"报警）可能在 10min，30min，每 2~4h 后重复报警直到报警信号被解除。安全防范系统可联动到楼宇自动化系统，如果存在传感器都在使用状态，它们也可以被用来作为防盗报警器。火灾和烟雾报警系统可以硬连接到楼宇自动化控制系统，并可以联动控制楼宇自动化控制系统。例如：如果烟雾报警器被激活时，可以关闭所有的新风送风阀门，以防止室外新鲜空气进入大楼，而排气系统可以隔离报警区域，并激活报警区域的排气扇将烟雾排出去。

3. 影响建筑物能源效率和能源节约的控制技术

从上述楼宇自动化控制系统的总结中可以看出楼宇自动化控制系统的安装将使得建筑物的能源得到更有效的利用，可以有效地降低建筑物的能源消耗。无论楼宇自动化控制系统如何降低能源成本，其对建筑物在能源节约方面的影响取决于该建筑物的大小。如果建筑物太小，建设楼宇自动化控制系统的费用和该系统生命周期内所节省的能源费用是不能相互抵消的。

无论什么样的建筑类型，能源使用占经营成本的一个重要部分。在降低能源使用成本方面的挑战在于提高设备性能，降低能源消耗的同时并没有因此削弱建筑物的舒适性和安全性。要实现这一目标，楼宇自动化控制系统及楼宇自动化管理系统就成为一种唯一的必要的技术手段。

根据建筑物的类型和使用特点，选择适当的楼宇自动化控制系统技术将有效降低整体能源使用。一个成功的楼宇自动化控制系统的建筑，要优化新的楼宇控制技术，实现有效能源使用策略。

近期楼宇自动化控制技术设计趋势包括：系统控制自然采光；数字可寻址照明控制网络；带通信接口的变频驱动器；带空气质量监测的需求控制通风系统；变风量空调箱（VAV BOX）电子控制器。

这些新技术既适用于新建建筑，也适用于现有建筑的改造升级。通过楼宇自动化控制系统的建设和运行，通过以下几方面的应用来更有效地管理建筑物的能源消耗。

（1）泵及风扇控制

工业电力消耗中 70% 用于电机的运转，其中 33% 电力消耗用于泵或风机的控制。大多数的泵和风机采用软启动器的方式驱动，这意味着电机需全速运行以保证获得流量的变化。当流量降低到额定流量的 80% 时，电机能源消耗下降的很少，仍然保持 95% 的能量消耗。为了减少电机的能源消耗，通常的方法为：使用变频器驱动电机，而不是使用接触器或软启动器；移除相关的限制装置（阀门或风阀）；与传统解决方案相比，其节能效果是巨大的：高达 50% 的风机能耗的节约，通常投资回收期在 1 年以内；高达 30% 的泵能耗的节约，通常投资回收期在 2 年以内。

（2）照明控制

通常而言，照明能耗约占建筑物能源消耗的 25％，个别时段，占比高达 40％。这笔费用的大部分是不必要的。照明控制是一个最常见的简单的节省照明能源成本的方法。运用有效的照明控制解决方案，与传统照明方式相比，用户可以轻松削减 30％～60％ 的照明费用，在提高照明质量的同时，减少对环境的影响。

采光是一个建筑的自然光控制量的技术，在可能的条件下，允许自然光进入室内空间，减少或开闭电力照明。

在一般情况下，通常带成片玻璃窗的建筑，如学校、商场和购物中心，带天窗的仓库和中庭，是最适合采用自然采光技术和自动照明控制相互集成的建筑。

（3）HVAC 控制

暖通空调系统的首要任务就是通过高效的加热、冷却、湿度控制和经过过滤后的新鲜空气流通为建筑物提供一个舒适、安全的环境。然而，即使是一个适当大小的暖通空调系统因为管道的热损失，由于建筑的围护结构、照明或办公设备以及不合适的效率低下的控制策略而造成的过多的暖通空调的需求，都会造成暖通空调系统能源的浪费。今天的变风量（VAV）控制技术可以帮助克服这些不足之处。

根据时间段的不同 HVAC 的能耗，最多约占 70％ 的能源消耗。

结合不同的控制技术方法用于 HVAC 控制，可以节约 15％～30％ 能源成本：根据人员存在情况，进行温度设定值的编程控制；根据建筑物的实际需求，选择合适的冷热源；当存在感应器检测到人员时，再提高温度达到舒适度的要求；根据人员存在情况和室内空气污染水平，选择合适的通风量；采用冷热源回收方式送风。

1）带通信接口的变频驱动器（VFDs）

变频驱动器已被证明可以大大减少在部分负荷条件下风机和水泵的能耗。如果楼宇自动化控制系统控制装备有变频驱动器的一/二级供回水系统及暖通系统，应被认为使用了高效率的暖通系统。它们不仅在部分负荷运行情况下是高效的，同时还减少了 20％ 的初始安装成本；如果楼宇自动化控制系统和变频器之间的所有通信（RS-232、RS-485、BACnet、LonWorkney 或厂家的私有协议）都是通过一对导线来实现的话，现场安装和调试的劳动力成本也会降低。

变频驱动器可以带有直接的通信接口，如 BACnet，楼宇自动化控制系统可以和变频驱动器直接通信，并控制每个驱动器，可以为用户提供更多的信息。

任何建筑物采用变频控制技术都可以受益，但可以在以下这些设施和建筑物中获得更大的节能效率：体育场馆、会展中心、医院、办公楼、实验室（无论是在机械系统方面还是独立通风柜方面）和学校。

2）VAV 箱电子控制器

在 VAV 系统中，安装在服务空间的 VAV 箱根据空间的热需求，调节该空间的送风量。然而，故障的 VAV 箱可以导致温度高，同时导致室内空气污染物的积累。今天带电子控制器的 VAV 箱提供温度和空气流量信息直接到楼宇自动化控制系统，确保在部分负荷情况下的最小送风量的设置值。这就是为什么在医院、实验室和办公楼建筑中，VAV 箱控制器和变频驱动器配合使用时可以产生最好的节能效果。

（4）室内空气质量（Indoor Air Quality，IAQ）控制

室内空气质量（IAQ）是建筑物业主和使用人员最为关心的事项，从对室内空气气味的投诉，到呼吸疾病造成的人员旷工和生产力损失等一系列的问题都是由不合适的室内空气引起的。由于室内空气污染各种可能的源头和起因，以及不同的人员灵敏度，很难确定是哪个单一因素造成室内空气质量的投诉。室内空气质量差的原因是由多个因素确定的：包括不佳或失控的通风系统，室内人流的过度拥挤，香烟烟雾，微生物污染，室外空气污染物的进入，室内装修和家具的气体释放等。

1）室内空气质量的永久监测

一个永久性的室内空气质量监测系统是找出室内空气质量问题的根源和解决这一问题的第一步。通过楼宇自动化控制系统监测安装在通风管道和墙上的二氧化碳（CO_2）和一氧化碳（CO）传感器的值，调整室内空气使得这些指标符合相关国家和地方关于室内空气质量的标准要求。

2）按需通风控制（Demand-Controlled Ventilation，DCV）

对于有大量人群集结的建筑，如会展中心、博物馆、商场、体育场馆、酒店的会议中心和宴会厅等，当其容量不满时，通常会有大量的能源浪费在这些空间中。在这些类型的建筑物中采用按需通风控制（DCV），可以实现能源的节约。

按需通风控制通过不断地监测空间的 CO_2 浓度来确定空间的人群密度，并相应地调整风扇速度实现能源的节约。

按需通风控制（DCV）不但可以为建筑物提供良好的室内空气质量，同时还带来了大量的能源和成本节约……特别是对那些充满变数和不可预知的人员密集度的建筑设施和区域来说效果更明显，如会展中心、博物馆、商场、体育场馆、酒店的会议中心和宴会厅等。这不仅对新建建筑来说是一个重要的长期的节省成本的方法，对现有建筑的改造效果同样明显。按需通风控制（DCV）预计将减少 10%～30% 的建筑物的通风、加热和制冷负荷，通常提供仅仅几年的投资回报（取决于建筑物和暖通空调系统的类型、区域气候特点和设备的使用率）。

在楼宇自动化控制系统中，通常采用三种不同的但可以互补的方法来实现，通常使用按需通风控制（DCV）、采用时间表、运动传感器、CO_2 传感器一起工作来确定区域的人员占用状态，以提供最佳冷热风的通风。

1）时间表：该方式已在 HVAC 系统中使用了几十年。办公楼一般都是只在工作日才使用 HVAC 系统。而在夜间、周末和节假日，则减少通风量和热量，使空间或区域的温度降到最低的水平，连续运行显然可以节省大量的能源成本。

2）移动传感器：预编程的时间表程序对于大多数工作日来说是有效的，但对于假期、病假、出差、长时间的会议以及其他常规中断是低效的。通过移动传感器验证在预设定的时间内是否有人员真的是在办公场所内活动。如果在设定时间内没有检测到人员移动时，系统采取相应的行动，如改变相关的设定值，以减少能量的使用。

3）二氧化碳（CO_2）传感器：移动传感器可确定是否至少有一个人在一个特定的空间里活动，但一个人的通风需要和一百人的通风需要有很大的不同。二氧化碳（CO_2）传感器用于测量人呼出的气体量。通过测量空间中 CO_2 含量的水平，按需通风控制（DCV）系统循序监测这些值，并通过楼宇自动化管理系统估计空间的占用量（人数）和所需（健康）水平的通风量，来相应的调整空间的送风量。安装在房间内或回风管道中的二氧化碳

（CO_2）传感器给外部控制器传递测量值。

按需通风控制（DCV）系统调节外空间的室内新风量，使得室内空间 CO_2 水平测量值（通过室内二氧化碳（CO_2）传感器来检测）保持在一个指定的最大限值之下（通常高于外部 600mg/L 以下，典型的值为 400mg/L）。

代替基于预设的"最坏情况下"的通风控制方式，按需通风控制（DCV）系统基于实时需求来连续控制通风，检测实时的人员占用状态对建筑物中那些人员从没有到过的很多空间或区域来说是特别重要的，比如会议室等。此外，按需通风控制（DCV）系统对空间泄漏或外门反复开关等这些意料之外的空气渗透的状态，可以通过新风摄入量的相应调整自动应对这些状态。

二氧化碳（CO_2）传感器通常安装在回风管道中或安装在所要检测空间的墙壁上。对于大型的开放空间，管道传感器是有效的，这些大型开放空间的浓度在很大程度上是一致的（如大型办公空间、报告厅、剧院）。但如果服务于多个空间（例如会议室），这些空间在不同的时间人员占用率比其他空间（例如办公室）高很多的管道来说，这不是很好的安装选择方式。在这种情况下，读取在管道中的"平均"水平可能会更常用，即使所服务的某个区域具有极高的人员占用率水平。对于某些人员占用率水平变化很大的"关键性"区域来说，除了管道传感器外还必须有自己的（通常壁挂式）传感器。如果多个传感器监测同一空间，最高读数用来确定适当的控制方式。

5.5.1 建筑设备管理系统

建筑设备管理系统主要包括建筑设备管理系统和能源计量与管理系统。由于建筑中能量主要由各个设备所消耗，因此建筑设备管理系统最能体现建筑智能化控制的节能技术。

建筑设备管理系统主要对中央空调系统、给水排水系统、智能照明系统、建筑供配电系统、电梯系统等设备进行统一管理与控制，通过对其进行监测、控制和集中管理，以达到节能的目的。

（1）中央空调节能控制系统

1）制冷机组的节能控制：通过群控使机组处于满负荷运行状态。根据建筑冷负荷，通过调整制冷机冷却水温度，同时控制制冷机组的台数来小范围调整制冷机组的负荷，使制冷机组在满负荷运行条件下，空调系统总的制冷量与冷负荷相符合。

2）冷冻水泵的节能控制：对采用一级冷冻水泵和差压旁路调节系统的冷冻水系统，可在满足目前工作压力、冷冻水流量的前提下，调整差压旁路的设定值和冷冻水泵的转速或运行台数，以降低能耗。

3）冷却塔的节能控制：根据冷冻机对冷却水温的要求，确定冷却塔的开启台数。当冷却塔出水温度高于设定温度时可增开一台冷却塔，低于设定温度时可停开一台冷却塔；若冷却塔采用双速电机，还应配合高/低速的转换来确定运行冷却塔台数。在室外温度比较低的情况下，只要通过冷却水回路的自然冷却就可满足制冷机对冷却水温的温度要求，这时单靠冷却水循环工程的自然冷却便可实现冷却水的降温，不必开启冷却塔的风机。控制冷却水泵以最少运行台数满足制冷系统对冷却水流和温度的要求，以达到降低能耗的目的。

4）热交换系统的节能控制：热交换系统的节能控制方式为热负荷控制法，根据分水器、集水器的供、回水温度及回水干管的流量检测值，实时计算空调机房所需的热负荷，按照实际热负荷自动调整热交换器及热水集水泵的台数。

5）空调系统末端设备的节能控制：空调系统末端设备的节能是通过检测回风温度，DDC控制器计算出回风温度与给定值的偏差，按照预先设定的调节规律输出调节信号，控制冷（热）水阀门的开度以控制冷（热）水量，使空调区域的气温保持在设定值。在特殊天气或者过渡季节，室外温度在空调温度设定值允许的范围内时，空调机组可直接采用全新风工作方式，新风风阀和排风风阀开到最大，关闭回风风阀，向空调区域提供大量的新鲜空气，同时停止对空气温度的调节以节能。

（2）给水排水节能控制系统

智能建筑中给水排水系统的能耗主要为水资源的消耗和给水排水泵消耗的电能，针对给水排水系统节能主要是给水排水泵的节能，水泵的主要节能手段是变频控制技术。

给水排水系统中水泵的容量是按照建筑物的最大使用容量来选定的，且留有充足的裕量，由于季节、昼夜等原因用户负荷发生变化，在相当长的时间里用户的负荷是较低的，但是各电机都长期固定在工频状态下运行，虽然满足了最大的用户负荷，但都不具备随用户负荷动态调整设备功率的特性，造成了能源的浪费。因此，采用变频调速技术可节约低负荷时水泵的能耗，达到节能的目的。

（3）智能照明节能控制系统

智能照明系统根据不同的时间和用途对建筑内的光环境进行智能控制，有效利用自然光，在天然采光不足时，开启人工采光，并充分协调天然采光和夏季日照遮阳关系。根据室内实际工况和人员活动状况，设置合理的照明分区，通过照度探测和人员探测探头，以及设置好的照明模式，进行开启、关闭控制。通过照明控制在需要时才亮灯，改变常亮灯的浪费情况。

对大空间、门厅、楼梯间及走道等公共场所采取声控、光控、定时、感应等节能控制技术，在有自然采光的区域设定时或者光电控制；对航空障碍灯、庭院照明、道路照明采取时间程序控制或亮度控制；泛光照明的场景、亮度采取时间程序控制；广场及停车场采取时间程序控制。

（4）建筑供配电节能控制系统

建筑设备管理系统对供配电系统进行监测，通过测量电压、电流、有功功率、功率因数等参数，统计每个出线回路运行数据和耗电量。根据这些数据与耗电量的关系，制定节能控制策略，采取行之有效的措施以达到节能的目的。

（5）电梯节能控制系统

公共建筑中扶梯可通过末端传感器及采用变频控制技术，如无人时降低运行速度或停止，实现扶梯节能运行，避免自动扶梯在长期低载甚至空载的状况下运行造成的电力资源的浪费。

垂直电梯可实行错峰控制。在下班期间或节假日期间人员较少的情况下，电梯利用率不高，可关闭部分电梯，减少不必要的损耗。

（6）建筑围护结构节能控制

系统根据室外气象参数的变化，调节围护结构，以充分利用自然界的免费能源，降低建筑能耗。具体实现方式如下：

1）遮阳百叶的调节：将建筑遮阳百叶进行分组，每一组都可以根据太阳高度角、室内照度、太阳辐射强度等参数连续调节百叶的角度。

2）对双层幕墙结构的调节：系统根据室外温度、各层空气夹层的温度，来调节各层格栅以及各层通风口风阀的开闭，以维持空气夹层的温度不要太高。

3）过渡季节围护结构的控制：系统需要测量室外空气温湿度和室内空气温湿度，控制楼梯竖井顶部的上悬窗以及各楼层开启扇的开闭状态，以控制空气流动的方向和风量，充分利用自然通风。

5.5.2 电梯群控呼梯分配节能技术

电梯是人们在智能楼宇中最主要的搭乘工具，对电梯进行有效的安全控制和节能管理是越来越多智能小区项目所提出的迫切需求。下面介绍电梯群控呼梯分配节能技术，它大大提高了电梯的使用效率，降低了电梯的使用成本。

在高层楼宇建筑电梯群控系统中，主要有两种类型电梯召唤信号，即：厅外召唤和轿厢内召唤。电梯厅外召唤是由乘客在各层电梯门厅外通过按钮触发的电梯召唤信号；而轿厢内召唤信号是由乘客在电梯轿厢内通过按钮触发的电梯召唤信号。处于同一群控系统下分配调度管理的电梯群，在各层电梯门厅外使用一组公用呼电按钮，用来给群控系统提供一个目标指向层。在电梯群控系统中，由监控上位主机实时扫描监控厅外召唤信号，当有相应指向脉冲时，就会通过智能分析判断，让处于最佳响应任务的电梯去执行该任务，利用智能合理的电梯分配跳读，使整个电梯群始终保持较为优越的运行工况，减少不必要的电能损耗，达到电梯节能智能分配调度控制的目的。

大型公共建筑中一般都设有电梯和自动扶梯，有的建筑还设有自动人行道。应根据建筑物的性质、功能等要求，进行电梯客流分析，合理确定电梯型号、台数、配置方案、运行速度、信号控制和管理方案，提高运行效率。

在电梯控制中首先应根据电梯载重量、运行速度和高度要求，合理选择电梯的电动驱动和控制方案。对于大型建筑，尤其是超过100m的超高层建筑，应考虑分区服务。在多台电梯集中排列时，可根据业主实际需求选择并联控制或群组控制的方式，将电梯的运行方向进行合理的调配，从而实现电梯资源的最优分配。实践表明，合理的电梯编程控制可以大大缩短乘坐电梯人员的等候时间，同时大大地节约电梯的运行能耗。电梯系统与BA系统一般采用OPC方式通信，电梯系统提供OPCSERVER，BA系统OPCCLIENT、采集电梯的运行状态、位置状态及故障报警等信号，BA系统对电梯系统一般为只监不控。

5.5.3 给水排水系统设备的节能控制技术

为实现对建筑中给水排水系统的节能控制，应对生活给水、中水及排水系统的水泵、水箱（水池）的水位及系统压力进行监测，根据水位及压力状态，自动控制相应水泵的启停及主、备用水泵的启停顺序。

对给水系统的水箱（水池）、潜水泵的控制主要通过液位变送器进行测量，自动控制水泵的启停，确定主、备用泵的轮换。对恒压变频给水系统，主要通过压力测量变送器测量水管出口压力，控制水泵的启停、调节水泵转速以保持供水压力恒定。多台水泵并联供水时，可采用调速泵、定速泵轮换控制混合供水。给水排水系统的各种水泵可根据物业要求定时、定水位控制。

5.5.4 电动机的节能控制技术

民用建筑常用的电动机有异步电动机、同步电动机、直流电动机、交流电动机，交流电动机可通过控制其端电压、转矩、转速、功率因数、传动效率实现节能，直流电动机通过控制其输出转矩、电压、速度实现节能。对电动机的节能主要包括以下方式：

（1）设定控制液位、时间来控制泵的启停。

（2）调节风机、泵类风门、阀门，控制风量、流量。

（3）通过定子调压、变换电动机极对数、调节转子回路等效电阻、采用电磁调速、采用变频调速等方式实现电动机的调速节能。

5.5.5 建筑门、窗、遮阳板等的节能控制技术

在大型建筑物中，不应忽略对建筑门、窗开启的智能控制和节能。

对窗及遮阳板的节能控制方式包括定时控制、光感控制、温感控制、场景控制和综合集成控制等。可按设定程序定时控制窗的开启和开启角度，根据日光的照射强度控制调节遮阳板角度。通过门禁系统实现对出入门的控制和管理，并与室内冷热能、照明等设备联动，实现节能的联动控制。通过 BA 系统的 DDC 控制器，可以实现对外遮阳叶片角度的控制，通过外遮阳来调节室内光照度节约照明灯具的功耗；同时也可使建筑物减少过多的太阳光辐射、减少热负荷，从而节约空调能耗。

随着电气与智能化控制节能技术在大型智能楼宇中的广泛实践，其技术必将日趋完善。

广大电气工程人员在进行建筑设备监控系统的设置时，还必须做到与建筑、给水排水、暖通、动力等专业充分沟通，以达到对建筑设备的最优控制策略、最好的监测和控制效果。

5.5.6 能源计量与管理系统

建立建筑各类能源分项计量管理系统，通过对建筑各区域的用电、用水及空调冷热量等各类能耗计量数据的实时监测与分类分项采集，实现对建筑综合能耗信息进行集中管理。系统集计量、数据采集、处理、能耗分析及能效发布于一体，实时监测各机电设备的工况和能源消耗状况，不仅可提高管理部门的工作效率，适应用户对能源管理的高需求，亦可通过对各种数据的分析、用能管理，自动生成节能控制策略，使建筑实现持续节能运行。

6 LED 照明技术发展和技术特点

6.1 LED 照明技术与特点

6.1.1 LED 的定义及产生背景

1. LED 定义

发光二极管，是一种固态的半导体器件，它可以直接把电转化为光。

LED 的心脏是一个半导体的晶片，晶片的一端附在一个支架上，一端是负极，另一端连接电源的正极，使整个晶片被环氧树脂封装起来。半导体晶片由两部分组成，一部分是 P 型半导体，在它里面空穴占主导地位；另一端是 N 型半导体，在这边主要是电子。但这两种半导体连接起来的时候，它们之间就形成一个 P—N 结。当电流通过导线作用于这个晶片的时候，电子就会被推向 P 区，在 P 区里电子跟空穴复合，然后就会以光子的形式发出能量，这就是 LED 发光的原理。而光的波长也就是光的颜色，是由形成 P—N 结的材料决定的。

2. LED 产生背景

大事记

Ⅲ-Ⅴ　混合物不能天燃存在于自然界中，20 世纪 50 年代前还没有；

1954 起，开始大量生产 GaAs；

20 世纪 60 年代初，德克萨斯仪器公司推出商用 GaAsLED 红外辐射（870nm），其价格昂贵（130 美元）；

1962 年，红外（870～980nm）LED 和 GaAs 衬底激光器；

1963 年，J. Woodall 用 GaAs 激光器在 77K 时实现连续波（cw）；

1966 年，H. Rupprecht 运用 LPE 技术，用 Si 两性掺杂形成 P-N 结，使 LED 的外量子效率达 6%；

1967～1968 年，J. Woodall 生长出了一个 $100\mu m$ 厚的高质量 AJGaAs 层，该层的带隙处于可见光谱的红光部分；

1972 年，J. Woodall 等在 GaP 衬底上生长出 AJGaAs。

大事记

1962 年，AppliedPhysicsLetters（v.1）报道 GaAsP 结间发出连续光谱可见光，N. HolonyakJr. 用 VPE 技术在 GaAs 衬底上生长出 GaAsP；

20 世纪 60 年代初，GE 公司推出了第一个商用 GaAsPLED，发红光，售价 260 美元；

1965～1966 年，发现 GaAs 衬底和 GaAsP 外延层之间的大晶格失配导致了高密度错位，导致 LED 产品的外量子效率非常低；

1968 年，Monsanto Corporation 公司建立工厂，生产低成本 GaAsPLED，出售给消

费者，固态照明灯的时代就此到来；

20世纪60年代，MonsantoCorporation和HP从战略伙伴到劲敌；

20世纪60~70年代，新兴的LED显示市场——计算机和手表，两强交臂领跑；

1972年，M. G. Craford通过外延层中掺入等电子阱杂质氮，提高外量子效率。

大事记

20世纪60年代末，RCA是彩电的主要生产商，构料研究部主任J. Tietjen希望用LED实现平板电视，取代笨重的CRT。当时，LED全色显示独缺高亮度蓝光；

1968年，J. Tietjen找到研究组中的年轻人P. Maruska，让他设法生长出单晶GaN薄膜，因为单晶GaN薄膜或许能制成蓝光LED；

1969年，P. Maruska制成第一个GaN单晶薄膜；

1971年，RCA报道了首例GaN电致发光现象，J. Pankove等采用金属—绝缘体—半导体（MIS）结构制作出第一个电流注入式GaNLED，获得蓝光，用的是Zn掺杂；

1972年，RCA改用Mg掺杂，获得了蓝光和紫光（430nm）；

1974年，J. Tietjen下令停止研究，因为效率太低。

大事记

1989年，I. Akasaki等首次用Mg在GaN中实现了p型掺杂和p型导电性；

1992年，I. Akasaki等报道了第一个GaNp-n同性结LED，能发出蓝光和紫光，在蓝宝石衬底上错位生长，效率也达1%；

1993年，日亚的S. Nakamura等发明第一个实用的蓝光和绿光GaInN双异质结构LED，其效率可达10%；第一个室温工作的脉冲和连续波GaInN/GaN电流注入蓝光激光器；

20世纪90年代末，S. Nakamura担任圣加州大学圣芭芭拉分校教授，并转投日亚的劲敌——Cree照明公司。

大事记

20世纪80年代中期起，AIGaInP材料体系首先在日本开发，用于可见光激光器；

20世纪80年代末，AIGaInPLED开始发展；

20世纪90年代中后期以来的改进：多量子阱结构（MQW）；分布布拉格反射器；透明GaP衬底；芯片成型。

6.1.2 LED关键技术及技术指标

1. 芯片技术

半导体照明器件的核心是发光二极管（LED），由衬底材料、发光材料、光转换材料和封装材料等组成，半导体照明产业的发展已形成以美国、亚洲、欧洲三大区域为主导的三足鼎立的产业分布与竞争格局。同时，我国的半导体照明产业发展初具规模，产业链日趋完整。到2009年底，我国共有LED企业3000余家。

LED外延片衬底材料是半导体照明产业技术发展的基石。不同的衬底材料，需要不同的LED外延片生长技术、芯片加工技术和器件封装技术，衬底材料决定了半导体照明技术的发展路线。

蓝宝石衬底、硅衬底、碳化硅衬底是制作LED芯片常用的三种衬底材料。我国蓝宝石衬底白光LED有很大突破，光效已达到90~100lm/W，具有自主技术产权的硅衬底白光 LED 也已经达到 90～96lm/W。从光效上看，LED 照明已经到了替代传统光源的标准，所以，LED 照明市场渗透率将迅速上升。从而可以看出，由于 LED 应用市场的扩增，将呈现上游芯片衬底材料的需求量急速增长的趋势。

2. 封装技术

LED 生产过程的主要步骤包括：清洗—装架—压焊—封装—焊接—切膜—装配—测试—包装。其中封装工艺尤为重要：

（1）芯片检验

镜检：材料表面是否有机械损伤及细微的坑洞。

（2）扩片

由于 LED 芯片在划片后依然排列紧密间距很小（约 0.1mm），不利于后工序的操作。采用扩片机对黏结芯片的膜进行扩张，使 LED 芯片的间距拉伸到约 0.6mm。也可以采用手工扩张，但很容易造成芯片掉落浪费。

（3）点胶

在 LED 纸胶带的相应位置点上银胶或绝缘胶（对于 GaAs、SiC 导电衬底，具有背面电极的红光、黄光、黄绿芯片，采用银胶。对于蓝宝石绝缘衬底的蓝光、绿光 LED 芯片，采用绝缘胶来固定芯片）。工艺难点在于点胶量的控制，对胶体高度、点胶位置均有详细的工艺要求。

（4）备胶

与点胶相反，备胶是用备胶机先把银胶涂在 LED 背面电极上，然后把背部带银胶的 LED 安装在 LED 支架上。备胶的效率远高于点胶，但不是所有产品均适用备胶工艺。

3. 散热技术

根据普朗克定律，黑体的单色辐射力，单位输入功率可以产生的辐射光通量高达 683lm/W。即使现在 LED 光效达到 160lm/W，也只有 23％的电能被转换成光能，其余电能将以发热的方式被释放。因此对 LED 照明产品来说，散热技术显得至关重要。

热量集中在尺寸很小的芯片内，芯片温度升高，引起热应力的非均匀分布，芯片发光效率和荧光粉激射效率下降；当温度超过一定值时，器件失效率呈指数规律增加。统计资料表明，原件温度每上升 2℃，可靠性下降 10％。当多个 LED 密集排列组成白光照明系统时，热量的耗散问题更严重。解决热量管理问题已成为高亮度 LED 应用的先决条件。

一般来说，LED 灯工作是否稳定，品质好坏，与灯体本身散热密切相关，目前市场上的高亮度 LED 灯的散热，常常采用自然散热，效果并不理想。LED 光源打造的 LED 灯具，由 LED、散热结构、驱动器、透镜组成，因此散热也是一个重要的部分，如果 LED 不能很好散热，它的寿命也会受影响。

提高 LED 亮度最直接的方法是增大输入功率，而为了防止有源层的饱和必须相应地增加 P-N 结的尺寸；增大输入功率必然使结温升高，进而使量子效率降低。单管功率的提高取决于器件将热量从 P-N 结导出的能力，在保持现有芯片材料、结构、封装工艺、芯片上电流密度不变及等同的散热条件下，单独增加芯片的尺寸，结区温度将不断上升。

（1）铝散热鳍片

这是最常见的散热方式，用铝散热鳍片作为外壳的一部分来增加散热面积。

（2）导热塑料壳

在塑料外壳注塑时填充导热材料，增加塑料外壳导热、散热能力。

（3）表面辐射散热处理

灯壳表面做辐射散热处理，简单的就是涂抹辐射散热漆，可以将热量用辐射方式带离灯壳表面。

（4）空气流体力学

利用灯壳外形，制造出对流空气，这是最低成本的加强散热方式。

（5）风扇

灯壳内部用长寿高效风扇加强散热，造价低，效果好。不过换风扇要麻烦些，也不适用于户外，因此这种设计较为少见。

（6）导热管

利用导热管技术，将热量由 LED 芯片导到外壳散热鳍片。大型灯具，如路灯等常采用这种设计。

（7）液态球泡

利用液态球泡封装技术，将导热率较高的透明液体填充到灯体球泡内。这是目前除了反光原理外，唯一利用 LED 芯片出光面导热、散热的技术。

（8）灯头的利用

对于家用型较小功率的 LED 灯，往往利用灯头内部空间，将发热的驱动电路部分或全部置入。这样可以利用像螺口灯头这样有较大金属表面的灯头散热，因为灯头是密接灯座金属电极和电源线的。所以一部分热量可由此导出散热。

（9）导热散热一体化——高导热陶瓷的运用

灯壳散热的目的是降低 LED 芯片的工作温度，由于 LED 芯片膨胀系数和我们常用的金属导热、散热材料膨胀系数差距很大，不能将 LED 芯片直接焊接，以免高、低温热应力破坏 LED 芯片。最新的高导热陶瓷材料，导热率接近铝，膨胀系数可调整到与 LED 芯片同步。这样就可以将导热、散热一体化，减少热传导中间环节。

4. 驱动技术

LED 驱动电路分为电压驱动和电流驱动两种方式。电压驱动是通过开关电源给 LED 提供恒定电流。电流驱动是通过驱动电路给 LED 提供恒定电流。

现在流行的各种景观照明 LED 灯，大都采用电压驱动。电压驱动的缺点是：由于 LED 芯片的节电压实际存在着差异，导致 LED 亮度和色彩的差异。

恒流驱动是 LED 较为理想的驱动方式，LED 的亮度和色温只与驱动电流有关。

由于 LED 具有负的温度系数，LED 的正向压降变化范围比较大（可达 1V 以上），V_f 的微小变化会引起 I_f 较大的变化，从而引起高亮度的较大变化。通常 LED 的发光特性都用电流的函数来描述。

一般的整流电路的输出电压随着电网电压的波动也会变化，由此可知，采用恒压源驱动不能保证 LED 高亮度的一致性，并且影响 LED 的特性。

因此，LED 驱动通常采用恒流源驱动。

5. 配光技术

为了使 LED 芯片发出的光能够更好地输出，得到最大程度的利用，并且在照明区域内满足设计要求，需要对 LED 进行光学系统的设计。其中，在封装过程中的设计被称为一次光学设计；而在 LED 之外进行的光学设计被称为二次光学设计，也叫二次配光设计。

LED 芯片是一块很小的固体，它的两个电极要在显微镜下才能看见，加入电流后它才会发光。在制作工艺上，除了要对 LED 芯片的两个电极进行焊接，从而引出正、负电极之外，同时还要对 LED 芯片和两个电极进行保护。因此，这就需要对 LED 芯片进行封装。在封装的过程中，为了能够最高效率地输出可见光，需要进行光学设计，合理选择封装材料的形状、结构和材料，这种设计在业内被称为一次配光设计，也叫封装设计。

在使用 LED 发光器件时，整个系统的出光效果、光强、色温的分布状况也必须进行设计，把器件发出的光线集中到期望的照明区域内，从而让整个 LED 照明系统能够满足设计的需要，这被称为二次光学设计，也叫二次配光设计。

二次配光设计必须在 LED 发光器件一次配光设计的基础上进行。一次配光设计是保证每个 LED 发光器件的出光质量，考虑将 LED 芯片中发出的光能尽量多地取出。而二次配光设计是考虑怎样把 LED 器件发出的光线集中到期望的照明区域上，从而让整个系统发出的光能满足设计需要。从某种意义上来说，只有封装设计（即一次配光设计）合理，才能保证系统的二次配光设计顺利实现，从而提高照明和显示的效果。

基于 LED 的二次配光设计，对最终的照明器件和产品的性能起着至关重要的作用。第一，部分光线未能达到有效的照明范围从而导致能量的损失，需要使用大数值孔径的光学系统对光线进行汇聚，进一步提高光能利用率；第二，封装之后，像面照度分布均匀性达不到设计要求，难以使每一点的照度值都大于要求的最低照度值，这都需要对 LED 进行二次配光设计。

目前，进行 LED 二次配光设计所使用的基本光学元件主要有透镜、反射镜和折光板等。

6. LED 节能照明集成技术

通过对 LED 照明控制系统的功能需求分析，合理确定照明控制网络总体设计方案与具体技术实现途径。

（1）基本功能模块确定

系统功能模块可以划分为：LED 驱动与调光模块；Lon 智能照明控制节点（照明控制器）；Lon 控制网络集成；组态监控人机界面与远程管理；节能管理策略；模拟演示平台研制。

（2）控制网络选择

LonWorks 现场总线技术具有高可靠性、灵活性、安全性、易于实现和互可操作性等特点，以及其在楼宇、运输、能源、环境监测等领域的广泛成熟应用，并综合考虑 LED 照明系统的特点和与其他小区子系统集成的方便性，现选择 LonWorks 总线技术作为本作品的 LED 照明系统的基础控制网络技术。

（3）设备选型

1）LED 光源

考虑到演示平台使用，现选择白光，直径 3mm，30mA 电流的 LED 光源。

2）照明控制器关键元器件

主控芯片选型：LED 照明控制系统对照明光源进行开关控制和光照度控制，属于简单应用，综合考虑匹配、兼容以及经济性，主控芯片选择美国埃施朗公司的产品——3120 双绞线智能收发器。

LED 照明光源驱动芯片选型：MAX16824 芯片是 3 通道 LED 驱动器，工作于 6.5～28V 输入电压范围。该芯片具有三路 PWM 输入，不仅实现了对 LED 照明光源的驱动，而且可以实现宽范围内的 LED 调光。

MID 芯片选型：LED 照明主要涉及照度和 3 个 LED 回路状态的数据采集与转换，且这几个采集量不需要很高的精度，选择 ADC0838 可以满足需求。

照度传感器的选型：可见光照度传感器 On9658 是一个光电集成传感器，典型入射波长为 $k_p=520nm$，可见光范围内高度敏感，输出电流随照度呈线性变化（在 0～750lx 范围内），符合普通照明检测的需求。

3）网络设备

对于 LED 照明控制系统来说，在照明控制器开发时可以使用 i. L0n10 这样的低成本、高性能的接口设备。

7. LED 智能感应技术

（1）红外线感应

红外线感应的主要器件为人体热释电红外传感器。

人体热释电红外传感器：人体都有恒定的体温，一般在 37℃左右，所以会发出特定波长（10μm 左右）的红外线，被动式红外探头就是探测人体发射的 10μm 左右的红外线而进行工作的。人体发射的 10μm 左右的红外线通过菲涅尔透镜滤光片增强后聚集到红外感应源上。红外感应源通常采用热释电元件，这种元件在接收到人体红外辐射温度发生变化时就会失去电荷平衡，向外释放电荷，后续电路经检测处理后就能触发开关动作。当有人进入开关感应范围时，专用传感器探测到人体红外光谱的变化，开关自动接通负载，人不离开感应范围，开关将持续接通；人离开后或在感应区域内无动作，开关延时（时间可调 TIME 5～120s）自动关闭负载。红外感应开关感应角度 120 度，距离 7～10m，延时时间可调。

（2）微波感应

是一种声控元件，声音是由震动产生的，声波在空气中传播，如果遇到固体则会把这种震动传播到固体上。

声控元件就是对震动敏感的物质，有声音时就接通（电阻变小），没有声音时就断开（电阻变得很大）。把声音信号转换成电信号传输给周边的延时开关电路模块，就可以使有声音时电路启动接通一段时间。

（3）图像对比感应

图像对比原理：用于识别现场是否有人或者其他外来物体进入，从而作为一个感应控制输出装置。

所使用的方法包括移动对象检测、移动对象分析、移动对象分类。在移动对象检测中，使用背景相减法来检测出移动对象；在移动对象分析中，利用移动分析表来分析和记录移动对象的状态，根据这些不同移动状态，来改变背景更新的速度；最后，利用移动物体几何特性以及人的身体特征，将移动对象分为人或其他物体，从而实现相关控制相关输出装置。

6.1.3 LED 照明的特点

（1）高效节能；

（2）使用寿命超长；

（3）节能绿色环保；

（4）光转化率高；

（5）安全可靠，用途广泛；

（6）保护视力，光源无抖动现象。

从 1879 年爱迪生成功发明有实用价值的白炽灯开始，人类的照明就迈入了电气化的时代。在之后的 100 多年里，白炽灯技术不断进步，同时，也诞生了采用其他技术手段的电灯，如采用气体放电技术的荧光灯，以及采用半导体技术的 LED 灯。

6.2　国内外 LED 照明技术发展现状及趋势

6.2.1　国内 LED 照明技术发展状况分析

1. 国家相关政策

（1）国家科技部启动"十城万盏"半导体照明试点示范应用工程。

（2）国家发改委联合科技部、工信部、住建部、财政部、质检总局联合发布《半导体照明节能产业发展意见》。

（3）国家发改委、联合国开发计划署、全球环境基金共同启动"中国逐步淘汰白炽灯、加快推广节能灯（PILESLAMP）"计划。

（4）发改委、财政部、人民银行、税务总局四部门发布《关于加快推行合同能源管理促进节能服务产业发展的意见》。

（5）《国务院关于加快培育和发展战略性新兴产业的决定》将半导体照明列入我国战略性新兴产业：节能环保和新材料产业的重要发展方向。

（6）发改委等三部委联合组织"半导体照明产品应用示范工程项目"，在全国共选择 50 个半导体照明应用项目开展示范。

（7）开展第二批"十城万盏"半导体照明应用工程试点示范。

（8）《中国淘汰白炽灯路线图》公布。

（9）发改委 LED 照明产品招标。

2. 技术优势

关键技术与国际水平差距逐步缩小，应用技术具有以下优势：

（1）大功率芯片产业化光效 120lm/W。

（2）硅（Si）衬底功率型芯片产业化光效 100lm/W。

（3）功率型白光半导体照明封装接近国际先进水平，超过 130lm/W。

（4）部分应用技术及产品国际领先。

6.2.2　国外 LED 照明技术发展状况分析

（1）美国：商业化可行 LED 产品评估报告（CALiPER）项目和"固态照明质量促进"计划。

（2）欧洲：灯具协会（CELMA）和灯泡协会（ELC）也多次举办检测标准研讨会议，推进检测标准制定。

（3）韩国：已提出了6项LED照明产品及测试标准。

（4）日本：日本灯具协会（JELMA）积极制定技术规范，进行标准整合与研究制定。

（5）飞利浦牵头全球九家照明行业巨头发起成立扎嘎（Zhaga）联盟，旨在统一规范各种LED光机接口的标准。

6.2.3 我国LED照明技术与国外的差距

目前一些城市在推广LED路灯时遭受了质疑。相关专家指出，国家关于城市道路照明设计标准中对照度、均匀度、眩光值等有着严格的规定，但目前在公共照明领域大力推广的LED产品并不符合这些标准。此外，LED灯色温高，是纯白光，穿透性较差，在雨雾天气尤为明显，不利于道路安全性。

6.2.4 国内外半导体照明产业竞争力比较

国内外半导体照明产业竞争力比较如图6-1所示。

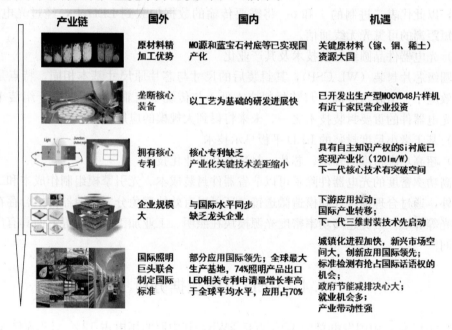

图6-1　国内外半导体照明产业竞争力比较

6.3　LED照明产品节能应用及实例

（1）基于全光谱再现调控技术

通过光谱采集和重建的方法不考虑对外界光的响应因素，而仅仅采用对目标进行全光谱采集，并通过适当的方式再现所采集到的光谱信息，理论上可以完美地实现图像处理，并实现图像的视觉无关性。可调节人造光谱会带来照明、显示、印染、多光谱成像、医疗成像、遥感以及机器视觉等广泛的应用空间。如调整时差；集中精力；缓解失眠……

（2）面向农作物增产和动植物产品保鲜的LED系统

我国耕地面积人均数量很少，而年粮食和蔬菜需求量是欧美的数倍，通过补光等技术，提高土地使用率、加快植物生长、缩短生长周期，提高产量，减少生产销售，减少运输和流通环节，可有效通过节约此类成本达到弥补引入照明系统带来的其他成本，甚至盈利。通过该技术打开的新时代农业市场更是无法估计。

植物光合作用主要是利用波长为 610～720nm（波峰为 660nm）的红橙光和波长为 400～510nm（波峰为 450nm）的蓝紫光，发射光谱分布在这两个波段的人工光源能大大提高光能利用率。

（3）基于 VLC 的照明显示通信一体化技术

短距离光通信与照明结合的新型 LED 既具有新型 LED 照明器件的低能耗、高效率、长寿命的优势，又具有新型通信高速安全、无电磁辐射等优点，这一新的应用领域具有不亚于白光照明的巨大的潜在市场需求，是信息科技发展的一个新的重要方向，同样也对相关科学的发展提出了很多新的需求。

（4）白光 LED 不仅能提供照明，其作为半导体器件，可发出肉眼观察不到的明暗闪烁信号，以此代表二进制的 1 和 0。将需要传输的数据加载到 LED 上，经过光电转换，可实现短距离的可见光无线通信。

（5）光电器件晶圆级封装技术及其产业化

晶圆级芯片封装（WL-CSP），其封装后的尺寸与芯片原尺寸基本相同，特点是尺寸和寄生效应小、组装密度高、封装材料成本低、与传统工艺兼容性好、便于组装牢固可靠，是光电器件的重要封装技术之一。未来将得到大规模的应用。

（6）基于微小尺度封装的 LED 平板显示技术

（7）超高功率密度的外延、芯片、封装及其产业化技术

超高功率密度的光电器件除了可以节省器件封装成本、光引擎模组制作成本和二次配光成本外，通过合理地设计和模造微透镜，还可以有效地避免分立光源器件组合存在的点光、眩光等弊端。因此超高功率密度光源模块在照明、工业加工、医疗等方面具有广泛的应用空间。

6.4　LED 节能数据分析

（1）2012 年：中国发电总量 4.94 万亿 kWh，其中照明用电占 12%（5928 亿 kWh），是世界第二大电力消耗大国，78% 是火力发电。

（2）2015 年：如果 LED 灯具光效 120lm/W，占有 20% 以上照明市场，中国每年将节电 1000 亿 kWh，相当于 2015 年可少建设 100 万 kW 电站 21 座，约减少 30% 的新增电站。

（3）2020 年：如果 LED 灯具光效达到 150lm/W，占有 50% 照明市场，中国每年将节电 3400 亿 kWh（每年节约 4 个三峡的发电量），相当于少建设 100 万 kW 电站 73 座，不用再新增电站。

（4）半导体照明节能效果已经显现：景观照明节电 70%，隧道照明节电 40%，道路照明节电 30%。

7 影响中国建筑电气行业品牌评选

7.1 影响中国建筑电气行业品牌评审规则、流程和评审团队

7.1.1 评选介绍

中国建筑节能协会建筑电气与智能化节能专业委员会、全国智能建筑技术情报网、智能建筑电气传媒机构联合举办"影响中国智能建筑电气行业年度优秀品牌评选"活动。评选过程公平公正性强、线上线下互动参与范围广、专家评审团阵容强大权威性高、品牌价值提升快、颁奖现场隆重、持续推广力度大等特色在行业内独树一帜，倾力打造"最具公信力"的评选平台。

该评选活动将采取多种方式进行投票：在中国智能建筑信息网（www.ib-china.com）开通投票平台；在《智能建筑电气技术》杂志上刊登选票；在行业相关展会、沙龙、会议上发送选票。充分利用传媒机构平台全方位、立体化、多渠道的传播优势，聚合资源、提升品牌形象，促进行业发展，弘扬表彰优秀企业、优秀品牌，为智能建筑电气行业的繁荣发展做出贡献。

7.1.2 评选宗旨

(1) 多种渠道收集评选选票综合评判，弘扬表彰优秀企业；

(2) 汇集各行业内新老品牌全面展示，提供交流服务平台；

(3) 邀请智能建筑权威专家坐镇参评，引领行业健康发展。

7.1.3 评审团队

评审包括大众投票和专家评审，大众投票团包括中国智能建筑信息网的网友，《智能建筑电气技术》的读者以及智能建筑电气传媒机构组织的展会、沙龙等的参会人员。

2013年度专家评审团包括中国建筑节能协会建筑电气与智能化节能专业委员会专家库中的148名专家，其中到会现场评审专家26人，通过邮件评审专家122名。

7.1.4 主办单位简介

(1) 中国建筑节能协会建筑电气与智能化节能专业委员会：中国建筑节能协会是经国务院同意、民政部批准成立的国家一级协会，由住房和城乡建设部主管，其下属分会"建筑电气与智能化节能专业委员会"由中国建筑设计研究院负责筹建，于2013年通过民政部审批成立，其致力于提高建筑楼宇电气与智能化管理水平，加强与政府的沟通，进行深层次学术交流，促进企业横向联合，规范行业产品市场，实现信息资源共享并进行开发利用；积极组织技术交流与培训活动，开展咨询服务；编辑出版发行有关刊物和资料；保障

国家节能工作稳步落实，促进建筑电气行业节能技术的发展。

（2）中国勘察设计协会建筑电气工程设计分会是工程勘察设计行业的全国性社会团体，由具有建筑电气设计队伍的设计院、校，以及相关注册专业人士自愿组成的非营利性社团组织，是中国勘察设计协会的分支机构，在中国勘察设计协会的领导下开展工作。现拥有全国的会员单位170多家，250余名会员代表，挂靠单位为中国建筑设计研究院。

（3）智能建筑电气传媒机构，依托中国建筑节能协会建筑电气与智能化节能专业委员会、全国智能建筑技术情报网和中国建筑设计研究院（集团）三大技术力量，充分发挥行业协会的指导作用、领先的技术水平、强大的专家号召力、多种媒体形式四大优势，致力于打造全方位、立体化、多渠道的媒体宣传平台。举办行业顶级技术交流活动，针对当前行业的新热点、新技术、新方案进行研讨，促进行业发展进步。旗下媒体：《智能建筑电气技术》杂志、中国智能建筑信息网（www.ib-china.com）、中国建设科技网（www.znjzdq.cn）、ib-china壹周刊、智能建筑电气手机报、智能建筑电气专业传媒机构官方微博、智能建筑电气专业传媒机构官方微信。如图7-1所示。

图 7-1　旗下媒体

7.1.5　评选奖项

（1）十大优秀品牌奖：

1）供配电优秀品牌；

2）建筑设备监控及管理系统优秀品牌；

3）智能家居优秀品牌；

4）安全防范优秀品牌；

5）建筑照明优秀品牌；

6）综合布线优秀品牌；

7）公共广播及会议系统优秀品牌。

（2）行业单项优秀奖：

1）最具行业影响力品牌；

2）最佳用户满意度品牌；

3）最佳产品应用品牌；

4）最具市场潜力品牌；

5）最佳性价比品牌；

6）最佳科技创新品牌。

7.1.6 评选流程

第一阶段：初选阶段（5 月 1 日-10 月 20 日）

采用中国智能建筑信息网在线投票，协会会员投票，《智能建筑电气技术》杂志等媒体刊登选票，论坛、沙龙、行业展会等渠道获得投票。

第二阶段：统计阶段（10 月末）

汇集所有选票，排出入围前 20 名企业。

第三阶段：专家评审（10 月末）

由专家评审团综合统计结果，评出十大优秀品牌及行业单项优秀奖获奖名单。

第四阶段：颁奖典礼（11 月）

邀请专家评委、获奖企业代表出席颁奖盛典，现场公示获奖企业票数和专家参评意见，为获奖企业颁发荣誉证书和奖杯。

第五阶段：媒体宣传（11 月-12 月）

智能建筑电气专业传媒机构通过杂志、网站、手机报、壹周刊、微博、微信等媒体平台全程跟踪报道并对获奖企业进行深度宣传。

7.2 第一届影响中国建筑电气行业品牌评选（2012 年）

获得十大优秀品牌大奖的企业分别是（排名不分先后）：

（1）供配电优秀品牌：

ABB（中国）有限公司、上海安科瑞电气股份有限公司、常熟开关制造有限公司、德力西电气有限公司、珠海派诺科技股份有限公司、松下电器中国有限公司、施耐德电气（中国）有限公司、西门子（中国）有限公司、正泰集团股份有限公司、浙江中凯科技股份有限公司。

（2）建筑设备监控及管理系统优秀品牌：

佛山市艾科电子工程有限公司、加拿大 Delta 控制有限责任公司、霍尼韦尔（天津）有限公司、贵州汇通华城楼宇科技有限公司、江森自控、施耐德电气（中国）有限公司、同方泰德国际科技（北京）有限公司、北京泰豪智能工程有限公司、西门子（中国）有限公司、浙江中控研究院有限公司。

（3）智能家居优秀品牌：

ABB（中国）有限公司、福建省冠林科技有限公司、广州市河东电子有限公司、青岛海尔智能家电科技有限公司、快思聪亚洲有限公司、施耐德电气（中国）有限公司、深圳市松本先天下科技发展有限公司、罗格朗集团、南京天溯自动化控制系统有限公司。

（4）安全防范优秀品牌：

ABB（中国）有限公司、安讯士网络通信有限公司、博世安保通信系统、霍尼韦尔安防集团、汉军智能系统（上海）有限公司、金三立视频科技（深圳）有限公司、上海三星商业设备有限公司、松下电器（中国）有限公司、施耐德电气（中国）有限公司、深圳英飞拓科技股份有限公司。

（5）智能照明优秀品牌：

广州世荣电子有限公司、合肥爱默尔电子科技有限公司、澳大利亚邦奇电子工程有限公司、广州市河东电子有限公司、惠州雷士光电科技有限公司、深圳美莱恩电气科技有限公司、欧司朗（中国）照明有限公司、索恩照明（广州）有限公司、General Electric Company。

（6）综合布线优秀品牌：

德特威勒电缆系统（上海）有限公司、成都大唐线缆有限公司、康普公司、莫仕商贸（上海）有限公司、耐克森综合布线系统（亚太区）、南京普天天纪楼宇智能有限公司、施耐德电气（中国）有限公司、TE Connectivity 安普布线系统、美国西蒙公司、浙江一舟电子科技有限公司。

（7）公共广播及会议系统优秀品牌：

博世安保通信系统、广州迪士普音响科技有限公司、北京广电音视科技发展有限公司、科视数字投影技术（上海）有限公司、深圳市台电实业有限公司、提讴艾（上海）电器有限公司、天创数码集团、铁三角（大中华）有限公司、广州市天誉创高电子科技有限公司。

（8）获得行业单项优秀奖的企业：

最具行业影响力品牌：ABB（中国）有限公司。

最具市场潜力品牌：广州市河东电子有限公司。

最佳用户满意度品牌：加拿大 Delta 控制有限责任公司。

最佳性价比品牌：浙江一舟电子科技有限公司。

最佳产品应用品牌：霍尼韦尔（天津）有限公司。

最佳科技创新品牌：同方泰德国际科技（北京）有限公司。

7.3 第二届影响中国建筑电气行业品牌评选（2013 年）

获得十大优秀品牌大奖的企业分别是（排名不分先后）：

（1）供配电优秀品牌：

ABB（中国）有限公司、安科瑞电气股份有限公司、常熟开关制造有限公司、珠海派诺科技股份有限公司、松下电器（中国）有限公司、施耐德电气（中国）有限公司、泰永集团、天基电气（深圳）有限公司、西门子（中国）有限公司、浙江正泰电器股份有限公司。

（2）建筑设备监控及管理系统优秀品牌：

广东艾科技术股份有限公司、加拿大 Delta 控制有限责任公司、重庆德易安科技发展有限公司、霍尼韦尔（中国）有限公司、贵州汇通华城股份有限公司、江森自控、松下电器（中国）有限公司、施耐德电气（中国）有限公司、同方泰德国际科技（北京）有限公司、西门子（中国）有限公司。

（3）智能家居优秀品牌：

ABB（中国）有限公司、南京天溯自动化控制系统有限公司、澳大利亚邦奇电子工程有限公司、福建省冠林科技有限公司、广州市河东电子有限公司、霍尼韦尔（中国）有限公司、松下电器（中国）有限公司、施耐德电气（中国）有限公司、TCL－罗格朗国际电工（惠州）有限公司、威仕达智能科技有限公司。

（4）安全防范优秀品牌：

ABB（中国）有限公司、博世安保通信系统、飞利浦商用显示器大中华区、霍尼韦尔（中国）有限公司、汉军智能系统（上海）有限公司、金三立视频科技（深圳）有限公司、广州市瑞立德信息系统有限公司、上海三星商业设备有限公司、松下电器（中国）有限公司、施耐德电气（中国）有限公司。

（5）智能照明优秀品牌：

合肥爱默尔电子科技有限公司、澳大利亚邦奇电子工程有限公司、广州市河东电子有限公司、快思聪亚洲有限公司、重庆雷士实业有限公司、Lutron Electronics Co. Ltd、深圳美莱恩电气科技有限公司、欧司朗（中国）照明有限公司、松下电器（中国）有限公司、南京天溯自动化控制系统有限公司。

（6）综合布线优秀品牌：

德特威勒电缆系统（上海）有限公司、成都大唐线缆有限公司、康普公司、TCL－罗格朗国际电工（惠州）有限公司、莫仕商贸（上海）有限公司、南京普天天纪楼宇智能有限公司、施耐德电气（中国）有限公司、TE Connectivity 安普布线系统、西蒙电气（中国）有限公司、浙江一舟电子科技有限公司。

（7）公共广播及会议系统优秀品牌：

广州市保伦电子有限公司、琉璃奥图码数码科技（上海）有限公司、博世安保通信系统、广州迪士普音响科技有限公司、飞利浦商用显示器大中华区、铁三角（大中华）有限公司、深圳锐取信息技术股份有限公司、北京双旗世纪科技有限公司、深圳市台电实业有限公司、提讴艾（上海）电器有限公司。

（8）获得行业单项优秀奖的企业：

最具行业影响力品牌：同方泰德国际科技（北京）有限公司。

最具市场潜力品牌：西蒙电气（中国）有限公司。

最佳用户满意度品牌：加拿大 Delta 控制有限责任公司。

最佳性价比品牌：浙江一舟电子科技有限公司。

最佳产品应用品牌：广州市河东电子有限公司。

最佳科技创新品牌：宁波能士通信设备有限公司。

7.4 第三届影响中国建筑电气行业品牌评选（2014年）

获得十大优秀品牌大奖的企业分别是（排名不分先后）：

（1）供配电优秀品牌：

ABB（中国）有限公司、上海安科瑞电气股份有限公司、常熟开关制造有限公司、深圳市泰永控股集团、施耐德电气（上海）投资有限公司、珠海派诺科技股份有限公司、西门子（中国）有限公司、伊顿（中国）投资有限公司、浙江中凯科技股份有限公司、深圳市中电电力技术股份有限公司。

（2）建筑设备监控及管理系统优秀品牌：

加拿大 Delta 控制有限责任公司、重庆德易安科技发展有限公司、霍尼韦尔（天津）有限公司、江森自控、施耐德电气（上海）投资有限公司、松下电器（中国）有限公司、同方泰德国际科技（北京）有限公司、西门子（中国）有限公司、浙江中控研究院有限公司、北京易艾斯德科技有限公司。

（3）智能家居优秀品牌：

ABB（中国）有限公司、福建省冠林科技有限公司、广州市河东电子有限公司、快思聪亚洲有限公司、罗格朗集团、南京普天天纪楼宇智能有限公司、施耐德电气（上海）投资有限公司、松下电器（中国）有限公司、广州视声电子实业有限公司、南京天溯自动化控制系统有限公司。

（4）安全防范优秀品牌：

ABB（中国）有限公司、佛山市艾科电子工程有限公司、博世安保通信系统、霍尼韦尔（天津）有限公司、HID Global、杭州海康威视数字技术股份有限公司、金三立视频科技（深圳）有限公司、广州市瑞立德信息系统有限公司、上海三星商业设备有限公司、松下电器（中国）有限公司。

（5）智能照明优秀品牌：

广州世荣电子有限公司、澳大利亚邦奇电子工程有限公司、广州市河东电子有限公司、惠州雷士光电科技有限公司、Lutron Electronics Co. Ltd、欧司朗（中国）照明有限公司、General Electric Company、松下电器（中国）有限公司、广东三雄极光照明股份有限公司、合肥伊科耐信息科技股份有限公司。

（6）综合布线优秀品牌：

德特威勒电缆系统（上海）有限公司、成都大唐线缆有限公司、上海高桥电缆集团有限公司、上海快鹿投资（集团）有限公司、康普公司、莫仕商贸（上海）有限公司、耐克森综合布线系统（亚太区）、TE Connectivity 安普布线系统、浙江一舟电子科技有限公司、西蒙电气（中国）有限公司。

（7）公共广播及会议系统优秀品牌：

博世安保通信系统、广州畅世智能科技有限公司、Bose Corporation、广州迪士普音响科技有限公司、飞利浦（中国）投资有限公司、哈曼国际工业公司、利亚德光电股份有限公司、深圳市台电实业有限公司、提讴艾（上海）电器有限公司、铁三角（大中华）有限公司。

（8）获得行业单项优秀奖的企业：

最具行业影响力品牌：同方泰德国际科技（北京）有限公司。

最佳用户满意度品牌：莫仕商贸（上海）有限公司。

最佳产品应用品牌：广州市河东电子有限公司。

最具市场潜力品牌：德特威勒（苏州）电缆系统有限公司。

最佳性价比品牌：浙江一舟电子科技有限公司。

最佳科技创新品牌：广州世荣电子有限公司。

附录：相关单位介绍

1. 中国勘察设计协会建筑电气工程设计分会

中国勘察设计协会建筑电气工程设计分会是工程勘察设计行业的全国性社会团体，由具有建筑电气设计队伍的设计院、校，以及相关注册专业人士自愿组成的非营利性社团组织。是中国勘察设计协会的分支机构，在中国勘察设计协会的领导下开展工作。现拥有全国的会员单位 170 多家，250 余名会员代表，挂靠单位为中国建筑设计研究院。

建筑电气工程设计分会致力于打造中国建筑电气行业（建设单位、设计单位、产品单位三位一体）的高端技术交流平台，搭建中国领先电气交流平台，创新中国一流电气技术推广，推动中国建筑电气行业发展。建筑电气工程设计分会的工作宗旨是：服务促品牌，交流促推广，研究促技术，创新促发展。建筑电气工程设计分会的主要工作职能包括：政府技术支持、科研课题研究、优秀项目评选、电气技术培训、新技术推广、交流平台搭建。以促进建筑电气工程设计行业又好又快、健康、持续的发展！

2. 中国建筑节能协会建筑电气与智能化节能专业委员会

中国建筑节能协会是经国务院同意、民政部批准成立的国家一级协会，由住房和城乡建设部主管。其下属分会"建筑电气与智能化节能专业委员会"（以下简称专委会）由中国建筑设计研究院负责筹建，于 2013 年正式通过民政部审批成立。专委会致力于提高建筑楼宇电气与智能化管理水平，加强与政府的沟通，进行深层次学术交流，促进企业横向联合，规范行业产品市场，实现信息资源共享并进行开发利用；积极组织技术交流与培训活动，开展咨询服务；编辑出版有关的专业技术刊物和资料；力保国家节能工作稳步落实，促进建筑电气行业节能技术的发展。

3. 中国建设科技集团股份有限公司

中国建设科技集团股份有限公司（简称"中国建设科技集团"，英文缩写 CCTC）以中国建筑设计研究院（国务院国资委直属的大型骨干科技型中央企业）为主要发起人，联合中国电力建设集团有限公司、中国能源建设集团有限公司及北京航天产业投资基金（有限合伙）共同发起，于 2014 年 6 月 23 日正式创立，拟择机在境内上市并首次公开发行 A 股股票。

中国建设科技集团承继了中国建筑设计研究院的资产和企业文化，主营业务涵盖建筑与市政工程勘察、设计、服务、工程承包及城镇规划、建筑与市政工程技术研发等领域。经营范围包括：境内外建筑、市政、公路、石油天然气、电力、水利、冶金、机械行业的工程咨询、勘察设计、施工、监理、总承包；城乡、旅游规划；建筑材料及设备的开发、生产、销售；园林与环境景观规划设计；历史文化遗产保护规划与申遗；国家建筑设计标准、规范、规程、产品标准的研究、管理；项目投资与管理；科技信息研究与信息咨询、决策、管理、技术服务；计算机软件、数据库的开发与销售。

4. 智能建筑电气技术杂志

《智能建筑电气技术》杂志

双月刊

面向智能建筑电气行业，传播业界信息，促进技术进步，推动行业发展！

　　《智能建筑电气技术》杂志创办于 2002 年，是由中国建筑设计研究院主管、亚太建设科技信息研究院主办、入选《中国核心期刊（遴选）数据库》的综合性专业国家级正式技术刊物。国内统一连续出版物号：CN11-5589/TU，国际标准连续出版物号：ISSN1729-1275。杂志为双月刊，出版日期为每双月 20 日，全年共 6 期。单期售价 15 元，年定价 90 元。全彩印刷，大 16 开本，正文 96 页。面向国内外公开发行，期发行量为 3 万册，邮发代号 80-610。

　　《智能建筑电气技术》面向全国智能建筑与电气领域，依托中国建筑设计研究院机电院和全国智能建筑技术情报网强大的技术优势，通过召开全国性的专家研讨会和邀请全国各大设计院的电气总工、资深专家、行业知名企业撰稿等多种形式，主要介绍智能建筑与电气的设计、施工、设备安装、调试、系统集成、网络技术、工程实例及新型设备和产品等，常设栏目有：综合设计、供配电、照明、防雷接地、建筑设备控制与管理、通信与网络、机电节能、智能家居、业界动态、技术园地、产品世界、企业之窗。刊物内容丰富，既有理论研究的传播，又有实践经验的交流，并刊载国内外智能建筑与电气技术方面相关动态及技术信息，集科研、工程、技术于一体，契合读者之所需，创建时代之精品。

　　《智能建筑电气技术》杂志网站（www.znjzdq.cn）作为纸质媒体的补充，对于智能建筑电气领域的内容进一步进行多方面、全方位、集成化、立体化的传播，为广大业内人士搭建了更加灵活、便捷、专业、高效的交流平台。

5. 中国智能建筑信息网（www. ib-china. com）

"中国智能建筑信息网"（www.ib-china.com）是由中国建筑设计研究院机电专业设计研究院、全国智能建筑技术情报网、亚太建设科技信息研究院主办，住房和城乡建设部建筑智能化系统工程设计专家工作委员会、中国工程建设标准设计弱电专业专家委员会协办的专业网站。这是本行业唯一通过建设部批准，北京市工商局注册，带有"中国"字头的机电设备专业网站。

　　网站自 1998 年创办至今，在业内具有深远影响。在广泛的合作伙伴中，吸纳了一批富有活力、敬业精神和拥有专业知识的队伍，以行业资源重组、优势联合为手段，致力于提供全方位的服务。

"中国智能建筑信息网"网站（www.ib-china.com）是中国最早的提供建筑智能化信息服务的网站之一，也是中国最具规模的建筑智能化信息服务机构。

2011年全新改版后，细分行业栏目共设 8 大板块：供配电、楼宇自控、智能家居、建筑节能、安全防范、智能照明、会议系统、综合布线。

新增特色栏目：热点专题、视频专区、企业之星、产品推荐。

参 考 文 献

[1] Spiekman M. Comparing Energy Performance Requirement Levels among Member States of Europe [C]. The 30th AIVC Conference, Berlin, Oct. , 2009

[2] Erhorn H. Detailed Report on Procedures for Energy Performance Characterization, Concerted Action [A]. 2008

[3] Erhorn H. Energy Efficiency of Buildings, Calculated Method, The Holistic Approach Method Following the German Approach, Presentation in ISO/TC205[Z]. 2007

[4] New Work Item Proposal for ISO/TC205 "Energy efficiency of buildings Calculation of the net, final and primary energy demand for heating, cooling, ventilation, domestic hot water and lighting"[Z]. Sep. , 2006

[5] http：//www1. eere. energy. gov/buildings/about. html [EB/OL].

[6] http：//apps1. eere. energy. gov/buildings/publications/pdfs/corporate/ns/commercial _ building _ initiative _ release _ 8 _ 08. pdf [EB/OL].

[7] http://yosemite. epa. gov/opa/admpress. nsf/d0cf 6618525a9efb 85257359003fb69d/0ae7f7a 2153695ad852576870054e118! OpenDocument [EB/OL].

[8] http：//www. energystar. gov/index. cfm? c＝about. ab _ history [EB/OL].

[9] http：//www. usgbc. org/DisplayPage. aspx? CMSPageID＝1989 [EB/OL].

[10] http：//www. arcweb. com/ManufacturingIT－India/Lists/Posts/Post. aspx? List＝9bd252bd-2dbd-453e-a674-d63166e40b9c&. ID＝98 [EB/OL].

[11] http：//www. aseanenergy. org/download/projects/promeec/td/building/Building% 20automation% 20system—%28BAS%29. pdf [EB/OL].

[12] http：//www. objectvideo. com/objects/pdf/solutions/intelligent _ bldg _ automation. pdf [EB/OL].

[13] http：//www. automatedbuildings. com/news/sep08/columns/080826110909big. htm [EB/OL].

[14] 欧阳东. BIM 技术—第二次建筑设计革命[M]. 北京：中国建筑工业出版社，2013

[15] 陆耀庆. 实用供热空调设计手册(第二版)[M]. 北京：中国建筑工业出版社，2008.

[16] 公共建筑节能改造技术规范编制组. 公共建筑节能改造技术指南[M]. 北京：中国建筑工业出版社，2010

[17] 美国绿色节能建筑评估标准与标识、节能法规考察 http：//www. chinacon. com. cn/ccon/2010/0325/672. html [EB/OL].

[18] 美国建筑节能法规进展 http：//www. docin. com/p-597373856. html p20 [EB/OL].

[19] ASHRAE 90. 1-2010 标准成为美国国家标准 http：//news. ehvacr. com/news/2011/1214/75379. html [EB/OL].

[20] 住房和城乡建设部标准定额司. 工程建设标准编制指南[M]. 北京：中国建筑工业出版社，2009

[21] Etienne TISON(国际电工委员会第 64 技术委员会). 低压电气装置的电能效率[J]. 建筑电气，2011(10)：14-17

[22] 中国建筑设计研究院机电专业设计研究院. 04DX101-1 建筑电气常用数据[M]. 北京：中国建筑

标准设计研究所，2005

[23] 全国民用建筑工程设计技术措施(电气)编写组. 全国民用建筑工程设计技术措施(电气)[M]. 北京：中国计划出版社，2009.

[24] 中国航空工业规划设计研究院. 工业与民用配电设计手册(第三版)[M]. 北京：中国电力出版社，2005

[25] 北京照明学会照明设计专业委员会. 照明设计手册(第二版)[M]. 北京：中国电力出版社，2006

[26] 建筑照明设计标准编制组. 建筑照明设计标准培训讲座[M]. 北京：中国建筑工业出版社，2004

[27] 李炳华，宋镇江. 建筑电气节能技术及设计指南[M]. 北京：中国建筑工业出版社，2011

[28] 中国建筑科学研究院.《建筑照明设计标准》GB 50034—2013[S]. 北京：中国建筑工业出版社，2014

[29] 洪友白. 节能理念及其在住宅电气中的实践[J]. 福建建筑，2010(11)：82-84

[30] 褚振宇. 配电变压器节能技术应用研究[J]. 企业技术开发，2012(3)：73-74

[31] 姜子刚. 节能技术[M]. 北京：中国标准出版社，2010

[32] 卢建兵. 电动机节能的相关问题探讨[J]. 湖南农机，2012，39(3)：115-116

[33] 廖汉忠. 中央空调节能控制技术探讨[J]. 现代商贸工业，2009(16)：298-299

[34] 廖述龙. 高层楼宇建筑电气节能技术研究[D]. 上海：上海交通大学，2012

[35] 石新美. 建筑智能化系统集成的智能研究[D]. 西安：西安建筑科技大学，2008

[36] 宋文凯. 民用建筑照明节能措施浅析[J]. 福建建筑，2011(9)：101-103

[37] 沈廖辉，王磊，陈谦. 公共建筑暖通空调系统节能设计措施浅谈[J]. 建筑科学，2010(19)：86-87

[38] 2011—2015年中国智能建筑行业发展前景与投资战略规划分析报告[R].

[39] http：//www. stats. gov. cn/tjsj/zxfb/201401/t20140120 _ 502096. html [EB/OL].

[40] http：//www. gov. cn/xinwen/2014－12/12/content _ 2790129. htm [EB/OL].

[41] http：//www. qianzhan. com/analyst/detail/220/140725-30d80e76. html [EB/OL].

[42] http：//www. askci. com/chanye/2014/08/20/154010n3o7. shtml [EB/OL].

部分参编企业介绍：

北京易艾斯德科技有限公司

北京易艾斯德科技有限公司成立于 2000 年，是专业从事电力自动化、能耗管理产品研发、设计、生产的高新技术企业，业务范围涵盖生产、销售、系统集成和售后服务各个环节。公司自成立以来，始终坚持以客户为中心、追求卓越品质，逐渐形成能耗管理、安全运营、专家服务三大核心业务。

易艾斯德历经十多年发展，已成为电力自动化和能耗管理领域最具影响力的企业之一。公司总部位于北京中关村科技园区，生产基地位于北京空港产业园，先后在设有九家分公司，销售和服务网络覆盖全国。

公司生产基地引进了韩国最先进的 SMT、MI、Assembly、Repair 四条生产线，设有行业内最为完善的实验室，能进行多达 14 项电磁兼容试验，生产和检测过程严格执行德国标准的 ISO9001 质量管理体系和 ISO14001 环境管理体系，产品通过北京电科院、上海电科所、国家软件评测中心等权威机构的严格测试。

公司十几年来在相关技术领域不断创新，已取得多项重大成果，并获得几十项发明专利和实用新型专利等，公司开发实力雄厚，能耗管理、变配电监控和电气火灾监测系统等软件均为自主研发，公司申请并拥有软件著作权，公司多项产品被纳入北京市政府自主创新产品采购目录，先后被认定为北京市高新技术企业、软件企业、年度优秀企业、"专利引擎"试点企业、海淀区创新企业、知识产权保护体系建设项目试点企业等。

能效管理系统作为北京易艾斯德科技有限公司主推的重点业务产品，可帮助用户全面了解能源使用情况，为用户提供能源数据采集、统计分析、预警、能源绩效、设备管理、节能诊断、节能工作评价等多种功能，越来越受到企事业单位的关注和认可。

为此国务院、住建部等机构发布了《国家机关办公建筑和大型公共建筑能耗监测系统建设相关技术导则》、《民用建筑节能条例》、《公共机构节能条例》、《建筑节能工程施工质量验收规范》等多项政策和标准，意在指导和推动建筑能耗管理系统的建设工作。

易艾斯德作为业内先行者，工程项目遍布全国，在政府机关、公共事业、智能建筑、航空航天、机场、轨道交通、印钞造币、军工、信息产业、数据中心、文化教育、医疗卫生、工业制造、石油化工等诸多行业取得多项骄人业绩。

卓越的品质和完善的服务，源于我们的内心，并体现于我们的言行中，易艾斯德坚持以客户为中心、不断创新，为客户提供最一流的产品和服务！

南京天溯自动化控制系统有限公司

南京天溯自动化控制系统有限公司作为数字机电智慧运维解决方案提供商，长期聚焦于建筑智能节能领域，通过拥有大量自主知识产权的运维管理平台系统及核心设备，生态整合目标行业各类资源，为客户提供覆盖建筑全生命周期的能源与设备运营维护解决方案。

公司总部设立于中国软件名城——江苏南京，在全国20多个省（直辖市）设置了办事机构，已成功服务于2500多个客户，遍及医疗卫生、机场枢纽、商业地产/超高层、轨道交通、产业园区、市政办公、文化教育等多个行业，其中，数字机电智慧运维解决方案在医疗卫生、机场枢纽、商业地产/超高层三大领域已取得市场领先地位。

数字机电智慧运维解决方案通过实时采集公共建筑内专业的数字机电设备（包括能源站、供配电、给排水、暖通空调、照明、环境监测、电梯等）的能源消耗、运行状况等信息，同时有效整合建筑内所有的强弱电系统，统一由运维管理平台系统对数据进行深入分析与诊断，优化对设备的管理和控制，从而达到提高能源使用效率、延长设备使用寿命、提高建筑安全水平、降低建设及运维成本的目标，进而建设绿色低碳智慧安全的建筑。

部分合作伙伴：

南京天溯科技园

广州世荣电子有限公司

　　世荣电子（中国）总部大楼坐落于广州科学城，拥有面积约 3000 平方米的研发中心和 10000 平方米的自动化生产基地。制造中心大量引进国外进口的机械设备：模具生产线、钣金生产线、贴片生产线以及全自动化的组装生产线。被国家评定为高新技术企业，拥有德国莱茵 ISO9001 质量体系认证 ISO14000 环境质量认证以及职业安全认证，多次获得了"影响中国智能建筑行业十大优秀品牌"、"中国建筑智能行业智能照明系统十大品牌"、"智能建筑行业知名品牌"、"智能建筑行业优秀品牌"、"科技创新百强企业"，荣获中国饭店协会颁发的"金马奖""中国最佳灯光控制系统供应商"等荣誉。

研发中心

　　世荣电子致力于照明控制、酒店客房控制和智能家居系统的研究、开发及制造，旗下有爱默尔、爱瑟菲品牌的智能照明事业部以及好士福智能家居事业部。其中爱瑟菲中国以来已经完成超过 3000 多个工程案例，被广泛应用至公共建筑、体育场、会展中心、酒店、购物商场、别墅等项目，如北京 APEC 国际会展中心、北京奥林匹克观光塔、北京奥运会羽毛球馆、广州新电视塔、广州大剧院、广州新白云国际机场、佛山高明区文化中心、武汉万达汉秀剧场、山东东营万达广场、南京万达广场、珠海长隆酒店（企鹅、马戏）、珠海华发喜来登酒店、拉萨香格里拉大酒店、株洲万豪酒店、阳朔悦榕庄等等涉及机场、铁路、酒店、体育场、会展中心、购物商场、别墅、豪宅等多个领域，均深受用户好评。而且我们拥有大规模提供智能照明产品的销售、服务和运营能力，先后在中国各区域设立了销售子公司，致力为国内客户提供更好的服务。

北京奥林匹克观光塔

　　产品的设计在很大程度上代表了产品的内在品质，而产品的品质又代表了企业的个性。没有文化和哲学沉淀的企业，在 21 世纪根本无法做出令人心动的产品，而世荣电子却在不同的建筑行业领域中都创新推出了第四代智能控制设备，商业建筑行业：高精准的数字照度传感器、高精度的红外传感器、桌面蓝牙遥控器，酒店建筑行业：全新系列的酒店客房控制面板，并且可以进行量身订制，客房中控台、浴室蓝牙、浴室长条控制面板、电子猫眼技术，客房集中控制软件控制技术等等。

　　而今天，可靠性是第一需要考量的指标，因为客户需要我们提供每年 365 天、每天 24 小时都可以稳定工作的产品。为客户提供更加稳定的产品一直是爱瑟菲的宗旨。不断创新、求稳的精神令爱瑟菲的产品拥有非常多的技术优势。世荣电子承诺：无论在世界的哪个角落，消费者都能体验到全球统一的爱瑟菲智能照明控制系统所带来的智能化的生活享受。

北京国安电气有限责任公司

北京国安电气有限责任公司前身为北京国安电气总公司，创建于1988年6月，注册资金5015万元。公司于2012年2月随同中信国安集团有限公司名称变更，更名为北京国安电气有限责任公司。北京国安电气是国内较早从事机电安装、智能建筑、系统集成工程的总承包商之一，是中国建筑协会智能建筑专业委员会常务会员单位。多年来，北京国安电气以"一流的技术，一流的设计，一流的施工，一流的服务"为目标，在体育场馆及配套设施、在金融卫生行业、在交通领域、在平安城市建设、在商业建筑、宾馆饭店、军政机关、会展中心等公建方面，完成了包括鸟巢（2008奥运会主体育场）济南奥体中心、深圳大运会主要场馆和政府办公楼及军事设施在内的若干个国家重点大型项目建设，并在行业中迅速崛起，成为行业中的排头兵。公司自2008年以来被行业评为前50强企业。北京国安电气凭借自身雄厚的技术力量和整体实力，先后取得了机电安装工程施工总承包壹级，建筑智能化系统工程专业承包壹级，建筑智能化系统集成专项工程设计甲级，计算机信息系统集成资质，涉及国家秘密的计算机信息系统集成甲级资质，安防工程企业资质证书（壹级），卫星地面接收设施安装许可证，有线电视共用天线设计安装许可证，安全生产许可证，消防设施工程专业承包贰级，电子工程专业承包贰级，ISO9001:2008质量认证，职业健康安全管理体系等，环境管理体系。同时，参加完成了国家机电节能研究（获科研成果三等奖）和国家智能建筑施工规范等多项行业标准制定工作。

公司现有员工450余人，硕士以上学历的有68名，约占公司总数的15%，大学本科学历的有310余名，约占公司总数的69%；北京国安电气具有一支实力雄厚的工程技术队伍和专业施工队伍，其中项目经理34人，所有工程技术人员都是本科以上学历。目前，公司的业务遍布全国各地，分别在上海、天津、广州、深圳、广西、成都、山东、内蒙古、沈阳、长春、厦门、等地设立了分支机构。

跨入21世纪，北京国安电气将进一步弘扬"开拓、创新、团结、诚信"的企业精神，继续以机电安装、智能建筑、系统集成为主导业务，牢固树立科学发展观，坚持以"科技为先、以人为本"为宗旨，以"一流的技术，一流的设计，一流的施工，一流的服务"为用户提供先进可靠、节能环保、经济实用、性价比高的基于物联网和云计算平台的机电安装、智能建筑和系统集成工程整体解决方案。

SHIP 一舟推出一体化微模块数据中心解决方案

在云计算、大数据、物联网和移动计算等技术趋势的影响下，对各应用服务的基础平台和核心领域——数据中心基础设施建设所带来的挑战，浙江一舟电子科技股份有限公司在应对大数据背景下对数据中心建设的新挑战下，推出"一体化微模块数据中心解决方案"。

SHIP 一舟一体化微模块数据中心根据高效节能、优化管理的基则设计而成，包含了制冷模块、供配电模块以及网络、布线、监控、消防等模块。微模块有向外供电接口、制冷接口、网络接口以及通过顶置弱电与强电槽预留综合布线接口。采用列间空调进行制冷，实现了 100%的高显热比，有效降低数据中心的整体加湿与除湿能耗，行级空调使气流循环路径最短，在有效冷却的前提下提高数据中心热密度，实现了数据中心的节能制冷。

SHIP 一舟一体化微模块数据中心系统由高性能机柜系统、配电列头柜系统、热交换机散热系统、消防通道顶板系统、自动移门系统、数据中心布线系统及综合监控管理系统组合而成。SHIP 一舟一体化微模块数据中心的综合管理系统集融了包括动力监控、环境监控、安保监控、远程监控、多媒体报警5 大监控管理功能，使得整个数据中心机房内所有的物理环境、微环境因素得到了实时的监控管理，机房管理者能在第一时间掌握数据中心机房的运行数据情况。

浙江一舟电子科技股份有限公司系国家级重点高新技术企业，公司致力于建筑智能综合布线技术与产品的研发、生产、销售及服务。SHIP 一舟的技术与产品的研发主要通过在北京、宁波以及在美国田纳西州和德国汉堡设立的研发机构进行，并通过在国内三个工业园、二十家生产子公司以及在 30 个省会城市和 22 个发达地级市建立的销售公司共 4000 多位员工服务国内综合布线市场。在国际市场上，SHIP 一舟通过公司的欧洲区、美洲区、亚洲区三个国际总部和新设立的新加坡、阿联酋、俄罗斯、香港四个国际销售公司进行推广中国人自主品牌，成为国内综合布线行业中第一家走出国门并获得成功的企业。

SHIP 一舟拥有建筑智能综合布线业界最完整的、端到端的产品线和融合解决方案，通过全系列的铜缆布线解决方案、光纤布线解决方案、智能家居布线解决方案、数据中心布线解决方案、安防线缆解决方案和专业基础网络服务，灵活满足全球不同客户的差异化需求以及快速创新的追求。

"SHIP""一舟"品牌作为中国综合布线市场领先品牌、绿色品牌，是多项国家标准、行业标准的参编企业。公司产品、解决方案广泛应用于政府、金融、教育、公安、医疗、运营商等各个行业的关键任务应用、高带宽应用、新兴应用以及对可靠性和质量要求极高的其他应用。

SHIP 一舟数据中心案例图 1

SHIP 一舟应用案例图片 2

松下电器研究开发（中国）有限公司 ES 中国系统开发中心

松下电器研究开发（中国）有限公司 ES 中国系统开发中心多年来致力于根据中国市场需求，开展 UAMS 智能建筑管理系统的设计开发，面向建筑和区域提供包括设备管理、能源管理、业务管理和安全应急管理在内的整体解决方案。它通过先进的网络技术和设备互联技术为客户提供节能、安全、舒适的环境和精细化的管理服务。

UAMS 智能建筑管理系统采用的是松下与中国建筑设计研究院（现更名为中国建设科技集团）共同研发的建筑机电设备开放式综合设备网络——iopeNet 技术，该技术很好地解决了以往建筑中各个子系统之间无法互联互通的问题，从而使建筑一元化管理变为可能，有效降低了建筑物全生命周期的整体运营成本。

UAMS 系统具有以下特点：

（1）分散——集中式管理

UAMS 系统基于分散—集中式管理的思想，设备与子系统的接入和运行监控由相对应的系统模块完成，而后再通过系统模块设备组网将数据通过互联网上传到 UAMS Cloud。这种结构兼顾了系统的可靠性与统一管理对数据集中性的要求。

（2）维护、使用简单

UAMS 以现场级硬件设备为系统核心，完成现场管理监控的主要功能，不设现场服务器，所有数据在 iopeNet 云服务上永久保存。这样的设计以嵌入式硬件设备的可靠性大大降低了现场维护的难度。同时，针对建筑管理系统施工调试复杂、使用难度高等问题，UAMS 还提供一体式的建筑管理人机操作设备——UAMS 系统操作台。UAMS 系统操作台集系统设备安装、连接，人机交互，权限认证，报警信息显示输出等功能于一身，方便现场安装、调试、维修，也使系统规模的扩张变得更加容易。

（3）开放平台

UAMS 提供现场管理级和云服务级两个层次的开放接口。

经过多年努力，ES 中国系统开发中心已经初步建立了 iopeNet 技术体系，并加速开展此项技术的产品化应用。近年来，上述研发成果相继获得了包括"2009 年华夏建设科学技术二等奖"、"2013 年度建筑节能之星"等荣誉，同时在北京奥运会、上海世博会、某大型国企研发大楼等大型项目中得以实际应用，验证了 UAMS 智能建筑管理系统在提高建筑物乃至整个区域的运营管理水平、降低能耗等方面的出色效果。

此外，2013 年 9 月，松下电器（中国）有限公司环境方案公司在其内部成立了以 UAMS 系统为事业支柱的智能建筑营销本部，并与 ES 中国系统开发中心携手开展满足用户个性化需求的系统定制开发以及技术支持等业务，这也标志着松下在中国的智能建筑事业自此迈出了重要一步。

"尽产业人之本分，改善提高社会生活"，ES 中国系统开发中心将秉承松下集团的这一纲领，以高品质、高速度的开发成果，为中国智能建筑行业提供更加安全、安心、节能的系统解决方案，为中国社会的进步与发展做出贡献。

北京奥运公园 IPv6 照明控制系统

广州市瑞立德信息系统有限公司

广州市瑞立德信息系统有限公司是加拿大瑞立德国际控股有限公司在中国投资创立，以 RFID 技术为基础的人车出入安全管理解决方案提供商，可为商业楼宇、基础设施场馆、政府机关、高档小区、各类大中型企事业单位提供中高端门禁、停车场、车位引导及访客检票等一卡通管理系统，目前公司在华南区中高端门禁一卡通的市场份额排名第一。

公司除主营瑞立德（RALID）一卡通系统外（门禁、停车场管理、车位引导、考勤管理、消费、巡更、访客管理、电梯控制、自动称重、道口管理），还与国际主流的安防企业具有广泛的合作交流。公司是新西兰 GALLAGHER（科达世）门禁安保系统、荷兰 Nedap 车辆自动识别系统、法国 CDVI 电控锁、美国英格索兰消防通道锁、掌形仪等跨国公司的中国区代理。

公司自创立以来，以中高端客户为目标市场，建立了覆盖中国经济最发达地区的营销网络，与国内众多实力雄厚的智能建筑系统集成商建立了合作关系，完成了广州亚运场馆、广州新白云国际机场、澳门大学横琴岛校区、珠海长隆、广东省博物馆、广州塔、惠州监狱（国家示范样板）、广州太古汇、广州银行大厦、南方电网、华润电力、江苏电力、上海葛洲坝大厦、杭州西门子诺基亚大厦、天津大学等上百个标杆项目。

瑞立德将"价值创造、责任承担、追求和谐"作为企业的核心文化，始终坚持精品战略路线，旨在为用户提供最合适的智能化人车出入安全管理整体解决方案，让客户享受全程无忧的优质服务。

"立德现在，筑梦未来"，瑞立德把"带领员工成长、创造企业价值、实现强国梦想"作为我们的使命，本着"一定要"的精神服务客户，立志成为行业第一集团军的知名品牌，为智慧城市建设添砖加瓦、保驾护航。

珠海长隆国际海洋度假区项目：采用了瑞立德停车场管理系统，该系统分为酒店室内停车场和度假区室外停车场两部分。该项目一共 24 个出入口，8200 个停车位。所有停车场均采用中央收费和出口收费相结合的缴费方式，并配置自助缴费机供游客自助缴费和手持缴费终端用于应急收费。

澳门大学横琴岛新校区项目：选用 RALID 人车安全管理整体解决方案，包括停车场出入口 20 进 20 出、自助缴费机 7 台、通道闸 34 套、在线门禁点 2000 多个、离线门禁点 12000 多套、电梯控制 145 套等。

办公室智能控制

舒适、便捷、安全的办公室环境控制

Easy & Best Power

亿瑞优能

Office of Intelligent Control

低碳
自动
安全
便捷
节能
绿色

我需要绿色、节能和安全的办公环境，但又不想以牺牲办公环境的舒适性为代价，该如何选择？

我需要绿色、节能和安全的办公环境，但又不想改变已装修好了的办公环境，该如何选择？

我需要绿色、节能和安全的办公环境，但又不想改变我的使用习惯，该如何选择？

亿瑞优能为你解决这一切

1 温控器　　4 存在感应器
2 窗磁／门磁　5 电源插座
3 照明开关　　6 窗帘控制器

● 根据办公环境的照度值，在日光充足时，自动调整办公室的照明；根据办公室的占用率，间隙性的调整办公室的照明；还可以按事先定义好的场景自动调整办公区域的照明；

● 通过对办公室窗户的开关检测，以及对遮阳帘的控制，实现办公室的温度控制；

● 通过智能插座控制器，自感知连接设备的工况，当设备处于待机工况时，自动断开电源，节约设备的待机功耗

北京华亿创新信息技术有限公司

北京市海淀区中关村硅谷电脑大厦 6018 室　　Tel: 010-62637583　Fax: 010-62624864